トマトをめぐる知の探検

杉山 信男

はじめに

　トマトは最も馴染み深い野菜の一つであるだけでなく，健康食品と考えられている。このため，トマトの栽培や利用の歴史について人々の関心は高く，多くの本が出版されている。また，食品メーカーの販売促進戦略もあってトマトの栄養や料理に関する情報が数多く発信されている。しかし，これらの書籍や情報の多くは，食品としてのトマトに興味を持つ人々を対象に食文化史の視点から書かれたものか，農業関係者や園芸愛好家向けに栽培技術に焦点を絞って書かれたもので，トマトについて多角的な視点から記述した書籍は極めて少ない。トマトの利用は，その植物学的な特徴や栽培技術と密接に関連しているので，その文化や歴史に興味を持つ人々にとっても，トマトの植物学的知見やそれを基に開発された栽培技術についての情報は有用なはずである。一方，トマトの栽培に関わる人々にとって，トマト利用の歴史や文化を知ることは今後の技術開発を考えていく上で重要なことである。橘みどりの『トマトが野菜になった日』(1999) はトマトの遺伝資源の著名な研究者であるリック Rick 博士にインタビューを試みるなど，トマトが人々に受容されていく過程だけでなく，野生種から栽培種に変化していく過程をも明らかにしようとした意欲的な本であるが，残念ながら栽培技術への言及はほとんどない。唯一，例外と思われるのは，トマトがアメリカに導入され，料理に利用されるようになった歴史的経緯を多くの文献を集めて検証したスミス Smith (2001) の『アメリカにおけるトマト－初期の歴史，栽培，料理 (The Tomato in America. Early History, Culture, and Cookery)』という本で，推理小説さながらの魅力的な本である。スミスのように読者の興味を掻き立てる本を書くことは難しいが，16世紀から現在に至るまでの様々な文献を渉猟し，トマトについての文化史，植物学，さらには生産技術についての研究成果や情報を多くの人々に提供し，トマトを通じて農や食について考えるきっかけを提供したいと思ったことが本書執筆の一つ目の動機である。

　『トマトが野菜になった日』の中で橘 (1999) は，孫引きではなく，直接原典にあたることの苦労と目的とする原典に出会った時の感慨を記述している。著作権侵害の可能性やアメリカ中心主義など多くの問題点も指摘されて

はじめに

いるが，現在ではグーグルなどによる書籍の電子化が進み，また，わが国でも国会図書館でデジタルアーカイブ化が進められ，文献を入手することは橘の執筆当時に比べて信じられないほど容易になった。本書に引用した文献も，その多くはインターネットを通じて入手したものである。こうした恵まれた環境の中にいる若い人達に，自ら原典にあたって正確な情報を入手し，先人達が何を考え，どのように行動してきたかを知る楽しみを味わって貰いたいというのが，二つ目の動機である。このため，やや煩雑ではあるが，引用した文献が分かるように本文中に著者名と発表年を記した。

さて，インターネットの普及は，一部エリートの専有物であった「教養」を大衆に解放することになったが，ネット上で簡単に得られる不正確で断片的な情報を基にした言説社会を作り出すなど，文化創造の阻害要因にもなりうるものであったと指摘されている（筒井，2009）。さらに，インターネット社会では「情報の送り手は自分たちに好都合な情報を一方的に流し，受け手側は自分の頭で考えて判断することを放棄」し，非合理なことでも信じてしまうようになるという弊害も指摘されている（池内，2008）。こうした大衆化社会，情報化社会の中で，単なる技術の伝達ではなく，理系，文系の枠を超えた「教養」を基に考える能力を高めることが今，求められていると思う。1991年に一般教育と専門科目の区分，一般教育の科目区分が廃止されて以降，一時，多くの大学で教養教育が等閑視されていたが，技術学的学問の進歩によって脳死や環境破壊など，倫理に関わる問題が浮上し，哲学・文学・史学などの人間学・人文学の重要性が再評価されるようになっている。「教養」を無視した技術一辺倒の学問の発展が悲惨な事態を招いた事例は，公害，薬害，原発事故など数え上げれば切りがない。学問分野に縛られることなく，私たちの身の回りで起こっている様々な問題を幅広い視点から学び，考えていくことは，「教養」知を自ら身に着けていく一つの方法であろう。本書はトマトに的を絞ってはいるが，自然科学，人文科学，社会科学といった従来の枠を越えて，トマトに関わる種々の問題を考えてみた私自身の実践記録でもある。農や食に関心を持つ方々がこれを参考に，自らが関心を持つ問題について情報を集め，新たに「知の探検」に出発してもらえれば望外の幸せである。

凡　例

1. 本文中の人名にはカタカナで読みを記し，その後に原語を記した。ただし，同一段落に再出した場合には原語の記載を省略した。
2. 学名もカタカナで読みを記し，その後にラテン語を記した。ラテン語の読みは古典式によった（小倉，2007；Covington，2010；山下，2013）。

    ae：ai または e と発音することがあるが，アエと読む

    ti, tu：ティ，トゥと読む。

    ch, ph, th,：k, p, t と同じとした。

    ii：イイと読む。

    ll：促音ッをつける。ただし，*Solanum pimpinellifolium*, *Solanum pennellii* はソラヌム・ピンピネッリフォリウム，ソラヌム・ペンネッリイではなく，慣用にしたがってソラヌム・ピンピネリフォリウム，ソラヌム・ペンネリイとした（農林水産省，2016）。

    ck：ck=cc と考え，*Solanum neorickii* をソラヌム・ネオリッキイとした。

    y：ギリシャ語からの借用に用いられ，ドイツ語の ü のように発音されるとされるので，ュとした。ただし，*Lycopersicon* は慣用にしたがって，リコペルシコンとした。

3. 記号の説明

① 〈　〉は注記を示す。

② 【　】は引用部分において，読者の理解を助けるために補った語を示す。

③ （　）の用例は次の通り。

　a. 前の語と同義の語を言い換えたことを示す。

　b. 人名の後の（　）は引用した論文の発表年を示す；スミス Smith（2001）

④ 『　』は書名を示す；『リビングストンとトマト（Livingston and the Tomato）』

⑤ 「　」の用例は次の通り。

　a. 引用文あるいはその訳

　　「近年，別の種類が導入され始めた。これは……」と記載されている。

凡　例

　　b. 文章中のある言葉の強調；「Butirro」
　　c. 原文の引用
　　　「Mattioli recounted that the golden apples were cooked in the same way as eggplants: fried in oil with salt and pepper」
　　　「番薯藤蔓而生如山藥而紫味甘如飴其初得自日本」
　　d. 会話文
　　　「食べてはだめ。毒があるので，豚も食べないわ。」と叫ぶように言った。
4. 引用文献の配列順はアルファベット順とした。邦文文献については著者名をローマ字表記（翻訳書については欧文表記）したと仮定し，アルファベット順に配列した。筆頭著者が同じ文献の場合，著者数 1, 2, 3 名以上に分け，それぞれについて年代順に配列した。
5. 引用した書籍におけるページの記載は次の通り。
　　a. 書籍の一部を引用した場合：p. 19. あるいは p. 259-286.
　　b. ページの特定が難しい場合：全頁数を記載，254 p.

目　次

はじめに ……………………………………………………………… 3
凡　例 ………………………………………………………………… 5

第1章　トマトの起源と伝播 ……………………………………… 11
　Ⅰ．トマトとマンドレーク─博物学の時代─ ……………………… 12
　Ⅱ．トマトの有毒成分？─トマトに含まれるアルカロイド─ …… 21
　Ⅲ．トマトの呼び方─各国で何と呼ばれているのか？ ………… 23
　Ⅳ．トマトはどこで栽培化され，どこからヨーロッパに来たのか？ ………………………………………………………………… 25
　Ⅴ．ヨーロッパへのトマトの伝播 ………………………………… 31
　　1．イタリアにおけるトマトの普及 …………………………… 31
　　2．イタリアにおけるトマトを使った料理のレシピ ………… 38
　　3．フランスにおけるトマトの普及 …………………………… 42
　　4．イギリスにおけるトマトの利用 …………………………… 45
　　5．フランスとイギリスにおける瓶詰・缶詰技術の開発 …… 46
　Ⅵ．アメリカ合衆国へのトマトの伝播 …………………………… 49
　　1．アメリカにおけるトマト栽培 ……………………………… 49
　　2．トマトは果物か，それとも野菜か？ ……………………… 53
　　3．アメリカにおけるトマト加工産業の発達 ………………… 55
　Ⅶ．アジアへのトマトの伝来 ……………………………………… 57
　Ⅷ．わが国におけるトマトの普及 ………………………………… 61
　　1．明治36年まで ……………………………………………… 62
　　2．明治36年以降 ……………………………………………… 67
　　3．太平洋戦争以降 …………………………………………… 73
　　4．明治期に導入された品種 ………………………………… 76

目　次

　　5．一代雑種の利用 ……………………………………… 78

第2章　トマトの遺伝資源と育種 …………………………… 81

　Ⅰ．トマトとその近縁野生種の学名 …………………… 81
　Ⅱ．トマト品種の園芸的な分類 ………………………… 92
　Ⅲ．トマトの育種 ………………………………………… 93
　Ⅳ．育種の実際 …………………………………………… 94
　Ⅴ．遺伝子組換えトマト ………………………………… 95
　　1．育成まで …………………………………………… 95
　　2．安全性の評価とその後 ………………………… 100
　Ⅵ．遺伝子組換え作物は安全か？ …………………… 105
　Ⅶ．遺伝子組換えは必要な技術か？ ………………… 109

第3章　植物としてのトマト ……………………………… 115

　Ⅰ．茎葉の成長 ………………………………………… 115
　　1．葉原基の分化と側枝の発達 …………………… 115
　　2．葉の配列 ………………………………………… 117
　　3．葉の表面構造 …………………………………… 119
　Ⅱ．花　　成 …………………………………………… 121
　Ⅲ．開花と受粉 ………………………………………… 124
　Ⅳ．果実の成長 ………………………………………… 125
　Ⅴ．果実の成熟 ………………………………………… 128
　Ⅵ．追熟果実と植物体で成熟させた果実の品質に差はあるか？　132
　Ⅶ．果実の熟期と輸送性 ……………………………… 133
　Ⅷ．トマトの色 ………………………………………… 135

目　次

第4章　トマトの栽培技術 ………………………… 139

- Ⅰ．トマトの成長と温度 ………………………… 139
- Ⅱ．育　苗 ………………………………………… 140
- Ⅲ．土壌消毒 ……………………………………… 142
- Ⅳ．接ぎ木 ………………………………………… 144
- Ⅴ．整枝と摘心 …………………………………… 146
- Ⅵ．支　柱 ………………………………………… 148
- Ⅶ．マルハナバチによる受粉 …………………… 151
- Ⅷ．収　穫 ………………………………………… 153
- Ⅸ．施設栽培 ……………………………………… 155
- Ⅹ．トマトの品質 ………………………………… 159
- Ⅺ．トマトの旬 …………………………………… 162
- Ⅻ．四気説（食べ物の温と冷）とトマト ……… 166

第5章　トマトと健康 ……………………………… 169

- Ⅰ．機　能　性 …………………………………… 169
- Ⅱ．フードファディズム ………………………… 175
- Ⅲ．残留農薬をめぐる問題 ……………………… 177
- Ⅳ．有機栽培 ……………………………………… 181

おわりに（185）
引用文献（189）
索　引（227）

第1章　トマトの起源と伝播

　　厚手鍋で、オリーヴ油を熱くする。
　　玉葱を炒めて切ったトマトをくわえる。
　　塩と胡椒とトマトピューレーをくわえる。
　　バジリコの葉っぱもくわえる。
　　弱火で煮込む。
　　トマトソースはミケランジェロより偉大だ。
　　それなしで長靴の国の歴史はなかった。
　　〈長田弘『食卓一期一会』(1987) 所収、「卵のトマトソース煮のつくりかた」より一部抜粋〉

　トマトは私たちに馴染みのある野菜の一つであるが、今日のような地位を得たのはせいぜい 150-200 年ほど前のことである。その食文化がトマトに大きく依存しているイタリアでさえ「トマトが万能のソースの材料」となったのは 19 世紀初めのことである（カパッティとモンタナーリ、2011）。アメリカでは 1840 年頃まで、トマトは観賞用の植物であり、有毒な植物であると信じられていた。アメリカの著名なトマトの育種家リビングストン Livingston (1822-1898) は、その著書『リビングストンとトマト (Livingston and the Tomato)』(1998) の中で、初めてトマトに出会った 10 歳の日のことを次のように書いている。

　いくつかの果実を素早く集め、母のところに行って「これは何」と尋ねた。するとトマトを手にした私を見て、母は「食べては駄目。毒があるので豚も食べないわ。」と叫ぶように言った。「でも、これは何」ともう一度尋ねると、母は次のように答えた。「エルサレムのリンゴとか、愛のリンゴと言われているわ。でも決して食べないこと。暖炉の上に載せておきなさい。見て楽しむのは構わないわよ。」

第1章　トマトの起源と伝播

　トマトはなぜ，有毒だと考えられたのだろうか？　スミス Smith（1998）は『リビングストンとトマト（Livingston and the Tomato）』の解題の中で，①トマトの葉や茎から出る特有の匂いに吐き気を催す人が多く，またそうした匂いは食用に適さないことを示すサインだと考える人が多かったこと，②当時のトマトは外観がごつごつしており，その味も食欲をそそらなかったこと，を挙げている。さらにスミス Smith（2001）は『アメリカにおけるトマト（The Tomato in America）』の中で上記の理由に加えて，①イングランド，スコットランド，アイルランドなどからの移民はヨーロッパでトマトが食用となる以前にアメリカにやって来たためトマトに馴染みがなかったこと，② 18世紀から19世紀初めには，伝染性の病気が発生しやすい夏に汚れた水で洗ったトマトを食べることに抵抗感を持ったアメリカ人が多かったという歴史家フッカー Hooker の説を挙げている。ヨーロッパでは，スミスが挙げた理由に加え，ナス科の有毒植物，マンドレーク〈mandrake，ナス科マンドラゴラ（*Mandragora*）属の植物〉に似ていたために敬遠されたと考えられている。

Ⅰ．トマトとマンドレーク―博物学の時代―

　　　博物学もまた復活してきた。十五世紀はヨーロッパにおける"探検時代"の始まりであった。ヨーロッパの船はアフリカの海岸を巡航してインドおよびそれより遠くの島々に到達し，アメリカ大陸を発見した。……，以前のように植物や動物の新しい未知な種は学者たちの好奇心をよびおこした。〈アシモフ，『生物学の歴史』（2014）〉

　14-16世紀にヨーロッパでは，博物学を含め，古代ギリシャやローマ文化の見直しが行われるようになった。オギルビー Ogilvie（2006）によれば，ルネッサンスの博物学は次の4つの時代に区分できる。第1期（1490-1530年）はイタリアの人文学者や医者たちが写本の過程で損なわれた古典原典を改訂し，注釈を加えて出版した時代で，彼らの関心はギリシャやローマ時代の文献に現れた薬草の同定と古典原典，特にガレノス Galen（AD131-200?）の知識を基に医学教育を刷新しようとするところにあった。第2期（1530-1560年）

Ⅰ. トマトとマンドレーク―博物学の時代―

は博物学が学問領域として確立していく時代で，イタリア人〈マッティオリ Mattioli，ラテン語表記で Matthiolus〉だけでなく，イタリアで学んだ後，故国に戻った北ヨーロッパの学者たち〈フックス Fuchs やドーデンス Dodens など，ラテン語表記では Fuchsio と Dodonaeus〉が中心メンバーであった。この時代，彼らの関心は薬学や医学だけでなく，博物学そのものへと広がっていき，彼らが実際に生活している地域で見られる野生の動植物，あるいは栽培植物と古典原典に記載された動植物との比較・対照が行われるようになった。第3期（1560-1590年）は博物学が学問領域として確立した時代であったが，博物学者の多くはまだ医学にも携わっており，薬物誌は医学校における必須科目であった。この時代の博物学として特筆すべき点は，ヨーロッパを席巻した収集熱に巻き込まれたことである。ハプスブルグ家の皇帝達は代表的なコレクターで，例えば，マクシミリアン2世 Maximilian II はウイーンの薬草園を設立するため，著名な博物学者であるカロルス・クルシウス Carolus Clusius を雇い，またマクシミリアン2世の息子ルドルフ2世 Rudolf II も博物学に強い関心を示し，珍しい動植物を集めるのに熱心であった。第4期（1590-1620年）になると，博物学は記述科学であると同時に，分類学，系統分類学の色彩を強く帯びるようになってきた。第4期の研究者としては，リンネ Linné〈ラテン語表記では Linnaeus〉に先駆けて植物名を属名と種小名で表記することを試みた『植物一覧表（Phytopinax）』の著者，ボアン Bauhin がいる。

　さて，前述したように第2期（1530-1560年）になると，博物学者は単に古典原典の校注にとどまらず，実際に彼らの周囲で見かける植物について，ギリシャの博物学者ディオスコリデス Dioscorides の著作の翻訳とそれに対する注釈という形で研究成果を発表するようになった。例えば，トマトを初めて記載し，後に黄金のリンゴ〈ポミドーロ（pomi d'oro)〉と名づけたマッティオリ Mattioli（1544）は，『シエナの医者による，アナザルブスのペダニウス・ディオスコリデスの歴史と薬物に関する第5の書に対するイタリア語による注釈書（Di Pedacio Dioscoride Anazarbeo Libri Cinque della Historia, & Materia Medicinale Tradotti in Lingua Volgare Italiana da M. Pietro Andrea Matthiolo Sanese Medico；以下，薬物誌と略す)』の中で「近年新たに渡来したマンドレークの別の種で，

第1章　トマトの起源と伝播

初めは緑色であるが熟すると黄金色になり，ナスと同様，塩コショウをして油で炒めて食べる」と記述している（Daunay と Laterrot, 2008）。マッティオリのこのトマトに関する記述は『世界を変えた野菜読本』では油で炒めて塩とトウガラシで味付けする，と訳されている。これは，この本の著者シルヴィア・ジョンソン（1999）がスミス Smith〈2001, サウスカロライナ大学版は1994年に出版された〉の『アメリカにおけるトマト』の記述「Mattioli recounted that the golden apples were cooked in the same way as eggplants: fried in oil with salt and pepper」の引用において pepper をトウガラシと取り違えたことによると思われる。英語の pepper にはコショウ（black pepper）とトウガラシ（red pepper）の2つの意味があるが，マッティオリの原著では「conditi con pepe, sale ed olio（コショウ，塩，オリーブオイルで味付けする）」と書かれており，コショウの意である〈イタリア語でコショウは pepe，トウガラシは peperonchino〉。ところで，この1544年の初版ではマッティオリのコメントはそれほど多く記載されてはいないが，1554年のラテン語版以降，版を重ねるごとにコメントは増えていった（North, 2016）。また，書名も版によって異なっている。マッティオリの『薬物誌』の1544年版は見ることができなかったが，1563年版ではトマトはマンドレークの項に次のように記述されている（Matthioli, 1563）。

「マンドラゴラ・アンティメロ（Mandoragora Antimelo）あるいはキルケア（Circea）と呼ばれ，その根は恋人達に危険をもたらすと言われている。二種類あり，一つは黒く，雌の植物でトリダチア（Thridacia）と呼ばれ，葉はレタスよりも狭く，小さく，嫌なにおいがあり，地面に広がる〈ロゼットのこと，ロゼットとはごく短い茎に多数の葉が密集して着生している形状を指す言葉；**第1-1図**参照〉。果実はソルブス（セイヨウナナカマド）と同じぐらいの大きさで，色は白っぽく〈原文の palladi（pallado）は英語 pale に相当するイタリア語なので，白っぽいと訳した〉，においがあり，種子は梨の種子に似ている。根は大きく，二つ又は三つに分岐して撚り合わさっている。外側は黒色，内側は白色で，厚い皮層におおわれており，茎を持たない。第二の種は白色で雄の植物であり，モリオン（Morion）と呼ばれる。葉は大きく，広く，白く，サトウダイコンのように滑らかである。果実は雌の

I. トマトとマンドレーク—博物学の時代—

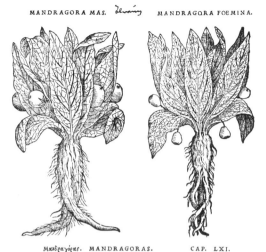

第1-1図　2種類のマンドレーク
左が雄，右が雌のマンドレーク（Matthioli の 1544 年版薬物誌より）

植物の2倍ほどあり，色はサフランのようで，魅惑する匂いがある。時に牧童がこれを食べて眠りに落ちることがある。根は雌の植物と同じ大きさか，やや大きく，より白色で，茎を欠く。ジュースは新鮮な根の皮層をすりつぶし，その後圧搾して取り出される。これを日に当てて濃縮して素焼きの容器に貯蔵する。しぼり汁はリンゴジュースのようであるが，それほど素晴らしくはない。（中略）

　根を短く切り，必要に応じて皮層や細根を取り除く。根をワインで煮詰めて，その後清澄化して保存する。グラス一杯を与えると長く眠ることができ，やけどや怪我をした人の痛みを取るためにも効果がある。ワインと一緒に2オボール金貨分の重さ〈アレキサンダーAlexander（1850）の辞書によって計算すると，オボール貨幣の重さは約 0.77 g に相当〉のジュースを飲むと，ヘレボロス〈プリニウス（1994）の『博物誌 薬剤植物篇』の注によれば，黒ヘレボロスはキンポウゲ科の *Helleborus niger* など，白ヘレボロスはユリ科の *Veratrum album* ではないかとされる〉という植物と同じように病人は吐き，黒胆汁やフレグマ（粘液質）を排出するが，過度に過ぎて死を招くこともある。眼にさすと痛みや疲れ目を和らげる。オボール貨幣の半分の重さを与える

第 1 章　トマトの起源と伝播

だけで月経や出産を引き寄せ，枕の下に置くと睡眠をもたらす。(中略)

　さらに【ディオスコリデス Dioscorides によれば】日陰で成育するモリオン（Morion）と呼ばれる第三の種類がある〈第二の種と第三の種が共に Morion と呼ばれるとしているが，Morion とはギリシャ語の致死的という語に由来し，マンドレークそのものと同義的な意味で使われることがある；Waniakowa, 2007〉。ただし，私自身は現在のイタリアでその存在を確認していない。【本草学者の】ブラッサウォラ Brasavola やフクシオ Fuchsio〈フックス Fuchs のこと〉は，理由は述べていないが，この植物には害があると述べている。【15世紀のイタリアの本草学者】エルモラオ・バルバド Hermolao Barbado が，この植物はロンバルディアでメランザーネ（Melanzane，ナス），トスカーナでペトラチアーニ（Petraciani）と呼ばれている果実だと記述していると信じられているが，私が読んだ範囲ではエルモラオ・バルバドの著作にそうした記述は見当たらない。私はマンドラゴラのモリオ【ン】種にディオスコリデスの記述している【モリオンの別】種を含めない。その理由は，マンドラゴラには大地のリンゴ〈根のこと〉と犬とが必要である【のに，モリオン種の別種を採取するのに犬は必要ない】からである。われわれはディオスコリデスのモリオン【の別】種がメランザーネと呼ばれるもの，あるいは昔，不健康なリンゴと名づけられたものだと思い当たるが，昔の著者がこれを記述していないことは驚くに当らない。現在の私たちにとって確実なことでも昔の人々が知らないことが多いように，昔の人々が知らない多くのことを私たちは見出すのだから。

　さらに，われわれがペトラチアーニ（Petraciani）と呼ぶ不健康なリンゴ〈ナスのこと〉は悪魔の植物の果実で，至る所に見られ，メロンやカボチャと同じように栽培される。葉はイチジクに似ており，花は長く，白くて美しい〈キュー植物園によればごく稀に白花のものがある；Royal Botanic Gardens, Kew（2016）〉。普通，塩，コショウをしてオリーブオイルで炒めてマッシュルームのように食べる。これらはすべてヘルモラオ（Helmolao）と呼ばれる。これから分かるようにナスに害があると考える地方は少ないということが理解できる。イタリアでこの果実を食用に利用するのは催淫効果を期待してのことである。食物として利用されるが，アヴィケンナ Avicennae の言

うように憂鬱な気分、肝臓や脾臓の閉塞、顔色の悪さ、長期間の発熱をもたらす。しかし、アヴェロエス Averrois は彼の第5の書において適当に調理すると心地よい美味しい食材になると称賛している。（中略）

　近年イタリアに渡来した別種で、黄金のリンゴと呼ばれる。メラローズ〈mele rose と綴られているが、Mela Rosa という現存する品種のこと〉というリンゴ【品種】の、押しつぶされたような果実に似た形をしており、子室を形成する。初めは緑色で成熟すると、赤あるいは血のような赤、または黄金色になる。ナスと同じように塩、コショウをしてオリーブオイルで炒めて食べる。ガレノス Galeno は論文の第7でマンドラゴラについて記述しているが、それと同じく、身体を冷やす程度3の食物に属する。（以下略）」

1544年版と1563年版にどのような違いがあるかは不明であるが、少なくともトマト果実の色に関して1544年版ではトマトの色は黄金色と記載されているのに対し、1563年版では赤、血のような赤、または黄金色と記述されているという相違がある〈橘（1999）によると、1544年版に、食べ方は上記と同じ（ニンニクと塩、胡椒で、きのこのようにフリッテする）と記されていたとされるが、スミス Smith（2001）らの記述とは違っており、真偽は不明〉。前述したようにマッティオリ Mattioli はトマトに pomi d'oro（黄金のリンゴ）という名前を付けたが、これは彼が当初見たトマトが黄色だったためと考えられている。マッティオリが pomi d'oro という語を使ったのは1554年にラテン語で書いた『シエナの医者による、アナザルブスのペダニウス・ディオスコリデスの第6の書に対する注釈書 — 薬物誌（Medici Senensis Commentarii, in Libros Sex Pedacii Dioscorides Anazarbei, de Medica Materia)』という書籍で、そこには「近年、別の種類が導入され始めた。これは押しつぶされた形または球形のリンゴで、初めは緑色で成熟時には黄金色、場合によっては赤色となる。そこで、pomi d'oro すなわち黄金のリンゴと呼ばれる。」と記載されている（Matthioli, 1554）。この時代に描かれたトマトの絵はパデュー大学のホームページ（www.hort.purdue.edu/iconography）で見ることができるが、それによれば、1553年以前に描かれたと思われるオェリンガー Oellinger の手稿には緑色の未熟な小さい果実、赤く着色しつつある果実とともに、ごつごつした赤い大

きな果実が描かれており，カメラリウス Camerarius も 1553 年に赤いトマトを描いている（Daunay と Laterrot，2008）。また，パデュー大学のコレクションの中には『植物誌』を著したフックス Fuchs の未発表の手稿用にメイヤー Meyer が 1549 年から 1565 年の間に描いたとされる，同一の植物体に赤と黄色のトマト果実が実っている絵もある。これらの事実から，当初ヨーロッパに導入されたトマトは黄色のトマトだったかもしれないが，その後間もなく赤いトマトも導入されたことが分かる。なお，トマトには白色〈実際には，わずかに黄色みがかっている〉のトマトがあるが，これが文献に記載されるのは，かなり遅く 1623 年のことである（Bauhin，1623）。

マッティオリ Mattioli がトマトをマンドレークと関連づけて記述したのは，同じナス科で黄色い果実を着けるからだと思われる。中世ヨーロッパでは，ものの形はその機能を表していると信じられたが，マンドレークは根がしばしば二又に分かれることから，人間を連想させ，神秘の力を秘めた植物と考えられた。それを身につけるものは悪魔の災いから逃れることができ，また性的能力が高まるとされ，護符としても販売された（Harrison，1956）。聖書の創世記 30 章には，子供のいないラケル Rachel が姉のレア Leah からマンドレークを分けて貰い，その後まもなく子供を授かったとの記述があり，当時，マンドレークは妊娠促進に効果があると考えられていたことが分かる（Frazer，1919）。創世記の記述では，ラケルがマンドレークを食べた後，「神はラケルを顧み，神は彼女の願いを聞き，その胎を開かれた」（関根正雄訳，1956）と，妊娠とマンドレークとの関連がぼやかされているが，これは創世記の著者がマンドレークの受胎効果に関する迷信を記述することを躊躇したためと考えられている（Frazer，1919）。また，ユダヤの伝説では，レアの息子のルベン Reuben がマンドレークを手に入れた経緯について，麦の収穫時にルベンがヤコブ Jacob のロバをマンドレークの根に結びつけ，しばらくたって戻ってみると，ロバが引き綱を緩めようと引っ張ったためにマンドレークが引き抜きかれ，その傍らでロバが死んでいたと説明されている（Ginzberg，1909）。マンドレークを引き抜く時にマンドレークが上げた悲鳴を聞いたものは死ぬという迷信があるので（Frazer，1919），ロバが死んだのはマンドレークの悲鳴を聞いたためと考えたのであろうが，後の世に流布し

た伝承では犠牲になるのはロバではなく犬となった。マンドレークはヘブライ語で「dudaim」というが，その語根「dod」には「beloved（最愛の）」や「passion（情熱）」の意味があり，「dudaim」は「love plant（愛の植物）」，「fruit of love（愛の果実）」，「love apple（愛のリンゴ）」と訳される（Simoons, 1998）。マンドレークの催淫性や受胎力は，ユダヤやパレスチナの人たちだけでなく，ヨーロッパや近東の人たちにも古くから注目されてきた。ディオスコリデスDioscorides（1547）はその著『薬物誌（Dioscoride Anazarbeo della Materia Medica）』の中でマンドレークの根を惚れ薬（人を恋に陥らせる魅力をもたらすもの）として記述している。また，ディオスコリデスよりも400年ほど前の有名なギリシャの博物学者テオフラストス Theophrastus もマンドレークの効能として惚れ薬を挙げている（Theophratus, 1916；Simoons, 1998）。

　催淫性や受胎能力の他，マンドレークには鎮痛作用や催眠作用もあると考えられていた。睡眠導入剤として利用する場合には，根を煎じたものを飲んだり，果実を食べたりするのが普通であるが，枕の下に置いておくだけでも，よく眠れるようになると信じる人々も大勢いた。睡眠剤としてのマンドレークの効用は16-17世紀にはよく知られていたようで，シェイクスピアの戯曲『アントニーとクレオパトラ』や『オセロウ』の中でもマンドレークが取り上げられている（シェイクスピア；1960, 1983）。

　また，マンドレークの傍らにコインを置いておくと，コインが増えるとも信じられていた。ライト Wright（1845）は，15世紀のイギリスの本草学者が語った話として，「私がまだ若かった時，私の知り合いに80歳を越えた男がいました。この男に関しては，金に囲まれ，人の形をしたマンドレークの根を管理し，それによって毎日かなりのペニーを手に入れているという驚くような噂が飛び交っていました。この噂の真偽を確かめるため，この男が留守の時に友人3人と頑丈な小さな箱の鍵を壊したところ，箱の中にはリネンの上に1フィート丈の像と綺麗なコインが大事に保管されていました。この像は人の容貌，男性の生殖器官，肉体，骨など真の人間が持つ全ての特徴を備えており，私たちはこの像がマンドレークの根であるということを確認しました。その後も私たちは注意を払っていましたが，その男の箱やそれに類すものは二度と見ることができませんでした。」という話を紹介している。また，

第1章　トマトの起源と伝播

　フレイザーFrazer（1919）によれば，百年戦争で活躍したジャンヌ・ダルクは魔女の疑いをかけられ，裁判の結果，火刑に処せられるが，魔女と嫌疑をかけられたのはマンドレークを持っていたという噂がもとであった。魔女とマンドレークとの関連については，ミシュレ（1983）もその著『魔女』の中で次のように述べている。

　　「魔女たちは，人形に針を刺すことで，自分たちの望むひとに呪いをかけ，痩せさせ，殺すことができると告白したものだ。この女たちはまた，絞首台の下から引き抜いたマンドラゴーラで（それも犬の歯で引き抜く，とこの女たちは言っていたが，それをした犬はかならず死んだ）理性を麻痺させ，人間を獣に変え，女たちの気を狂わせ，狂人にすることができるとも告白したものだった。」

　絞首台の下から引き抜いたという記述があるのは，絞首刑に処せられた罪人の精液が地面に落ち，そこからマンドレークが生じると考えられていたためである（Frazer, 1919）。また，犬の歯で引き抜くという記述は，マンドレークを掘り取る際に，人々はマンドレークと犬の首輪を縄で結び，犬に引き抜かせたことによる。『ロメオとジューリエット』には，気に染まぬ結婚を強いられたジューリエットが，修道士から勧められ仮死状態になる薬を飲むことを決意するが，いざという時になって躊躇する様子が次のように描かれている（シェイクスピア，1988）。

　　「人の話によれば，こういう墓場には，真夜中には，亡霊が現れるとか……
　　ああ，どうしよう？どうしたらよかろう？きっと，
　　眼がさめるのが早すぎれば，あのむっとする悪臭や
　　聞いた人はみんな気が狂うというあのマンドレイクが
　　地面から引き抜かれるときの声そっくりの叫び声やらで，……
　　ほんとうに眼が覚めるのが早すぎれば，こうした恐ろしいものに
　　うち挫かれて気が狂ってしまうのではなかろうか？」

　16世紀のイタリアでは，マンドレークに対してかなりの需要があり，ギ

リシャのクレタ島やキクラデス諸島から輸入され，行商人によって売られていた（Simoons, 1998）。しかし，人々はマンドレークに対して「不思議な力を持つものの，どことなく得体の知れないところがあり，近寄らない方が無難な植物」という偏見を持っていたと思われる。そのため，マッティオリMattioli がマンドレークの近縁種としたことにより，トマトも長く偏見の目で見られることになった。このマッティオリの記述はその後多くの博物学者たちの著作にも引用され，その結果，トマトはマンドレークと同様，愛のリンゴ（poma amoris, love apple）とも呼ばれることになった。pomi d'oro や poma amoris の pomi や poma はラテン語の pomum〈果実の意〉に由来する。フランス語ではリンゴを pomme と言うが，これはラテン語の mulum（リンゴ）ではなく pomum を借用したことによるものである。英語ではリンゴ，ナシ，マルメロなどの果実を纏めて pome というが，これはフランス語からの借用である（Casselman, 1997）。

II．トマトの有毒成分？―トマトに含まれるアルカロイド―

キニーネ，コカイン，カフェイン，ニコチンなど塩基性の有機窒素化合物の多くは生理活性や薬理作用を持っており，アルカロイドと総称される。トマトと同じナス属の植物であるジャガイモ（*Solanum tuberosum* L.）の芽にはソラニン，チャコニンというアルカロイドが含まれている。ソラニン，チャコニンはソラニジンというステロイドアルカロイドに糖鎖が結合した配糖体であり，ソラニンの糖鎖はグルコース（ブドウ糖），ガラクトース，ラムノース各1分子で構成され，チャコニンの糖鎖はグルコース1分子とラムノース2分子で構成される。ソラニン，チャコニンの毒性はよく知られており，ジャガイモは芽を取ってから調理するのが常識となっているが，実はトマトもトマチン（α-トマチン）とデヒドロトマチンという2種のアルカロイドを含んでいる。α-トマチンはトマチジンと呼ばれるステロイドアルカロイドにガラクトース1分子，グルコース2分子，キシロース1分子からなる糖鎖が結合した配糖体，デヒドロトマチンはα-トマチンのステロイドアルカロイドの六員環の一つが二重結合に変化したものである（Friedman, 2002）。トマチ

ンは，トマトの耐病性や耐虫性を高める働きがあるが（Friedman, 2002），多く摂取すると下痢や嘔吐などを引き起こすとされる。葉や未熟な果実には比較的高濃度で含まれているが，果実の肥大，成熟とともに減少し，赤熟果にはほとんど含まれていない（Eltayeb と Roddick, 1984；Friedman, 2002；Kozukue と Friedman, 2003）。フリードマン Friedman ら（1994）によれば，成熟果の α-トマチン含量は果実 100g 当たり 0.03-0.6mg であるが，未熟果のそれは 4-17mg である。品種によっても差があり，一般にチェリートマトの方が果実 100g 当たりの α-トマチン含量が高いが，果実の大きさとトマチン含量との関連ははっきりしない（Friedman と Levin, 1995）。また，果実 100g 当たり赤熟果では 0.005-0.042mg，未熟果では 0.17-4.5mg のデヒドロトマチンが含まれる（Friedman と Levin, 1998）。リック Rick とホール Holle（1990）は，コロンビアからボリビアのアンデス山脈西側地域からトマトの祖先種と考えられているチェリートマト（*Solanum lycopersicum var. cerasiforme*）を採集し，いくつかの酵素を選んで，その型を調べている。それによれば，ペルーのマヨ川（Rio Mayo）渓谷は他の地域に比べてチェリートマトの遺伝的多様性が高く〈異なる酵素の型の出現率が高く〉，また興味深いことにマヨ渓谷上流地域から採集したチェリートマトの大部分は，熟してもトマチン含量が高く，苦味があるが，下流地域に向かうとトマチン含量が低く，苦味のないトマトの割合が増えていく。しかし，マヨ渓谷上流地域でトマトによる健康被害は報告されておらず（Rick と Holle, 1990；Rick ら, 1994），トマチンの毒性はソラニンに比べるとかなり弱いと考えられている。また，リック自身の経験として，トマチン含量の高いトマトを毎日大量に食べても消化不良やその他の不都合は起こっていないが，これはフライド・グリーン・トマト〈まだ緑色のトマト果実に小麦粉，パン粉をつけて揚げたもの〉を食べている地域で中毒症状が発生していない事実を想起させると述べている（Rcik ら, 1994）。

　トマトの葉は臭いが強く，またトマチンの含量も高い〈フリードマン Friedman ら（1994）によれば 100g 当たり葉 97mg に対し，未熟果 14mg〉ので，これを料理に利用することはほとんどない。しかし，例外もあり，1931 年に出版されたオクセ Ochse ら（1977）の『東インドの野菜』にはトマトの若い葉を米と一緒に食べるというハスカール Hasskarl の話が引用されている。また，

マッギーMcGee（2009）はトマトの葉が利用されていないことに疑問を持ち，毒性についての研究例や利用例について調べ，ソースの風味を強めるためにトマトの葉を利用した例を紹介している。

一方で，炎症を起こさせる物質〈紅藻類などから抽出される高分子物質であるカラギーナン〉とトマチンをラットの足裏に塗布する実験によってトマチンには消炎作用などの薬理効果があることが確かめられている（FildermanとKovacs, 1969）。また，カイエン Cayen（1971）は，トマチンを添加した餌をラットに与えると，コレステロールの吸収が抑えられ，その排出が促進されることを明らかにするなど，近年ではトマチンの効能も注目されるようになっている。

III．トマトの呼び方―各国で何と呼ばれているのか？

ダーキン Durkin（2009）は西ヨーロッパの主要言語におけるトマトの名称について考察を加え，次の4つの系統に分けている。
① ナワット語（Nahuatl）の tomatl に由来するもの
 ナワット語はアステカ人社会で使われていた言語で，現在でもメキシコの一部で使われている。tomatl とは，大きくなるという意味を持つ言葉 tomau の派生語と思われる。スペイン語では単語の末尾が -tl というように連結子音で終わることがないので，最も近い子音と母音の組み合わせである te に変えられた。スペイン人がアステカを征服した直後の 1532 年に tamate という語がスペイン語文献に記載されており，フランス語では 16 世紀後半，ドイツ語では 17 世紀，ポルトガル語では 18 世紀になると tomate という語が文献に現れる。英語では 1604 年に tomate という語が記録されているが，あまり使われることはなく，18 世紀中頃になると tomato に変わった。
② 果実の特徴を表すイタリア語に由来するもの
 イタリアではマッティオリ Mattioli の pomi d'oro に由来する pomodoro が現在でも使われている。フランス語でも 16 世紀には pomme dorée，17 世紀には pomme d'or と呼ばれていた。

③　愛のリンゴ（pomme d'amour）

フランスでは17世紀にpomme d'amourと呼ばれており，今日でも南フランスでは使われることがある。これを英語に翻訳したlove appleという語が英語に借用され（1578年），さらに1597年には『ジェラルドの本草学（The Herball or Generall Historie of Plantes）』の中でlove of appleとして記録されている（Gerarde, 1597）。18世紀末まではイギリスではlove appleという語が科学的な文献でも広く用いられていたが，その後次第にtomatoという語に置き換わっていった（Harveyら，2002）。

④　オーストリアドイツ語のParadeiser，古くはParadiesapfel

この言葉は14世紀にはザクロを指す言葉として，またエデンの園の禁断の果実を仄めかす言葉として用いられていたが，トマトが導入されて以降，トマトを意味する言葉として使われるようになった。

　西ヨーロッパの言語以外でも，多くは上記の系統のいずれかに由来している。世界的にみるとtomatlに由来するものが多く，アジアでも韓国語やインドネシア語などはtomatという語幹を持っている。これに対して，ポーランド語，ロシア語，テュルク語〈中央アジアなどのトルコ系の民族で使われている〉などでは，イタリア語を借用したpomidorという言葉が残っている（Schamilpglu, 2004）。ポーランドについては，イタリアの王女ボナ・スフォルツァBona Sforzaの影響が指摘されている（Civitello, 2008）。彼女は1518年にポーランド王ジグムント1世Sigismund Iと政略結婚をしたが，輿入れに際してイタリアから料理人や庭師を引き連れていった。当時，既にポーランド料理には多くの野菜が使われていたが，彼女は多くの新しい野菜を持ち込んだ。その結果，ポーランド語の食材の中にはpomidorowa〈pomidorの複数属格，zupa pomidorowaはtomato soupのこと〉をはじめとして，多くのイタリア起源の言葉がある。ポーランドで野菜を指す言葉wloszczyznaは「イタリアからのもの（things from Italy）」という意味があるとされる（Civitello, 2008）。一方，ハプスブルグ朝の影響下にあったハンガリーではparadicsom，スロバキアではparadajkaなど，オーストリアドイツ語のParadeiserの系統の言葉が使われている。

なお，中国語〈蕃茄〉，タイ語〈makhua-thet，外国風のナスの意〉，ベトナム語〈ća chua，酸っぱいナスの意〉では，わが国の古い呼び名である唐なすび，珊瑚茄，赤茄子などと同様，ナスを意味する語幹（茄，makhua，ća）を含んでいるが（Opeña と van den Vossen，1994；Sutarno ら，1994），これはこの地域における中国文化の影響の強さを示すものと思われる。

IV．トマトはどこで栽培化され，どこからヨーロッパに来たのか？

　作物は，人間が長い年月をかけて改良を加えた結果，野生植物に比べ，① 花が咲きにくくなり，また例え咲いても結実しにくくなる，② 種子が休眠しにくくなる，③ 種子が脱落しにくくなる，④ 収穫対象部位が肥大化する，⑤ 苦味やえぐ味などが薄れ，食用に適するようになる，⑥ 植物体が小型化する，⑦ 日長や温度に対する反応性が変化し，早生化するなどの特徴を示す（青葉，1981；Fray と Doğanlar，2003）。このような改良の過程を栽培化と呼ぶ。フレイ Fray とドアンラーDoğanlar（2003）は，これらの栽培化に関わる形質は比較的少数の，環境条件の影響を受けにくい〈遺伝力が大きい〉遺伝子によって支配されており，しかもそれらは染色体上に均一に分布しているのではなく，いくつかの特定の部位に集中していることを示した。彼らは，栽培化に関わる遺伝子が染色体上のある部位に纏まって存在しているので，この部分の染色体断片を導入，固定すれば，栽培化に関わる形質が同時に改良されるとし，栽培化は比較的短期間に進んだのではないかと推察している。

　作物の起源地について，ドゥ・カンドル De Candolle（1886）は近縁野生種が見いだされる地域がその作物の起源地（center of origin）であると考えた。これに対してヴァヴィロフ（1980）は，近縁野生種はその作物の祖先種でないことも多く，この方法では起源地を特定できないとして，品種や系統の多様性が特定の地域に集中していることに注目し，多様性の中心が作物の起源地であるとする説を提唱した。そして，栽培植物の起源地は五つの地域（後に7地域）に纏められることを明らかにした。これに対して，ハーラン Harlan（1971）は，栽培起源地で必ずしも遺伝的多様性が高いとは限らないこと，

第1章　トマトの起源と伝播

作物によっては起源地が非常に広い地域にわたり，しかもその中のいくつかの地域で異なる時期に栽培化が始まったものがあって起源地を明確に決められない場合〈非中心と呼ぶ〉があることなどを指摘し，三つの起源中心と三つの非中心があるとした。

さて，トマトの起源地であるが，野生のトマトの分布状況から見て，トマトはエクアドルからペルーにかけての地域に起源があると考えて間違いない。これに対して，トマトの栽培化がどこで始まったのか，またヨーロッパに導入されたトマトがどこから運ばれたものなのかについては，ペルーとメキシコの二説があり，いまだに決着がついていない。トマトがペルーを中心とする南アメリカ原産で，ここから南欧に導入されたとする記述はサビーン Sabine（1820）の文献に見える。その後，ドゥ・カンドル De Candolle（1886）は，① トマトがポミデルペルー（pomi del Peru）と呼ばれていたこと，② メキシコ征服直後の文献〈スペインの歴史学者エルナンデス Hernández の『歴史（Historia）』〉にトマトの記述が見られないことを挙げ，ペルー説を支持している。また，ドゥ・カンドルは，大型の果実をつける栽培種のトマトは野生状態で見出されていないが，栽培種トマトの変種であるソラヌム・リコペルシクム・ウァリエタス・ケラシフォルメ（*Solanum lycopersicum var. cerasiforme*）はメキシコなどペルー以外の地域にも広く野生の状態で分布していると述べ，栽培種トマトもケラシフォルメと同じようにペルーから他の地域に伝播していったと推論している。ヴァヴィロフ（1980）もペルー説をとっている。

これに対してジェンキンス Jenkins（1948）は，歴史的，地理的，文献学的視点から検討を加え，ドゥ・カンドルのペルー説に異を唱えた。ここで，彼の説を紹介する前に pomi del Peru という呼称について説明しておきたい。イタリアの本草学者アングイラーラ Anguillara（1561）は，ガレノス Galen が言及したリコペルシコ（Licopersico）という植物（Licopersico di Galeno）の説明として「ガレノスがリコペルシコに与えた短い説明は，現在ある人たちが pomi d'oro あるいは pomi del Peru と呼んでいる植物，さらに別の人たちがナスの一種と言っている植物とよく一致する。」と述べている。これは当時（16世紀）のヨーロッパでは，ギリシャの医学者ディオスコリデス Dioscorides（A.D. 40-90）やガレノス（AD131-200?）を絶対視する傾向が強く，

IV. トマトはどこで栽培化され，どこからヨーロッパに来たのか

未知の植物が出現した場合には，彼らの著作の中から似たものを探すことが一般的であったことを反映している。しかし，フランスではアングイラーラ（1561）よりも前にダトゥラ・ストラモニウム（*Datura stramonium*）が pomi del Peru と呼ばれており（Dodonaeus, 1554），当時 pomi del Peru がトマトを指す言葉として一般的だったと考えるのは誤りである。また，グイランディーニ Guilandini（1572）によれば，ガレノスはこの果実を実際には見ておらず，北アフリカから来た兵士たちの話から，その植物にリコペルシコン（Licopersicon）という名前をつけたもので，この植物は ① タトゥラ〈Tatula, *Datura stramonium* のことか〉，② ペドゥア・ポエノルム〈Pedua Poenorum, アフリカンマリーゴールドの一種 *Caryophullus Indicus* など〉，③ トマト（Tumatle）のいずれかを指すのであろうと推察し，Tumatle ex Themistita〈Themistitan の n が欠落していると思われる〉は近年，黄金のリンゴ（pomum aureum），愛のリンゴ（pomum amoris）と呼ばれているものであると述べている。このテミスティタン〈Themistitan, Themixtitan とも書く，テノチティトラン Tenochtitlan の転訛〉は今日のメキシコシティのことである。

さて，ジェンキンス Jenkins（1948）は pomi del Peru が必ずしもトマトを指す言葉ではなかったことを紹介した上で，① 栽培種を除き，トマト野生種はペルーやエクアドルなどの比較的狭い範囲に分布しており，これらの地域が野生種を含めたリコペルシコン〈Lycopersicon；後述するように現在の分類ではソラヌム属リコペルシコン節，83 ページ参照〉の変異の中心であることには疑問の余地はないが，② カリブ海に面したメキシコのベラクルス（Veracruz），および同市とメキシコシティの中間に位置するプエブラ（Puebla）にかけての地域はトマトの遺伝的な変異が大きく，19 世紀終わりから 20 世紀初頭にアメリカ合衆国で育成されたビーフステーキトマトを除くすべてのタイプの栽培種がこれらの地域に存在していると考えられる，と述べている。また，これらの地域ではトマトが古くから利用されており，現地の人々がトマトをどのように呼び，分類していたかも明らかになっているが，ペルーを中心とした地域におけるトマトの呼称は不明であると述べている。

歴史的にみても，16 世紀の中頃にメキシコで修道士として活躍したサアグン Sahagún は『新スペインの事物一般史（General History of the Things of New

Spain)』の第10巻で「トマト販売人は大きなトマト，小さなトマト，葉トマト，細いトマト，甘いトマト，大きなヘビトマト，乳首状のトマト，ヘビトマトの他，コヨーテトマト，赤みがかった黄色から黄褐色をしたトマト（すなわち黄色，濃い黄色，さらに濃い黄色，赤，濃い赤，健康的な赤，明るい赤，赤っぽい色，明け方のバラ色）を販売する。」と記しており，アステカで多くの種類のトマトが利用されていたことが窺える（DibbleとAnderson，1981）。また，アコスタ（1991）はその著『新大陸自然文化史』の中で，① メヒコ人は外来者としてテパネカ人の領土に住み，彼らに貢物を送っていたが，メヒコ人の勢力が強くなることを恐れたテパネカ人は湖の上に野菜類を植えた畑を作って水路で送ってくるよう命じた，② メヒコの人々は命令された通りにガマやイグサで出来た島で栽培したトウガラシ，コビユ〈habia bledos，アマランサス〉，トマト，インゲン，サルビア〈chia，メキシカンセージ，*Salvia hyspanica*〉，カボチャなどを島ごと送った，という内容のメヒコ人の建国伝説を紹介している。この話は，その真偽は別として，トマトがメキシコで古くから栽培されていたことを示すものであろう。一方，ヨーロッパにトマトが導入された1544年以前〈1521年〉にメキシコの占領は完了し，植民地社会の建設が順調に進んでいたのに対し，当時ペルーはまだ混乱の中にあった（染田・篠原，2005）。さらに，16世紀中頃にコロンビアからペルーにかけて調査を行い『インカ帝国地誌』を著したシエサ・デ・レオン（2007）は，ジャガイモ，トウモロコシ，サツマイモ，キヌア，トウガラシなどが栽培されていたことを記述しているが，トマトについては記述がない。しかし，平野部の河川の流域で栽培されているペピーノというナス科の果実が美味であると賞賛しているので，もしトマトが当時この地域で広く利用されていたとすれば，それを見落としたとは考えにくい。なお，スペイン語のpepinoはキュウリのことを指すので，この本の訳者（増田）はpepinosをペピーノ（キュウリ）としているが，内容から見てpepino dulce（ペピーノ，*Solanum muricatum* Ait.）のことである。

　ところでジェンキンスJenkins（1948）は，1578年以前にメキシコにおけるtomatlの栽培を記述したエルナンデスHernández（1516-1578）の記録が残っているが，彼の記述したtomatlが本当のトマトなのか，それともピュサリス・

IV. トマトはどこで栽培化され，どこからヨーロッパに来たのか

イクソカルパ（*Physalis ixocarpa* Brot. ex Hornem., オオブドウホオズキ，トマティーヨ）なのかは判然としないと述べている。オオブドウホオズキ（*Physalis*）はトマテ・ベルデ〈tomate verde, 緑のトマトの意〉と呼ばれ，直径3cm程度の果実を包んでいる苞一杯に肥大し，時に苞の一部が破れている（第1-2図）。

第1-2図　オオブドウホウズキ（*Physalis ixocarpa* Brot. ex Hornem., tomate verde）の果実

苞を除去すると緑色のトマトと区別がつきにくく，酸味はトマトより強いが，トマトと同様にソースとして用いられる（吉田，1988）。橘（1999）は『トマトが野菜になった日』で，メキシコでは現在もオオブドウホオズキとトマトを厳密には区別していないことを指摘している。エルナンデス・ベルメホ Hernández Bermejo とゴンザレス González（1994）の「トマト」についての記述をみると，①植物体のサイズが最も大きいのがシトマメ（xitomame），最も小さいのはミルトマメ（miltomame）であり，②シトマメ（xitomame）の中には，成熟時に黄色に着色し，果実はナッツよりやや大きくなるもの（coatommame），果実の大きさはナッツよりやや大きい程度であるが赤く着色するもの，赤く着色しナスと同じぐらいの大きさになるものがあることが紹介されており，この「ナッツよりやや大きく，赤く着色するもの」，「ナスと同程度の大きさになるもの」がトマトのことを指していると思われる。また，①ミルトマメ（miltomame）の中にはコストマトゥル〈coztomatl，黄色いトマト〉とサラトゥラセンセ（xalatlacence）と呼ばれ，主要な薬剤として利用されるものがある，②葉の下面はビロードのようで，花は紫色で果実は白っぽいサクランボのように見えるものがあり，これは目を綺麗に見せる効果があると記述されており，トマト以外のものもトマトゥル（tomatl）に分類されていることが分かる。

これらの点を踏まえ，ジェンキンス Jenkins（1948）はトマト栽培種の祖先種である野生のケラシフォルメ（*S. lycopersicum* var. *cerasiforme*）は元々はペルー

からエクアドルにかけての地域に限定的に分布していたが，これが熱帯アメリカに分布を広げ，やがてオオブドウホオズキ（*Physalis*）が利用されていたメキシコで栽培化され，それがヨーロッパに導入されたと推論している。ハーラン Harlan（1992）は，雑草としてトマト〈ケラシフォルメ〉が流入してきた時にメキシコでは既に盛んに農業が行われており，栽培化もそうした背景の下で進んだことは，それ以前に利用していたオオブドウホオズキに接頭語をつけてトマトの名称としたことからも窺えるとしている。リック Rick（1995）もジェンキンスの考えを支持し，メソアメリカで人間の選抜が加わり，原始的なトマト品種が成立したと考えている。これに対し，ペラルタ Peralta ら（2008）は，ホルクハイマー Horkheimer（1973）やヤコブレフ Yakovleff とエレーラ Herrera（1935）の文献を引用してスペインのインカ征服以前にペルーでもトマトの呼称があったと述べ，ペルーでのトマトの呼称が不明であるとしたジェンキンス（1948）の記述に異を唱えている。しかし，ホルクハイマー（1973）は，「古代〈スペインによる征服以前〉のペルーではトマトの栽培は一般的でなかった。【また，】ケチュア語の名称が失われてしまったとする主張はメヒア・ジュセッペ Mejia Xesspe やその他研究者が【その植物を】pirca〈ケチュア語で石壁の意〉と記録していることから見て正しくない。スペインによる征服以前にペルー周辺で栽培されていたのは果実が小さく，芳香の強いソラヌム・ペルウィアヌム（*S. peruvianum*）だけである。」と述べており，ヤコブレフとエレーラの文献でも tomates の項で紹介されている2種のうちの一つ，栽培種のトマトはメキシコ原産とされ，他の一つ「ケチュア語で pescco-tomate」と記載されているのはペルウィアヌムのことなので，ペラルタら（2008）のジェンキンスへの異論は的を射たものとは言えない。しかし，ペラルタら（2008）は，トマトの栽培化についてのジェンキンスの説そのものに異論を唱えている訳ではなく，ペルーとメキシコの地方種の遺伝的変異に差はないというリック Rick ら（Rick ら，1974；Rick と Fobes，1975；Rick と Holle，1990）の研究結果を紹介し，「実際のところトマト栽培が始まったのがペルーなのか，メキシコなのか，今となっては本当のところはよく分からない」と結論している（Peralta と Spooner，2007；Peralta ら，2008）。

Ⅴ. ヨーロッパへのトマトの伝播

1. イタリアにおけるトマトの普及

　コロンブス Cristobal Colon の航海の目的は，黄金の国ジパングの発見とコショウをはじめとする香辛料の新たな交易路の開拓にあった。ラス・カサス Las Casas が要約した1492年の第1回の航海記の中でキューバやエスパニョラ島でパニソ〈panizo；キビ millet の意であるが，林屋の注ではトウモロコシ〉，「ニンジンに似てクリのような味がするイモ」〈カサスの注ではヤムイモ（ajes）またはサツマイモ（batata）とされるが，クリのような味がするという点からするとサツマイモではないかと思われる〉，「胡椒よりももっと大切な役割を果たしており，これなしで食事をする者は誰もいない」とされるトウガラシ（aje），「茎を植えておくと，その根がニンジンのように太くなって，それがパンの役割を果たす」キャッサバ（ajes）など新種の作物についても記述されている（林屋，1977）。しかし，新大陸発見直後は，スペイン人たちが食べるコムギをはじめとする農作物はもっぱらスペイン本国から運ぶか，スペインから運んだ種子で栽培した。1524年にはメキシコの総督，コルテス Cortés がスペインからやってくる船に，必ず種子を一緒に運搬するように命じる触れを出している。これに対して，新大陸原産の植物をスペインに持ち帰ったという記録は16世紀のスペインにほとんど残っていない。これは，スペイン王国では新大陸との交易はセビリアでのみ行うことが許可されたが，通商院（Casa de la Contratacion）の厳しい積荷検査を嫌って商人たちはカディズ，ビーゴ，マラガなど他の港を利用したためである（Herrnández Bermejo と González，1994）。

　1518年にメキシコ探検を開始したコルテス Cortés は翌1519年に現在のメキシコシティを占領するが，反乱にあって退却した。しかし，1521年には再びメキシコシティを占領し，アステカ王国が滅亡した。その後，スペイン人たちは銀鉱山の開発を積極的に行ったが，同時に植物資源の調査を行い，珍しい植物を本国に送ったとされる。そうした植物の一つとしてトマトもスペインに送られたと考えられる。米国学術研究会議（National Research Council，

1989）によれば，トマトがヨーロッパへ導入されたのは1523年のことで，スペインあるいはその支配下にあった南イタリアの両シチリア王国（ナポリ）を経由してヨーロッパ各国に広まって行ったと考えられる。これに対し，池上（2011）は，「イタリアには1554年，ナポリに一隻のスペインの帆船が入港し，そこに他の物品とともにトマトの種子が含まれていた」ことが始まりであると述べているが，それ以前にイタリアに導入されていたことは第I節で紹介したマッティオリ Mattioli の書籍からも明らかである。なお，渡辺（2010）は「南米の原種は黄色く小さい果実であったものが，現在のような赤く大きなトマトになったのは，ヨーロッパで栽培，品種改良されてからのこと」と述べている。しかし，色について言えば，第I節で述べたことからも分かるように当初ヨーロッパに導入された果実が黄色だった可能性はあるが，すぐに赤い果実をつけるものが導入され，またごつごつした果実が描かれた絵もあることから，ヨーロッパに導入されたトマトの中には既に赤く大きな果実を着けるものがあったと考えるべきである。ヨーロッパに導入された品種の改良に関して，リック Rick（1978）は，① ラテンアメリカの品種は柱頭が突出しているため他家受粉しやすかった，② ヨーロッパに導入後，着果向上ための選抜が行われ，花柱の短い品種が育成された，③ 北ヨーロッパで温室栽培が行われるようになると，訪花昆虫や風がない状態でも受粉が起こる，柱頭が葯筒の先端までしか伸びない品種が選抜，育成されたと考えている。

　イタリアの画家，アルチンボルド Arcimboldo（1527-1593）は，ハプスブルグ王朝に仕えた宮廷画家でマクシミリアン2世 Maximilian II やルドルフ2世 Rudolf II によって世界各地から集められた珍しい動物や植物を組み合わせて肖像画を作成したことで有名である。彼の有名な初期の作品，夏と秋〈春，夏，秋，冬の4部作は1563年，1573年など少なくとも3回描かれた〉には，それぞれ新大陸起源のトウモロコシとカボチャが描かれているが，トマトが描かれるのは1590-91年のルドルフ2世の肖像画まで待たなければならない。ダニュロル Danneyrolles（2004）は，これは16世紀の中頃にはトマトがまだ一般的な作物になっていなかった証拠であると考えている。アルチンボルドはルドルフ2世を庭園の精，ポモナに近づくために頭を葉で飾った農夫に変

V．ヨーロッパへのトマトの伝播

装した季節の神，ウェルトゥムヌス Vertumnus として描き，その口元にはトマトが描かれているとされる（内田とピエールサンティ，2003）。アルチンボルドがなぜルドルフ2世の口元に，いかがわしい食べ物として，あまり芳しくないイメージの方が強いトマトを描いたのかについて，当時のサロンに集う人々の憶測を呼んだという話は『トマトとイタリア人』（内田とピエールサンティ，2003）に詳しく紹介されている。しかし，小川（2001）によれば，これらの果実や野菜で肖像を描くことはルドルフ2世の治世の豊穣と帝国の繁栄を称賛する意味があったとされ，また当時の政治的，宗教的対立，混乱の中でそれらを超越する共同体を形成していこうというルドルフ2世の世界観を表すための役割を果たしたとされる。また，下唇に描かれた果実がトマトか，どうかについても必ずしも意見の一致があるわけではなく，2009年に日本各地で開催された「奇想の王国 だまし絵展」にはアルチンボルドのルドルフ2世が展示されたが，この展示会の説明パネルの中で，千葉県立中央博物館の御巫由紀氏は，口元に描かれた果実はトマトではなくサクランボと推定している。バートン Burton（2003）もルドルフ2世の下唇に描かれた果物は「サクランボ（あるいはトマト？）」と述べており，トマトと断定していない。さらに，内田とピエールサンティ（2003）の述べている逸話を記述した書籍も見つけることができなかった。したがって，アルチンボルドの絵が人々の憶測を呼んだという話にどの程度，信憑性があるのかについては疑問が残る。アルチンボルドは後期ルネッサンスとバロックの間に起こったマニエリスムの時代を代表する画家の一人である。マニエリスムとは奇妙なもの，珍しいもの，荒唐無稽なもの，異常なもの，人を驚かせるもの，気味の悪いものなどを取り上げ，隠喩的，幻想的な構図で描くことに特徴があるとされる。しかし，グスタフ・ルネ・ホッケ（2011）が，アルチンボルドが描くのは典型的なマニエリスム的寓意画ではないので，「ひとが往々にしてピカソの作品にあまりに多くの意味を読みすぎるのと同じく，アルチンボルドの作品をあまり「詮索」しすぎるのは，あやまりであろう。」と述べている点は注目に値する。

　有毒と考えられていたトマトがどのような経緯でイタリアの人たちに受け入れられるようになったのかは，はっきりしない。中世ヨーロッパ社会では

第1章　トマトの起源と伝播

上層階級（貴族）の食べ物と下層階級の食べ物との間には明確な区別があり，下層階級の人々は野菜を主とする食べ物を摂り，タンパク源として時々豚や魚を食べる程度であったのに対し，貴族たちはあまり野菜を食べなかった（北山，2010；Klemettilä，2012）。これは，後述（第4章XII節）するように「（万物の）構成要素（ストイケイオン）は四つ，火と水と土と空気である。」（ディオゲネス・ラエルティオス，1994）とするギリシャ時代の考え方に従い，自然界や人間界も天から地に向かう四つの層からなる秩序の中に組み込まれており，天に近い生物（野鳥など）ほど高貴であり，地に近い生物ほど穢れているとした思想の影響とされる（北山，2010）。この考えによれば，四足動物の中でも牛は最上位にランクされ，羊がそれに次ぎ，豚が最下位とされ，牛や羊は商人階層の食べるもの，豚は下層階級の食べるもので，それぞれの階層に向いた食べ物を摂取するのが健康にもよいとされた。一方，植物も果樹が最上位，次いで地表近くに実をつける低木性果樹や果菜類，葉を食べる葉菜類がそれに次ぎ，地中の根や塊茎などを掘り取る根菜類は最下位とされた。そのため，上層階級の人々は，食道楽と顕示欲のために「リスクが多いとされていた食物（果物〈原文のまま，野菜の間違いと思われる〉，野生獣，水鳥，ヤツメウナギ，ネズミイルカなど）」を食べることはあったが（北山，2010），それらを食べることに抵抗感や罪悪感があったことは容易に想像されるところである。こうした中世社会特有の世界観が，少なくとも上層階級の人々にトマトを敬遠させた一因になった可能性が考えられる。しかし，ジャニック Janick ら（2010）は，『健康に関する書（Tacuinum Sanitatis）』（Arano, 1976）には中世の食材が描かれているが，キャベツ，ビート，アスパラガスなどの野菜の傍には農民，キュウリやナスのような新たに導入された果菜類の傍には高貴な人が描かれていることを指摘し，高貴な身分の人たちはこれら果菜類をその身分に適した植物であると考え，興味を持って食べたと述べている。もし，そうだとするならば，導入されたばかりのトマトも高貴な人々の好奇心を誘ったはずで，トマトはかなり早くから食べられていた可能性も考えられる。これに対して，内田とピエールサンティ（2003）は，富裕層の庭園やテラスで観賞用に栽培されていたトマトを最初に食べたのは，これら植物の世話を任されていた庭師で，その後，困窮していたナポリの庶民の食卓にも上るようになったと推

察している。導入当初，トマトは上流階級の人たちの庭園で珍しい植物として栽培されていたと考えられるので，顕示欲か，好奇心からかは不明であるが，上流階級の人たち，あるいはその使用人によってトマトが食べられるようになったのであろう。これに対して橘（1999）は，16世紀のイタリアはひどい飢饉に何度も見舞われたので，人々は飢えをいやすためにトマトに手を出したのではないかと考えている。

　ジョン・ジェラルドJohn Gerard（1597）はその著，『ジェラルドの本草学（The Herball or Generall Historie of Plantes）』の中で，トマト（apples of love）の一般的な特徴を記述するとともに，トマトがスペインやイタリアなどで栽培されており，それらの国々では塩，コショウ，【オリーブ】オイルとともに調理し，煮て食用にされるが，栄養はほとんどないと述べている。また，【オリーブ】オイル，酢，コショウと一緒に混ぜて英国のように冷涼な国々でマスタードを用いるのと同様，肉用のソースとしてトマトを利用することを紹介している。これらの事実からダウニィDaunayとジャニックJanick（2012）は食物として悪いイメージがあったにもかかわらず，トマトはヨーロッパに導入された直後から食用として利用されていたと考えている。これに対して，マッティオリMattioliと同時代の博物学者「コンスタンツォ・フェリーチ【Costanzo Felici】が，『サラダについて（Del Insalata）』という本の中で】例によって「新しい物好きの連中」がキノコやナスと同じように油で揚げて塩と胡椒で味付けをして，トマトを味わっていると伝えている」（カパッティとモンタナーリ，2011）ものの，同時に「私の好みからすれば，トマトは食べるよりも見るほうがよい。」（Riley, 2007）と記述しており，16世紀には一般大衆に受け入れられるまでには至っていなかったと推察される。さらに，ジェンティルコアGentilcore（2010）は，1750年代後半，ローマのイエズス会士の宿泊施設であるカーザ・プロフェッサでは7月になると毎週金曜日にトマトオムレツ，その他の日には茹でた肉と一緒にトマトを詰めたパイが供されたことなどを挙げ，18世紀中頃には既に上流階級によってトマトは広く食されていたが，一般の人々までトマトが普及するのは19世紀に入ってからのことであると述べている。さらにジェンティルコア（2010）は，18世紀中頃になるとトマトはイタリアを訪問した外国人の注目も集めるようになったとして，ロンド

第1章 トマトの起源と伝播

ンの商人で植物学者でもあったコリンソン Collinson が1742年にアメリカ，ヴァージニアのプランテーション経営者であったカスティス Custis に宛てたの手紙の中に，イタリアではトマト（love of apple）は肉汁やスープに酸味をつけるために，たくさん用いられているという記述があることを紹介している。また，ミラー Miller は1768年版の『園芸家の辞典（Gardeners Dictionary）』で食用及び薬用として用いられるリコペルシコン（*Lycopersicon*）属の種としてガレニ（*Lycopersicon Galeni*）とエスクレントゥム（*Lycopersicon esculentum*）の2種を挙げ，ガレニとエスクレントゥムはよく似ているが，果実はエスクレントゥムの方が大きく，溝があり，上下に押しつぶされたような形をしているので別種であると述べた上で，イタリア人，スペイン人は英国人がキュウリを食べる時のようにエスクレントゥムを塩，コショウ，油で【味付けをして】食べること，人によってはソースで煮込むか，スープにして食べること，さらにイングランドでも多く利用されていると記述している（Miller, 1768）。トマトが一般大衆の食事の中でどの程度の重要度を持っていたかは不明であるが，これらの事実から18世紀中頃には野菜としてのトマトはイタリアの人々にかなり認知されるようになったことは間違いない。

　ゲーテ（1942）の有名な『イタリア紀行』には，ナポリでは野菜の消費が多く，ハナヤサイ，ブロッコリー，アーティチョーク，キャベツ，サラダナ（Salat），ニンニクなどからでる野菜屑を農家の人たちがロバの背に積んで持ち帰り，畑に還元することが紹介されているが，トマトに関する記述はない。これは，ゲーテのナポリ滞在時期がトマトの収穫時期としては早過ぎた（1788年2月25日-3月29日と同年5月14日-6月4日）ためと思われる。また，同じころ（1770年5月14日-6月25日）ナポリを訪れたレオポルド・モーツァルト〈ヴォルフガング・モーツァルトの父〉の妻宛の手紙には，ナポリに長く滞在できないことは残念であると述べ，その理由として「夏じゅう，当地ではいろいろと面白い物が見られるからで，それに果物，野菜，それに花も，当地では毎週のようにいつも違ったものにお目にかかれる」ことを挙げている（モーツァルト，1980）。しかし，果物や野菜の種類を特定してはおらず，トマトに出会ったか，どうかははっきりしない。レオポルドが珍しい野菜や果物に関心を抱いていたことは，1770年8月21日，ボローニャから妻に宛

V．ヨーロッパへのトマトの伝播

てた手紙の中で，スイカについて「これは絵でしか見たことがないもので，胡瓜のような味をしています。これは丸くて大きな果物で，緑色の皮がついており，たくさんの小片に切ると【果肉が淡紅色なので】とっても見ばえがいいのです。」と述べていることからも分かる。トマトへの言及がないのは，ゲーテの場合同様，滞在時期がトマトの収穫時期〈南イタリアでは7月末以降のことと思われる；Elia, 2015〉よりも前であったことが原因ではないかと思われる。

　19世紀末に書かれた園芸書によれば，トマトの品種としてパフェクション（Perfection）など外国の品種を含め，14品種が紹介されており，また畝幅1mで栽培した場合のヘクタール当たりの収量として50トンという数字が紹介されている（Tamaro, 1892）。これは，2001年のイタリアの露地栽培の平均収量（ヘクタール当たり51トン）に匹敵する（Csizinszky, 2005）。ところで，今から30-40年前までトマトは主として夏の間の食べ物であった。しかし，既に19世紀初めには，種子を取ってジュースを濾した後，加熱・濃縮すると，冬の間も風味が保たれることが紹介され（Re, 1811），貯蔵が行われた。最も簡便な貯蔵方法は一塊にした果実を紐で壁際に吊るす方法である（カバー裏写真参照）。カンパーニャ州の古い品種であるポモドリーノ・ディ・ピエンノーロ・デル・ヴェスーヴィオ（Pomodorino del Piennolo del Vesuvio）は重さ25g以下の小型トマトで，果皮が硬く貯蔵性が高い。貯蔵中に徐々に果実はしなびてくるが，味は7-8か月維持されるので，冬の間はこのトマト，あるいは類似の品種〈チリエッジーノ（Chiliegino）やコルバリーノ（Corbarino）〉が利用された（Regione Campania, 2015；久谷，2016）。もう一つの方法は乾燥で，果実を半分に切り，塩を振って天日で乾燥させ，乾いたトマトは瓶に入れて貯蔵し，後で細かくして調味料として利用した（Gentilcore, 2010）。少し手の込んだ乾燥方法は，トマトを煮詰めてペースト状にし，これを板の上に伸ばして3-4日天日で乾燥させる。乾燥させて塊にしたものはコンセルバ・ネーロ（conserva nero），シチリアではアストラトゥ（astrattu）と呼ばれる（Gentilcore, 2010；久谷，2016）。

第1章　トマトの起源と伝播

2．イタリアにおけるトマトを使った料理のレシピ

ヨーロッパで最初にトマトのレシピを紹介したのはラティーニ Latini で，彼は1692年に出版された『近代の給仕頭（Lo Scalco alla Moderna）』という本の中で次の二つのレシピを紹介している（Latini, 1692）。

① トマトのカッセロール〈カスロール casserole，円筒形の片手鍋のまま供する料理のこと；日仏料理協会，2009〉の別種

　　鳩の肉，子牛の胸肉，詰め物をした鶏の首の部分を鍋に入れ，適当な香草，スパイス，鶏冠や鶏の精巣を入れたスープとともによく煮る。ある程度に煮えてきたら，トマトを取って弱火の上であぶり，皮をむいた後，4分割して中に入れる。前記の内容物を煮過ぎないように注意する。その後，生卵，レモン果汁少々を加え，蓋をして上下から熱を加えて凝固させる。

② スペイン風のトマトソース

　　成熟したトマト果実半ダースを取り，弱火の上に置いてあぶり，その後丹念に皮をむく。ナイフで細かく切り，そこにみじん切りにしたタマネギを加える。好みに応じて細かく粉砕したコショウ，セルピロロ〈*Thymus serpyllum*，ヨウシュイブキジャコウソウ〉，あるいは少量のピペルナ〈野生のタイムの一種〉を加えてよく混ぜ合わせる。少量の塩，オリーブオイル，酢で調味し，風味のあるソースとして煮物やその他に用いる。

次いで1773年に出版されたコッラード Corrado（1773）の『洗練された料理人（Il Cuoco Galante）』ではトマト，ナス，キュウリの項に次の12種類のトマト料理が紹介されている。

子牛肉のファルシ（詰め物）：トマトに穴をあけて種子を取り除き，さっと火を通した子牛の肉，若い雄牛の骨髄を砕いたもの，スパイスを詰め，肉のスープの中で形を崩さないように煮る。暖かいものを食卓に出す。

サルピコン〈5mm角の賽目；日仏料理協会，2009〉：さっと火を通した子牛のサルピコン，バター（butirro），ハーブ，スパイスをトマトに詰め，ハム一切れと風味付けにニンニクを加えてトマトソース（Coli di Pomodoro）で煮る。

バター風味のファルシ：トマトを半分に切り，卵とパルメザンチーズ，細か

く切ったパセリ，調味料を加え混ぜた詰めもので【種子を取り除いてでき
た空所を】満たす。粉をふりかけ，黄金色になるまで炒め，パルメザンチー
ズとバターで風味をつけ，オーブンで焼いて供される。

香草のファルシ：パセリ，タマネギ，スイバ，タラゴン，ミントを細かく刻
み，バターと一緒に軽く火を通し，塩，コショウで風味づけをする。卵の
黄身，水牛の粉チーズ（provatura）と混ぜ合わせた後，トマトに詰める。
それを炒めて，同じ香草で味付けしたハムのソースを添えて供する。

お米のファルシ：牛乳，バターと一緒に米を煮て，シナモンと砂糖で味付け
をし，卵の黄身と混ぜ，トマトに詰める。粉をまぶし，バターで黄金色に
なるまで炒める。生クリームを添える。

コッラディナ風〈コッラードが考案したという意と思われる〉：炙った子牛の肝
臓を細かく切り，卵の黄身，パルメザンチーズ，調味料で味付けしたもの
をトマトに詰める。これに粉をまぶし，溶き卵をくぐらせ，パンと粉チー
ズをつける。その後，ラードで焼き，揚げパンを添えて供する。

魚のファルシ：香草と調味料とで味付けした，細かく切った魚をトマトに詰
め，粉をまぶし，炒めて海老のソースと一緒に食べる。

トリュフのソース添え：カタクチイワシ，香草，トリュフを一緒によくつぶ
し，オリーブオイルとレモン果汁で味付けしたものをトマトに詰め，粉を
つけ，油で揚げ，トリュフのソースを添えて供する。大変美味しい。

ナポリ風：皮を取り除いたトマトを半分に切って種子を取り除き，油を塗っ
たパイ皿の中に置いた油を引いた紙の上に置く。カタクチイワシ，パセリ，
オレガノ，ニンニクを細かく刻み，塩とコショウで味付けしたものを詰め，
パン粉で蓋をしてオーブンで焼いて供する。

コロッケ：トマトの果肉を細かく刻み，バターで軽く炒め，スパイスとナツ
メグで味付けし，リコッタ〈乳清から作ったチーズ〉，卵の黄身と混ぜ合わ
せる。それから指の半分の長さ（lunghezza di mezzo dito）のコロッケに成型
し，粉をまぶし，溶き卵をくぐらせてフライにし，パンから作ったクルト
ンを添える。

小さな衣揚げ：トマトの果肉をパセリ，ミント，ニンニクと一緒に細かく刻
み，スパイスを利かせて刻んだハムとともにバターで軽く炒める。パルメ

第 1 章　トマトの起源と伝播

ザンチーズと溶いた卵を絡ませ，形を整え，脂で衣揚げにし，揚げパンの上に載せる。

プディング：トマトの果肉を取り，バターとスパイスと一緒に軽く炒め，パルメザンチーズ，パン粉，シナモンの粉末と一緒に細かくつぶす。卵の黄身，生クリーム，オレンジ（portogallo）の皮の砂糖漬けを細かく切ったものと，砕いた少量の砂糖をよく混ぜ，固めのピューレ状にする。バターとパン粉を敷いた鍋に入れ，オーブンで固める。

上記レシピにしばしば出てくる「Butirro」とはバターの一種で，カラブリア州で作られるカチョカバッロ（Caciocavallo）という球形で，中にバターが入ったチーズのことである（Riley，2007）。また，「Coli」とはフランス語 coulis に由来する語でソース（salsa）の同義語であるが，『洗練された料理人』の用語説明では「肉から抽出された濃いめのスープ」，ソースは「香料，香草，酢漬けのキノコを混ぜたスープ」と区別されている。コロッケの説明に出てくる「lunghezza di mezzo dito」とは指の長さの半分のことである。それではコロッケとしては小さすぎる気もするが，コロッケの一種，ナポリ風アランチーニ（arancini di riso alla napolitana）はピンポン玉程度の大きさであることを考えると，当時のナポリではこの程度がコロッケの一般的な大きさだったのかも知れない。大隈（2010）は，コッラードのトマトに関するレシピ 13 種を訳しているが，『洗練された料理人』のトマト，ナス，キュウリの項で紹介されている 12 種とは一致しないものが紹介されている〈トマトソースとスープを除く 11 種のうち，トマトのイタリア風，トマトの詰め物サレント風，カルトゥジオ風の詰め物，オムレツの 4 種；大隈はレシピの前に第 5 版の文章の一部について記述しているので，版の違いによるものかも知れないが，第 5 版を見ていないので詳細は不明〉。大隈（2010）訳では，コロッケの部分は「リコッタチーズと卵黄を加えたら形を整えて，指の半分の長さに小麦粉をつけ，卵黄に通して揚げる。」となっている。また，「portogallo」とはオレンジの別名で，オレンジがポルトガルを通じてヨーロッパにもたらされたことに由来する（Non Solo Arance，2015）。

イタリア料理といえば誰でもがパスタを思い浮かべるが，トマトがナポリ

の下町でスパゲッティのソースとして利用され，イタリア中に普及していくのは19世紀になってからのことと考えられている（カパッティとモンタナーリ，2011）。トマトを使ったパスタが書籍で紹介されるのは，1839年のことで，『料理の原理と応用（Cucina Teorico-Pratica）』という本に生のトマトとバーミセリ〈パスタの一種〉で作るティンパーノ〈シンバル形のパスタ〉について，次のような記述がある（Cavalcanti, 1839）。

　「223 g のバーミセリに対して 861 g〈1 ロトーロ rotolo, ナポリの古い重量単位；Cardarelli（2012）〉のトマト（丸くそれほど大きくないもの）が必要である。料理を出す人数に応じて適当な大きさのシチューなべを選び，ラードを塗り，次いでトマトを半分に切る。なべの底に切断面を下に，皮の部分を上にしてトマトを置き，その上にさらに半分に切り，切り口を上にしたトマトを置き，なべの底を覆う。塩，コショウを加え，鍋の大きさに合わせて生のバーミセリを折り，さらに半分に切ったトマトで覆い，塩，コショウをして別のバーミセリを置く。この作業を鍋が一杯になるまで続ける。最後はトマトの皮の部分が上になるようにし，調味料を加え，オリーブオイルか，ラードか，バターを溶かして加え，ティンパーノのように調理する。」

ティンパーノという料理は私たちには馴染みがないが，イタリア統一の前年（1860年）からの激動の時代を生きたシチリア貴族の生活を描いたトマージ・ディ・ランペドゥーサ（2008）の『山猫』という小説では，ティンバッロ（ティンパーノ）が肉・野菜などを円筒形に仕上げたパイの包み焼きとして紹介されており，「ナイフで固いパイ皮が切り裂かれた途端，中から無上の悦楽が迸り出た」という表現でその美味しさを称えている。

上記『料理の原理と応用』の第5部では1年間にわたり1日4品の料理を紹介しているが，そのリストの7月6日の項にトマトソース，チーズかけのバーミセリ，7月17日，7月27日，9月11日に項にトマトのバーミセリ，8月23日の項にトマトソースのバーミセリが紹介されている。

第1章　トマトの起源と伝播

3．フランスにおけるトマトの普及

ジャン‐マリー・ペルト（1996）の『おいしい野菜』によれば，フランスでトマトが食されるようになったのはイタリアよりもかなり遅い。有名な種苗商であるヴィルモラン・アンドリューVilmorin-Andrieux家の1760年の種子目録では未だトマトは観賞用植物に分類されており，食用植物として扱われるようになったのは1778年になってからのことである。しかし，1751年から1772年にかけて出版されたディドロ Diderotとダランベール d'Alembert（1765）の『百科全書』の第17巻にはトマト（tomate）の項があり，スペイン人によって紹介されたトマトがラングドックやプロバンスなど南フランスの家庭菜園で広く栽培されていること，また毒はなく，ブイヨン〈肉や野菜の煮汁で，材料を煮たり，スープなどを作るのに用いる〉やシチューとして料理すると美味しいと紹介されている。さらにフランスの著名な園芸百科である『善き園芸家の暦（Le Bon Jardinier Almanach）』でトマトが野菜として認められたのは1785年版からであるという。残念ながら1785年版を見ることができなかったが，1833年版にはトマトについて次のような記述がある（Le Bon Jardinier, Almanach pour L'annee；1833）。

　「トマト，別名Pomme d'Amour, 学名 *Solanum lycopersicon* L.〈原文のまま；学名については第2章第Ⅰ節参照〉，5雄蕊，1雌蕊，メキシコ原産の一年生植物。トマトはフィルムまたはガラスの被覆下で早く播種し，晩霜の恐れがなくなったら20-30インチ間隔で定植する。草丈〈地際から自然状態にある植物体最上部までの長さ〉が15インチになったら支柱またはトレリス〈竹や木材などを格子状に結んだもので支柱として利用する〉に誘引する。2-3フィートに伸びたら摘心〈主茎先端部を取り除くこと〉し，花房の上の側枝も摘み取る。栽培期間の終わりごろ，十分な数の果実が【収穫時の】大きさの半分に達したら，葉を完全に取り除き，果実を日光に当てる。夏にはかん水を多めにする。トマト品種の幾つかを挙げると，グロスルージュ〈Grosse rouge, 赤く大きい品種で，果実に溝があり料理用に栽培される〉，プチジョーヌ〈Petite jaune, 小型で黄色の品種〉，トマートゥアンプワール〈tomate en poire, 洋ナシ形トマト品種〉，トマートゥスリーズ〈tomate cerise, チェリートマト〉がある。種子は3-4年間発芽力を持つ。割接ぎによってジャガイ

モ台に接ぎ木することができる。この方法で地中にジャガイモを，地上でトマトを収穫できる。」

この当時，既に，トマトとジャガイモの接ぎ木ができ，それによって地上部からトマト，地下部からジャガイを収穫できる〈しかし，小さな果実と小さなジャガイモしかできないので，実用的な価値はない〉ことが紹介されているなど，興味深い記述が見られる。割接ぎとは根にする植物〈台木という〉の茎を切断して縦に切れ込みを入れ，ここに地上部とする植物〈穂木という〉の茎を楔状に削ったものを挿し込む方法で，現在でも行われる方法である。葉を取り除き，果実を光に当てるという記述に関しては，トマトを密植した場合には通風が悪くなって病気が出やすくなること，また着色には光が関与しているので，現在でも葉を一部摘除することが行われる。福羽（1893）の『蔬菜栽培法』のトマトの項にも摘葉についての記述がある。しかし，葉を完全に取り除いて果実を日光に当てると，果実は日焼けを起こす可能性があるので，今日では葉を完全に取り除くことはしない。

話を18世紀終わりのフランスに戻すと，1789年に起こったフランス革命は政治だけでなく，食の面でも大きな変革をもたらした。河上（2015）は「スペイン，オランダ，イギリスなどによる植民地獲得競争を背景に，食の市場拡大と商品化の歩みがおこってきますが，それは徐々にキリスト教的節制主義を放逐し，人々の食に対する意識や考え方を変化させていき」，「なかでも自由と平等をもって社会全体を変えようとしたフランス革命の精神は，ヨーロッパ中に意識変革の波を起こし」，その結果，「一つには食についての科学的研究，他は美味を肯定する」現代を代表する二つの食思想が生まれたと指摘している。ステフェンス Stephens（1891）によれば，レストランやカフェが一般的なものとなったのはフランス革命の頃からで，革命の騒乱が続く時代にも大多数の人々は普通の生活を送り，時にはレストラン，カフェ，劇場などへ出かけて生活を楽しんだ。アントニー・ローリー（1996）の『美食の歴史』によれば，1789年に50軒ほどしかなかったパリのレストランは1815年には3,000軒を超すまでになった。トマトに関して言えば，1792年にマルセイユからパリに進軍し，チュイリー宮殿を占領したマルセイユ義勇軍の

兵士たちもパリのレストランに出かけ、食べなれたトマトを注文したため、レストラン経営者の中で抜け目のないものはトマトを仕入れて「共和派の野菜」として客に提供し、金を儲けたという（Stephens, 1891）。こうして、フランス革命を機にそれまで主としてフランス南部で普及していたトマトは全国的に広まり、革命後には北部地域でもトマトが栽培されるようになった。グリモ・ダ・ラ・レニエール Grimod de La Reynière（1804）は『食通年鑑』の中で、当初トマトは非常に高価であったが、翌年の終わり頃には一般的な野菜となり、中央市場では以前のように小籠入りではなく、大籠入りで販売されるようになったと述べている。革命以後、「人々は料理をきわめて重要なものと考えるようになったが、それは帝政時代、それから次の体制においても続くことになる。美食は議論の主題となり、文学の主題にさえなった」（ミュルシュタイン、2013）。グリモの『食通年鑑』はパリの多くのレストラン、カフェ、菓子店などを紹介し、美食家たちはこれをガイドブックにパリを散策したと言われるが（池上、2013）、単なるガイドブック、グルメガイドにとどまらず、18世紀までの大食に対する否定的な考え方を払拭し、食の快楽を肯定するという点で『美味礼賛』を著したブリヤ-サヴァラン（1967）に先行する役割を果したとされる（橋本、2014）。アレクサンドル・デュマ Alexandre Dumas（1873）が『大料理事典（Le Grand Dictionnaire de Cuiaine）』を執筆したのは19世紀のそうした時代背景の中でのことである。デュマの事典のトマトの項には南フランスの人々が好むことが記載され、グリモ・ダ・ラ・レニエール風のトマトの調理法が紹介されている。また、エミール・ゾラは1873年に出版された『パリの胃袋』の中で、1857-58年に作られたパリの中央市場に毎朝運び込まれる色とりどりの野菜—「腐植土をつけたまま葉を開いているサラダ菜や、レタスや、キクヂシャや、チコリ」、「ホウレンソウの束、オゼイユ〈ソレル、*Rumex acetosa* L.〉の束、アーティチョークや、インゲンや、エンドウの山、一本の薬で縛ったロメインレタス」の緑、「セロリの根やネギの束のまだら色」、「ニンジンの強烈な赤と、カブの清純な白」、「巨大な白キャベツ、ブロンズの水盤に似たチリメンキャベツ」、「深紅と暗い緋色の痣を持つ見事なワイン色の花と化した赤キャベツ」、「オレンジ色のセイヨウカボチャ」、「タマネギの赤褐色の光沢、トマトの山の血のような赤、積

んだキュウリの黄色っぽい控えめな色，ナスの塊の暗い紫」,「葬式の布のように並べられた」「大きなクロダイコン」一による水彩画のような色調に彩られた情景を生き生きと描写している（エミール・ゾラ，2003）。この小説で取り上げられた野菜は当時のフランスにおける一般的な野菜と思われるが，ジャン・マリー・ペルト（1996）の『おいしい野菜』で取り上げられている野菜とほぼ一致している。また，この頃にはトマトも重要な野菜になっていたことが分かる。

4．イギリスにおけるトマトの利用

ジェラルドGerard（1597）が『ジェラルドの本草学（The Herball or Generall Historie of Plantes）』を著した数年前（16世紀末）にはイングランドでトマトの栽培が始まったと考えられている（Phillips, 1820）。この本にも記されているように，導入当初，既にイタリアやスペインで食用として利用されていることは知られていたが，イギリスではもっぱら園芸愛好家や植物園などで観賞用に，また好奇心から栽培されていた（Parkinson, 1635；Rea, 1665）。イギリスにおけるトマトの調理法について詳細に記述されたのは1752年に出版されたミラーMillerの『園芸家の辞書（The Gardener's Dictionary）』第6版が初めで（McCue, 1952），そこにはイギリス人がキュウリをコショウ，オリーブオイル，塩で味付けして食べるようにイタリア人やスペイン人がトマトを食べており，一部の人たちはソースとともに煮込んで食べること，またイギリスでもスープに適度な酸味をつけるために多く利用されていることが記述されている（Miller, 1754）。しかし，観賞用に栽培されることも続いていたようで，1768年の第8版には観賞目的で栽培する人がいるが，強烈なにおいを発するので趣味の庭園には適さないと記されている（Miller, 1768）。1820年に出版された『Pomarium Britannicum（イギリスの果樹園）』には，イングランドではトマトは裕福なユダヤ人たちに長い間利用されてきたこと，また現在トマトは市場に豊富に出回っているが，中・下層の家庭で利用されるのを見たことがないとした上で，イングランドの家庭でも野菜による料理の改善を学ぶ〈野菜料理をメニューに取り入れる〉べきであると記されている（Phillips, 1820）。1825年の『園芸百科事典（An Encyclopedia of Gardening）』

（Loudon，1825）ではイングランドでスープとして，また羊肉のソースの主要な成分として多くのトマトが利用されているが，フランスやイタリア，特にイタリアとは比ぶべくもないと記されている。

　ドイツで 1853 年に出版された『庭園植物 (Gartenflora)』には，ドイツやスイスでトマトがほとんど栽培されておらず，あるいは単に観賞用に栽培されていることが紹介され，その原因としてトマトが食用に適さない，あるいは有毒であるという偏見が未だに残っており，トマトの有用性が無視されているためだという記述がある（Legel，1853）。このことからすると，ドイツでのトマトの利用はイギリスよりも遅かったと思われる。なお，橘（1999）は，早くからトマトが受け入れられていたと考えられる「スペインにおいて 16 世紀から 18 世紀にかけて，トマトの栽培を示す文献は非常に少ない。」と述べた上で，1784 年の『スペインの植物群・第 5 巻』と 1801 年の『菜園の手入れ』という本を紹介し，「18 世紀半ばまでには，スペインで広くトマトが栽培されはじめていた」と推察している。

5．フランスとイギリスにおける瓶詰・缶詰技術の開発

　トマトの利用の面で特筆すべきことの一つは，瓶詰と缶詰が 19 世紀初めにフランスとイギリスで開発されたことである。スー・シェパード（2001）によれば，ヨーロッパでは 18 世紀に至るまで，冬に家畜に与える干し草が不足したため，晩秋になると大部分の牛を殺して，干し肉や燻製を作るか，塩漬け（塩蔵）にした。また，バターやチーズを作り，果実，トマト，ハーブなどを乾燥して冬に備えた。さらに，17 世紀になって砂糖が普及し始めると，砂糖漬けは乾燥や塩蔵と並んで重要な食品保蔵技術となり，特に果物の保蔵に欠かせない技術となった。軽く，しかも保存できる食品を作る技術の発達がなければ，大海原に乗り出す船旅は困難を極め，長期間にわたって戦いを続けることは困難であった。マゼラン Magalháes の航海の記録を残したピガフェッタ Pigafetta の『マガリャンイス最初の世界一周航海』には，太平洋に出てから 4 カ月近く「新鮮な食べものはなにひとつ口にしなかった。ビスコット（乾パン）を食べていたが，これはビスコットというよりはむしろ粉くずで，虫がうじゃうじゃとわいており，いいところはみな虫に食いあ

らされていた。(略) しかしながらあらゆる苦労にもまして、最悪の事態というのはこうである。何人かの隊員の歯茎が歯まで腫れてきて——それは上歯も下歯もおなじことだが——、どうしても物を食べることができなくなり、この病気で死ぬものが生じたのである。」という長期間の航海中の食料不足と壊血病に関する悲惨な記述が残されている（アントニオ・ピガフェッタ、2011）。18世紀末になっても長い航海の際の食事はほとんどが塩蔵した肉と堅パンであった。このためビタミンC（L-アスコルビン酸、以下アスコルビン酸と表記）の不足から船員たちは壊血病に悩まされ、命を失うものも多かった。壊血病には果物や野菜が効果を持つことが明らかになりつつあったが、砂糖漬けの果物を多く食べると胃がもたれること、また壊血病の原因は塩蔵肉にあるとする説もまだ有力であったため、壊血病は相変わらず大きな問題であった。百年戦争以来、長い間、イギリスとの戦争を繰り返してきたフランスであるが、ナポレオン戦争の時代（1806年）には大陸封鎖令を出してイギリスに経済的な打撃を与えようとした。しかし、その結果、ヨーロッパ大陸への砂糖の流入が止まって価格が暴騰したため、フランス政府は砂糖を使わなくても果実を保存できる方法の開発に迫られることとなった。また、前線で戦う兵士達の糧食確保のためにも食品を長期間保存できる方法の開発は急務であった。そこで懸賞金をつけて新しい食品保存法を募ったが、この賞金を獲得したのはニコラ・アペール Nicolas Appert であった。彼は食品を瓶に封入し、栓をした後、加熱すると長期間保存できることを明らかにし、実際に1809年に政府委員会の前で瓶詰め作業を実演して見せた。委員会はこの方法の有用性を認め、説明書200部を印刷して発明の詳細を公表することを条件に12,000フランの報奨金を支払うことになった（スー・シェパード、2001）。この決定を受けて1811年に印刷された説明書、『すべての動物と野菜を数年にわたって保蔵する技術（L'Art de Conserver, Pendant Plusieurs Années, Toutes les Substances Animales et Végétales）』は、出版後直ちに英語（The Art of Preserving All Kinds of Animals and Vegetable Substances for Several Years）に翻訳されている（Appert, 1811）。この説明書の中でアペールは瓶詰め貯蔵の要点として、① 保存すべきものを瓶に詰める、② 注意深く瓶にコルクで栓をする、③ 湯浴中に瓶を置き、瓶の内容物に沸騰水を作用させる、④ 瓶を湯浴から

取り出して冷ますという4点を挙げている。さらに「熟したトマトを水洗いして水きりした後，角切りにして火にかけ1/3に煮詰める。これを裏漉して種子を除き，再び火にかけて1/3に煮詰めたものを冷ました後，瓶に詰めて湯浴中で加熱する。」というトマトの瓶詰めについての記述もあるが，これは正しく明治36年（1903）にカゴメの創始者，蟹江一太郎が作ったトマトソース〈正確にはトマトピューレー〉の製法に他ならない（カゴメ八十年史編纂委員会，1978）。ところで，アペールが瓶詰めを考案した当時，瓶詰めによって食品を長期間保存できるのは何故か，という点については未だ十分理解されていなかった。パストゥール（1970）によれば，1763年にイタリアの科学者スパランツィーニSpallanziniは現存生物が自然発生するという「自然発生説」を検証するため，フラスコに入れた植物煎汁を密閉して45分間沸騰水中に置くと，煎汁中に微生物は出現せず煎汁はいつまでも腐敗しないという実験結果を発表し〈アペールの技術はこのスパランツィーニの実験結果を応用したものである〉，自然発生説に対する反証とした。しかし，自然発生説の支持者からは，腐敗が起こらなかったのは，スパランツィーニが瓶を沸騰水中に長時間漬けておいたため，瓶内の空気が変質したからであるという批判を浴びることとなった。その後，ゲイ・リュサックGay-Lussacが瓶詰めの空気中には酸素がないことを明らかにしたこともあって，食品の保存にとって重要なのは酸素の欠如であるという考えが広く受け入れられることとなった。これに対して，パストゥールはフラスコの頸を加熱し，引き延ばして曲げ，フラスコ内に入れた有機物の入った液を沸騰させると，フラスコを密閉しなくても微生物は発生せず，腐敗が起こらないことを確かめ，瓶詰めが腐敗を抑えるのは食品の腐敗を引き起こす微生物が熱処理によって死滅するためであることを明らかにした（パストゥール，1970）。

　アペールAppertの瓶詰めの技術は翌1810年，デュアランドDurandがイギリス特許を取り，すぐにドンキンDonkinに1,000ポンドで売り渡された。ドンキンは仲間二人と瓶の代わりにブリキの缶を用いる方法を開発し，これによって割れやすいという瓶の持つ欠点が克服された。しかし，缶は1個1個が手作りであったために量産できず，価格も高く，普及するまでには時間がかかった。また，缶を開けるためには鑿とハンマーが必要であった。縁つ

きの蓋が開発され，簡単に缶を開けることができるようになるのは1860年代半ばのことである（スー・シェパード，2001）。缶詰技術の開発は，アメリカにおけるトマトの大量生産へ道を開くものとなり，また缶詰トマトによって年間を通じてトマトが利用できるようになり，アメリカの隅々にまでトマトが浸透した（Harveyら，2002）。

VI. アメリカ合衆国へのトマトの伝播

1. アメリカにおけるトマト栽培

　アメリカにおけるトマトの普及は，ヨーロッパに比べてやや遅く1820-1840年のことである。アメリカにおけるトマト栽培の最も古い記録は，1710年にロンドンで出版された『植物学（Botanologia）』という植物誌の中で，イングランドの博物学者サモンSalmonがカロライナ〈現在のカロライナ州というより，もう少し広くアメリカ南東部を指していると考えられている〉で見たと記述しているものである（Salmon, 1710；Smith, 2001）。トレーシーTracy（1907）によれば，1781年にヴァージニア州で料理用トマトの栽培が始まり，また1812年にはニューオーリンズの市場で日常的に取引されるようになったという記録がある。しかし，1782年に出版されたジェファソン（1972）の『ヴァジニア覚え書』には同地の菜園で産出するものとしてマスクメロン，スイカ，オクラなどとともにトマトが挙げられており，栽培が始まった時期については1781年よりも早い可能性がある。それはさておき19世紀初めになると，南部では生食用トマトが広く栽培されるようになっていたようである。南部へのトマトの移入経路として，① カリブ海貿易に従事していたスペイン人が現在のジョージア州やカロライナ州の彼らの居住地へ持ち込み，栽培を始めた，② フランスから移住したユグノーなどによってヨーロッパから種子が持ち込まれた，③ カリブ海から南部に移ってきた黒人奴隷によって，その調理法ともども持ち込まれた，という三つが考えられるが，スミスSmith（2001）はこれら経路のすべてが南部諸州へのトマト移入に関与していると考えた方がよいと述べている。

　このようにしてアメリカ南東部で始まったトマト栽培は，やがてアメリカ

第1章　トマトの起源と伝播

南部から海岸沿いに北上しただけでなく，ミシシッピー川をさかのぼってオハイオ，ケンタッキー，イリノイなどの州へ栽培が広まっていったと考えられる。これらの州には，1813-30年に市場で販売されていた，あるいは子供たちがトマトをもいで食べていたなどという記録が残っているという。一方，フィラデルフィアやボストンなど，東部では17世紀後半以降，盛んにヨーロッパの園芸書や料理書が出版された。また，種苗商は自らが販売する種子のカタログを出版したが，カタログには単に種子の説明だけでなく，栽培法や料理法の説明や栽培暦も掲載された。これらの園芸書やカタログはトマトの普及に大きな貢献をしたとされる（Smith, 2001）。さらに，18世紀の終わり頃になると，主にフランスからの移民によってレストランが営まれるようになり，1820年頃には大都会のホテルにレストランが併設され，トマトを使った料理が提供されるようになったが，それもトマトの普及に一役買うことになった（Smith, 2001）。ビュースト Buist（1847）は，その著『家庭菜園園芸家（Family Kitchen Gardner）』の中で過去18年の間にこれほど人気の出た野菜はないと述べ，7月から10月までシチュー，サラダ，詰め物，揚げ物，ロースト，生食など色々な料理として食卓に上るが，やがて年間を通じて利用されるようになると予測している。

ところで，1946年1月30日，CBC放送のラジオ番組「You Are There」は，ロバート・ギブソン・ジョンソン Robert Gibbon Johnson が1820年9月にニュージャージー州セーレム（Salem）の裁判所入り口の階段でトマトが毒であると信じている大衆に向かってトマトを食べて見せ，その事件以降一般の人々の間にトマトが普及したというドラマを放送した。このドラマを契機にアメリカで初めてトマトを食べた人としてジョンソンは有名となったが，『アメリカにおけるトマト（The Tomato in America）』の著者，スミス Smith（2001）によれば，当時のセーレムの新聞にはジョンソンがトマトを食べて見せたという記事は掲載されておらず，ドラマとして脚色されたもので事実ではないと考えられる。しかし，このような逸話が生まれたことは，19世紀になっても北部にはトマトを毛嫌いする人がいたことを示唆するものである。

19世紀の初め，まだ，それほどトマトに馴染みがなかった北部の州にトマトを広める役割を担った一人が医学者のジョン・クック・ベネット John

Ⅵ. アメリカ合衆国へのトマトの伝播

Cook Bennettである。彼は1834年にエリー湖ウイロビー大学（Willoughby University of Lake Erie）医学科の学科長に任命されたが，最初の講義でトマトに関する同僚の研究結果を紹介し，トマトが下痢，胆汁性疾患，食欲不振等に効果があると述べ，またトマトをふんだんに利用することで多くの人々が暑い季節に感ずる不快感を防ぐことができるとして，健康のためにトマトを食べることを推奨した（Bennett, 1842；Smith, 2001）。また大学と自身の宣伝を狙って講義録を印刷し，その抜き刷りを多くの新聞や雑誌に送ったが，トマトが健康に良いという彼の主張はまだトマトに馴染みがなかった北部の人々に驚きを与え，多くの新聞や雑誌に取り上げられた。ベネットはトマトの抽出物にも健康に良い成分が含まれていると主張したが，その主張を受けて1830年代の後半には，トマトの果実あるいは茎葉から有効成分を抽出したと称する錠剤がアーチバルド・マイルスArchibald Milesとガイ・フェルプスGuy Phelpsによって売り出された。それぞれが新聞等で大々的に宣伝をし，また自らの錠剤こそが本物で，他は紛い物であると主張するだけでなく，人身攻撃にまで発展する騒動となった。この間の経緯についてはスミスSmith（2001）の本『アメリカにおけるトマト』に詳しく記述されている。スミス（2001）は，1838年から39年にかけてのトマト錠剤をめぐる騒動は，トマト関連の新聞や雑誌の記事，料理書などの出版を促したとし，トマトは毒ではなく，むしろ健康によい食べ物であるというイメージを全米に広げる上で寄与したと述べている。

1840-1850年代になると，トマトは重要な換金作物となり，早出しを狙った栽培（早熟栽培）が行なわれるようになった。これは，トマトの価格が出荷時期によって大きく変動し，早出し，あるいは遅出しによって大きな利益がもたらされたためである。『10エーカーあれば十分（Ten Acres Enough）』はフィラデルフィアでの生活に疲れ，ニュージャージーの田舎に移り住んだエドモンド・モリスEdmond Morris（1864）が小さな農場での生活を書き綴った本である。その本の中でモリスは，2年目のはしりの時期に20篭で60ドルの儲けをもたらしたトマトが出盛り期近くなると200篭売ってわずか35ドルの儲けにしかならなかったこと，しかし畑で腐らせるよりましとフィラデルフィアの市場に出荷したが，さらに価格が低下したため収穫を停止した

第 1 章　トマトの起源と伝播

と記述している。

　当時の早出し栽培とはどんなものか，『リビングストンとトマト（Livingston and the Tomato）』（Livingston, 1998）で見てみよう。まず東西方向に地面を約 60 cm 掘り下げ，四隅に 5-6 cm 角の柱を立てる。幅 180 cm（長さは随意）で北側が 45 cm，南側が 15 cm の高さになるように側面を板などで囲い，天井部分をガラスの窓枠（90 × 180 cm）で覆って夜間や温度の低い時に保温をはかる。逆に晴れて内部の気温が上昇した場合には窓枠をずらして換気をはかり，温度を 16-27℃ に維持するよう努める。このような施設をフレーム（frame）といい，フレームのうち，有機物が分解する時の熱を利用して加温できるようにしたものを温床という。温床では，地面を掘り下げて厩肥を 45 cm，その上に土壌を 15 cm 詰めて灌水する。すると，有機物が分解する時に発生する熱でフレーム内部が温められる。このため，まだ外気が冷たい 2-3 月に播種を行うことができ，苗を早く畑に定植できる。一方，有機物での加温を期待しないフレームを冷床という。冷床は温床のように地面を深く掘り下げる必要がないが，加温しない分，播種時期は温床よりも遅くなる。

　リビングストン Livingston（1998）は，缶詰用トマトを栽培する農家は通常 4 月中旬に露地に播種するが，これだと霜害を受ける危険性があると述べ，冷床で育苗して霜害の危険がなくなる 5 月に定植することを推奨している。早出し栽培の有利性が認識されるようになった 1840 年代には，メリーランド州からジョージア州に至る地域で栽培されたトマトが北部の大都会（ニューヨーク，フィラデルフィア，ボストンなど）の市場に向けて出荷されるようになった。さらに 1850 年代になると，ニュージャージー州から南部のヴァージニア州に移住し，北部市場向けのトマト栽培を始める生産者も現れるようになった。こうして北部のトマトは南部からのトマトの攻勢に晒され，ニュージャージー州のトマト生産者は一時，大きな打撃を被ったという。後述するように，緑熟期〈果実の大きさがほぼ最大になる時期で，果実はまだ着色前の状態にある〉に達したトマトは，植物体から切り離しても成熟が進む。これを追熟という。一般に植物体に着いた状態で熟した果実に比べると，緑熟期に収穫して追熟させた果実は品質的に劣ると信じられている〈追熟果実と植物体で成熟させた果実の品質については第 3 章 VI 節を参照〉が，熟した果実

は軟らかく，長距離の輸送に向かないので，トマトを長距離輸送するためにはまだ十分に成熟していない果実を収穫しなければならない。南部において収穫適期よりも約1週間早く収穫すると，北部の市場に到着するころには，追熟が進み，丁度食べごろとなる。したがって，時期はずれの栽培によって出来た果実とはいえ，品質面では北部の早出し栽培のものも南部産に決して遜色がないか，むしろ勝っていたと考えられる。また，南部産のトマトは輸送経費がかかること，またトマトが安値になった時，近くに販路がなく，多くの果実を腐らせなければならなかったことから，決して南部のトマト生産者が有利という訳ではなかった。このため，それぞれの立地を生かした経営がこの後も続くことになった。

2．トマトは果物か，それとも野菜か？

スミス Smith（2001）によれば，1860年に始まった南北戦争の間，缶詰のトマトは兵士達の糧食となったため，トマトの需要が増大し，ニュージャージー，デラウエア，メリーランド，ペンシルバニア，インディアナ，オハイオなど北部の諸州でトマト栽培が盛んとなった。戦後，缶詰のトマトに馴染んだ兵士達の影響でトマトの需要は急増したが，南部のトマト産地が戦争の影響で打撃を受けたため，トマト産業〈生産と缶詰製造〉は北部諸州を中心に活況を呈した。この増大した需要をまかなうために，北部では温床を利用した早熟栽培が行なわれ，1866年頃には大都市の市場にほぼ一年を通じて青果用（生食用）のトマトが出回るようになった。また，鉄道網が発達したため，1869年7月にはニューヨークの市場にカリフォルニア産のトマトが出荷され，1872年にはフロリダからもトマトが出荷されるようになった。しかし，需要を満たす量のトマトを確保できず，端境期には高値で取引されたため，カリブ海地域から高い輸送費をかけて運んでも利益がでた。そこで，1870年代後半には高値を狙ってカリブ海地域から多くのトマトが輸入され，国内のトマト生産者は打撃を被った。このため，アメリカのトマト生産者の保護を狙いとして1883年3月に関税法が改正され，輸入野菜に10％の関税がかけられるようになった。この関税に不満を持っていた輸入業者ジョン・ニックス John Nix は，果実には関税がかけられなかったことから，トマ

は野菜ではなく果実なので，関税をかけるのは不当だとして1887年2月にニューヨークの徴税官，エドワード・ヘデン Edward Hedden を告訴した。一審の裁判で原告の弁護士はウエブスター，ウスター，インペリアルの各辞書の果実や野菜の定義について読み上げた後，果実や野菜の販売に30年以上関わっている2人の証人に彼らが商売上使っている意味と辞書の定義に違いがあるか，どうかを問いただした。一人の証人は，辞書では全てが分類されているわけではないが，そこで分類されているものに限っては正しいと述べ，果実は種子を含む植物体あるいはその一部分の意味で使われるものと理解していると証言した。もう一人の証人は，1883年3月あるいはそれ以前の貿易や取引において，果実や野菜という語がこれ等の辞書に定義されているのとは別の特別な意味で使われたことはないと思うと証言した。一審の裁判では双方がそれ以上の証拠を提出することもなく結審し，被告ヘデンの申し立てを支持して棄却された。裁判は最高裁判所まで争われたが，1893年にトマトは多くの野菜と同様，家庭菜園で栽培され，デザートにはしないという理由から野菜とするという判決がでて，「トマトは果物か，野菜か」という論争に終止符が打たれた（U.S. Supreme Court, 1893）。この論争は多くの人々の関心を長くひきつけ，たびたび紹介されている。南北戦争後の南部の田舎の人々の生活を描いた『フライド・グリーン・トマト』にも主人公の驚きが次のように記されている（ファニー・フラッグ，1992）。

「私は生野菜が好き。スイート・コーンやリラマメ〈ライマメのこと〉，ササゲ，それにフライにしたグリーン・トマトが……」
「トマトは果物です」
ミセス・スレッドグッドは驚き，「そうなの？」
「ええ」
ミセス・スレッドグッドは戸惑ったように，「まさか。生まれてこのかた，私はずっとトマトは野菜だと思ってきた。野菜のつもりで食べさせてきたのに，トマトは果物ですって？」

アメリカでトマトの栽培が始まった当初は品種の数も少なく，ブリッジマン Bridgeman（1858）の『家庭菜園園芸家の手引き（Kitchen Gardener's Instructor)』では，わずかにラージレッド（Large Red），ラージイエロー（Large Yellow），ペアシェイプド（Pear-shaped），チェリーシェイプド（Cherry-shaped）の4つが挙げられているに過ぎない。しかし，20年後の1874年に出版された『儲かる園芸（Gardening for Profit）』では多収性や外観などからトロフィー（Trophy），アーリースムーズレッド（Early Smooth Red），ジェネラルグラント（General Grant），クックスフェボリット（Cook's Favorite），フィジーアイランド（Fejee Island，別名 Lester's Perfected），レッドアンドイエロープラム（Red and Yellow Plum），ツリートマト（Tree Tomato，別名 Tomate de Laye）などの品種が優れているとの記載があり，この間に品種の導入や改良が進んだことが伺える（Henderson, 1874）。

3．アメリカにおけるトマト加工産業の発達

　現在，トマトは生食されるだけでなく，多くがケチャップやピューレなどに加工され，消費される。トマトの加工が産業として成立したのはアメリカである。そのアメリカでトマトの加工が始まるのは，19世紀初めのことと言われている。この時期には未だトマトソースとトマトケチャップという言葉は明確に区別することなしに用いられていたようであるが，やがて酢などを加えて貯蔵性を高めたものをケチャップと呼ぶようになった（Smith, 2001）。ケチャップはダイズをベースにした魚醤に由来する言葉であると考えられている（De Lacouperie, 1889）。18世紀初め，アジア航路のイギリス人船員たちが，ダイズの代わりにカタクチイワシ，マッシュルーム，クルミ，牡蠣などを使い，保存性を高めるために酢，塩，ワインなどを加えて魚醤に似たものを作り，これをケチャップと呼んだ。さまざまな材料を用いたケチャップが作られたが，やがて19世紀初めにアメリカでトマトを材料にしたケチャップが作られることになる。1850年代の終わりから1860年代初めになると，トマトの加工はアメリカにおいて重要な産業の一つとなり，ケチャップはアメリカ人にとって必須の調味料となる（Smith, 2001）。

　トマトの加工品にはトマトソースやケチャップの他にソリッドパック（トマト果実の缶詰），トマトジュース，トマトピューレ，チリソースなどがある。トマト果実の缶詰には，トマトジュースを入れておいた缶にトマトを一緒に

詰めるものとトマトだけを詰めるものがあり，後者をソリッドパックという。製品の pH が 4.6 以上だと，好熱性微生物〈有胞子性乳酸菌（*Bacillus coagulans*）など〉が繁殖して缶内醗酵してしまうので，pH が高い場合には酸〈通常はクエン酸〉を加える。過熟のトマト，水分含量の高いトマト，多収品種などは pH が高い傾向がある。また，機械収穫したトマトは手収穫のものに比べて傷が多く，缶内醗酵しやすい。そこで，これらのトマトを利用する場合には酸を添加することが推奨されている（Gould，1992）。

　販売を目的にトマトジュースが作られたのは 1920 年代のことで，1928 年にはかなりの量のジュースが出荷されたという（Tressler，1971）。1946 年には連邦食品・医薬品・化粧品法で，トマトジュースは赤色系の成熟したトマト果実から抽出した液体を濃縮せず，濾過したもので，容器に密封する前または後に加熱処理をしたものと定義されている。トマト果実をチョッパーなどで破砕すると，果実細胞に含まれるペクチンは細胞外に放出され，ポリガラクツロナーゼやペクチンエステラーゼなどの分解酵素の働きによって分解される。ペクチンが分解されると果汁の粘稠度が低下してしまうが，ペクチンの分解に関わるこれらの酵素は 60℃ 以上の温度になると活性が低下し始め，ペクチンエステラーゼは 82℃，ポリガラクツロナーゼは 104℃ で 15 秒間加熱すると完全に失活してしまう（Leonard，1971；Luh と Daoud，1971）。そこで，トマトを破砕してから 66℃ 以下の温度で処理するか，77-93℃ の温度で処理して酵素を失活させるのが普通である。急速に酵素を失活させるという点では後者の方が優れている。しかし，66℃ 以下で処理した方が粘稠度は低下するものの色や風味はよく残る（Gould，1992）。また，66℃ 以下で処理をする場合，破砕前に剥皮をすると，果皮をつけたまま破砕するよりも風味や食感が優れることが明らかにされている（Mirondo と Barringer，2015）。圧搾した果汁は濾過した後，缶に詰め，121℃ で 42 秒間処理して滅菌する。滅菌が不十分だと耐熱性細菌（*Bacillus thermoacidurans*）が生き残り，この菌の働きによって果汁が腐敗する（Gould，1992）。

　トマトピューレ，トマトペーストはともにトマト果実を液状にし，濃縮したもので，ピューレは可溶性固形分が 8-24% 未満，ペーストは 24% 以上のものをいう（United States Department of Agriculture；1977，1978）。濃縮にはコイ

ルに蒸気を流して行う方式と真空釜を用いる方式がある。風味や色調の優れた製品を作るためには，できるだけ濃縮時間を短縮することが必要で，その点では真空釜を用いる方式が優れている（Gould, 1992）。ケチャップはトマトジュースやピューレとは異なり，スパイスを添加するのが普通である。ケチャップは新鮮な果実からだけでなく，ピューレやペーストなどから作ることも多い。ピューレやペーストから作る場合には加熱時間が長くなるため，新鮮な果実から作ったものの方が色や風味がよいとされるが，現在市販されているものの大部分はピューレから作られている（粕川，1980）。原料を加熱し，糖，酢，スパイスなどを加える。スパイスとしてはシナモン（桂皮），丁子，ガーリック，タマネギ，オールスパイス，コショウ，カイエンペッパー〈トウガラシの一変種，*Capsicum annuum* var. *minimum*〉，カラシ，パプリカなどが用いられる（Gould, 1992）。

VII. アジアへのトマトの伝来

『スターテバントの食用作物についての注釈書（Sturtevant's Notes on Edible Plants）』には，ジャワのポルトガル人はトマトに対してトマタス（tomatas）という語を用いていたというボンティウス Bontius（1658）の『東インドの博物誌と薬物誌』における記述が引用されている（Hedrick, 1919）。したがって，遅くとも17世紀中頃までには香料貿易に携わるポルトガル人やオランダ人によって東回りのルートでアジアに運ばれたと考えられる。しかし，17世紀にセイロン島に幽閉されたイギリス人の手記『セイロン島誌』には，島で暮らすオランダ人たちが「レタス，ローズマリー，セージ，その他ヨーロッパ各国で栽培しているすべての香草類やサラダ用の野菜を庭園で育てている。」と記述しているが，トマトについての記載はない（ロバート・ノックス，1994）。一方，東インド貿易で出遅れたスペインは，1565年フィリピンから北緯40度に北上後，東進して北米大陸に至る大圏航路を発見し，その後，アカプルコとマニラ間のガレオン貿易に従事して大きな利益を上げたが（鈴木，1997；増田，2004），これに従事したスペイン人によって太平洋を越える西回りのルートでフィリピンにトマトが導入された可能性が指摘されている

第 1 章　トマトの起源と伝播

(Burkill, 1935)。アジアにおいてトマトが食用に供されたという記録が見られるのは 18 世紀になってからで，例えばルンプフ Rumphius (1741) は，『アンボイナ博物誌 (Herbarium Amboinense)』の中で，トマトはマレー語でタマッテ (tamatte) と呼ばれるが，初めはタイリス〈Tayris, 溝の意〉，ボンタル〈Bontal, 赤の意〉と呼ばれたこと，観賞用だけでなく，イタリア，インド，西インド同様，食用として利用されていること，また特に暑気あたりで弱った胃を癒し，食欲を増進させる場合にアンボンの人たちは生の葉を Bacasson〈不詳〉や魚と食べると述べている。

　中国の文献におけるトマトの初出は王象晋 (1621) が編纂した『二如亭群芳譜』で，果譜の二の柹〈柿の正字〉の項の付録として，「蕃柹，一名六月柹，茎似蒿，葉似艾，花似榴，一枝結五實，或三四實，一樹二三十實，縛作架，最堪觀，火傘火珠，未足爲喩，草本也，来自西蕃，故名」との記述がある。これは，「別名六月柿，茎は蒿〈加納ら (2003) によれば中国古典籍では丈の高い草一般の総称，狭義ではカワラニンジンの類〉に似て高さ 4，5 尺，葉は艾〈ヨモギ〉に似，花は榴〈ザクロのこと。ザクロには黄色の花をつける変種もあるが，雄蕊の数が多く，トマトの花には似ていない〉に似ており，一枝に 3-5 果を付け，一個体当たり 20-30 果を付ける。支柱に結束すると最も美しく，火傘火珠〈不詳〉と言っても過言ではない。草本性。西蕃から導入されたためこの名で呼ばれる。」の意である。台湾にはオランダ統治時代 (1622-1662 年) に伝えられたと言われている (伊藤, 1993)。また朴 (1997) は，「李氏朝鮮の高官であった李睟光が【その著書に】南蛮柿という名称を記録していることから，遅くとも 17 世紀初めにはトマトは韓国に伝来していた」と述べている。李睟光の著書とは『芝峯類説』(1623) のことで，「南蠻柿者草柿也。春生秋實。其味似柿。本出南蠻。近有一使臣得種於中朝以来。亦異果也。」という記述がある (李, 1915)。「南蛮柿は草本性の柿で，春に発芽し，秋に結実する。その味は柿に似ており，もともとは南蛮由来の植物である。近年，ある外交官が中国で種子を得て，持ち帰った。これもまた夷果である。」というような意味であろう。以上の点からすると，詳細な経路は別として，アジアには 17 世紀の初め頃にヨーロッパ人によって伝えられたと考えられる。

　前述のように中国の文献では当初トマトは柿の一種と考えられ，蕃柿と呼

Ⅶ．アジアへのトマトの伝来

ばれていた。現在使われている蕃茄（番茄）という呼び名が何時頃から使われだしたのかは判然としない。1822年にマカオで出版されたモリソン Morrison の『英華辞書（A Dictionary of the Chinese Language）』には tomato という語は見当たらないが，1848年に上海で出版されたメドハースト Medhurst の『英華辞書（English and Chinese Dictionary）』では tomatum の訳として蕃茄，1862年に香港で出版されたチャルマー Chalmer の『英粤字典（An English and Cantonese Pocket Dictionary）』では番茄という語が出ている（Morrison, 1822；Medhurst, 1848；Chalmer, 1862）。英華辞書として評判の高いロプシャイト Lobsheid の『英華字典』は1866-1869年に香港で印刷された4部4冊本であるが，その第4部でもトマトは番茄と訳されている（Lobsheid, 1869）。しかし，ステント Stent によって1874年に上海で出版された『華英ポケット辞書（Chinese and English Pocket Dictionary）』では tomato の訳は柿になっており，1882年に出版されたコンディット Condit の『英華字典（English and Chinese Dictionary）』によれば，tomato は蕃茄，金銭桔とされている（Stent, 1874；Condit, 1882）。さらに，1883年にアモイで出版されたマガウアン MacGowan の『アモイ方言による英華辞書（English and Chinese Dictionary of the Amoi Dialect）』では tomato は山柿と訳されている（MacGowan, 1883）。これらの記述から考えると，導入当初はその色や形に着目して蕃柿と呼ばれていたトマトは，その後，近代的な植物学の知識が導入されるとともにナス科植物であるとの認識が高まり，少なくとも19世紀中頃には蕃茄の方が一般的になったが，地域によってはそれ以前から使われていた蕃柿や柿という呼び名も使われ続けたのではないかと思われる。諸橋（1958）によれば番には外国から伝わったという意味が，蕃には赤いという意味がある。わが国では蕃茄に「あかなす」とルビを振った文献も多いが，「あかなす」というのは正に適切な訳語である。

　わが国への渡来は17世紀のことである。狩野探幽が晩年に描いた『草木花写生図巻』にはトマトの果実が「唐なすび」の名と「寛文八【年】七月」〈1668年7月〉という日付とともに描かれている（中村と北村，1977）。わが国最初のトマトに関する記述は貝原益軒（1709）の『大和本草』で，「唐ガキ，別名は珊瑚茄，葉は艾葉〈ヨモギのこと〉に似ており，果実はホウズキ〈*Physalis*

第1章　トマトの起源と伝播

alkekengi〉に似ているが，ホオズキよりも大きく，苞はなく，龍葵〈イヌホオズキ，Solanum nigrum，熟すると黒くなる〉のようであるが，熟すると赤くなる」と紹介されている。北村（1977）は『草木花写生』の解説の中で，益軒がトマトを唐ガキとしたのは『二如亭群芳譜』を見てのことであろうと推論している。しかし，唐ガキと同時にホウズキやイヌホウズキとの類似性に着目し，珊瑚茄と命名をしていることから，益軒はトマトがナスの近縁種であると認識していたと考えられる。

　食用に関しては，岩崎灌園（1768）が『本草図譜』で「形柿に似たる實あり，初めは青く熟して紅色玫瑰〈ハマナスのこと〉の子に似て大なり，蝦夷にては食用とす」と記述したのが最初とされる。『本草図譜』の説明では，これに続いて「普陀山志に番苕種日本より来る，味甚甘美なりといへり」との記述がある。許琰（1740）の『重修南海普陀山志』の巻之十一穀之属には「番薯藤蔓而生如山薬而紫味甘如飴其初得自日本」〈サツマイモの蔓はヤマイモのようで色は紫，味は飴のように甘く，日本より渡来した，の意〉との記載があり，また，それより前の版である故宮珍本叢刊第257冊所収の『南海普陀山志』（1704）には「番薯如山薬而紫味甘如飴種自日本」とあって，いずれも蕃苕という語はない（故宮博物院，2001）。灌園が『普陀山志』のいずれの版を見たかは明らかでないので確実なことは言えないが，薯が苕に誤記されていた写本を見た可能性も考えられる。『本草図譜』には，トマトの名称として，「藤茄（集解），さんごじゅなすび，とうかき，つるなすび，風茄（秘文），山茄（秘文），六月柿（群芳譜），蠻柿（群芳譜）」が挙げられている〈括弧内は出典を指す〉。集解とは『本草綱目』の集解を指すと思われるが，中国の書籍にトマトが記載されたのは1621年に出版された『二如亭群芳譜』が始めであるとされるので，1596年に出版された『本草綱目』には当然のことながらトマトは記載されていない（李自珍，1633）。『本草綱目』28巻菜部の茄（ナス）の項には「江南一種藤茄作蔓生〈作蔓生は不詳，江南地方の藤茄という品種は横に広がる（開帳性）という意味か？〉」，「一種番茄，白而扁，甘脆不澀，生熟可食，〈生熟可食は不詳，番茄という品種は白くて平らで，甘く軟らかく渋みもなく，生でも煮ても食べることができる，の意味か？〉」とある。番茄はトマトの意味でも使われることから，岩崎灌園が勘違いしたのであろう。岩崎

灌園がトマトを藤茄と呼んだ理由が「本草綱目」の番茄という語に影響されたものだとすれば，当時既に本草学者の間では蕃茄という呼び名が使われていた可能性がある。秘文とは何を指すか，不明であるが，『本草綱目』の曼陀羅花には「釈名〈別名を記し出典を注記，また名称の由来や字義を述べた項目〉，風茄兒，山茄子」とあるので，風茄（秘文），山茄（秘文）としたのは同じナス科のチョウセンアサガオと混同したためと思われる。

「蝦夷にては食用とす」という『本草図譜』の記述が文献に依拠するものなのか，それとも蝦夷を旅行した人からの伝聞によるものなのかは，はっきりしない。江戸時代に入ると，和人が商業のために蝦夷地にわたり，松前，江刺，箱館などを中心に細々と農業が行われてきたが，18世紀にはいると，各地に設けられた会所を中心にダイコン，カブ，キュウリ，ナスなどの栽培行われるようになったとされる（山本，2006）。しかし，厚岸に設けられた国泰寺という官立の寺での作物栽培の記録をみても蕃茄が作られたという記録はないので，記述の真偽は不明である。

なお，前述したように，『大和本草』では食用にするとの記述がなかったことから，わが国では導入当初は，もっぱら観賞用として栽培されたと考えられている。これは中国も同様で，清の呉其濬（1848）の『植物名實圖攷（植物名実図考)』には，トマトは小金瓜として，「トウガラシ属で果実が青く脆ろい時に塩，酢と炒めると食べることができる。多くの場合，テーブルに飾り，赤い実を観賞するが，3–5日を経たずして腐敗する」という内容の文章があり，導入後100年以上を経ても，まだ赤い果実を観賞する目的で栽培されていたことが窺える。

Ⅷ．わが国におけるトマトの普及

　　　わたしはすきになりたいな。
　　　何でもかんでもみいんな。
　　　ねぎも，トマトも，おさかなも，
　　　のこらずすきになりたいな。
　　　うちのおかずは，みいんな，

第 1 章　トマトの起源と伝播

おかあさまがおつくりなったもの．
(『金子みすゞ童謡集　わたしと小鳥とすずと』所収，「みんなをすきに」より最初の 6 行を抜粋)

1．明治 36 年まで

食用としてのトマト栽培が始まったのは幕末のことである．オールコック Alcock (1863b) の著『大君の都 (The Capital of the Tycoon)』の巻末には，付属書としてビッチ Veitch が横浜，神奈川地域の農業について記述した報告が掲載されている〈岩波文庫版ではこの部分が省略されている〉．それによれば，野菜は種類が多く，日々の食料の重要な部分を占めており，家の近くの畑で多肥栽培されていることが記され，また栽培されている野菜としてビーンズ，エンドウ，ジャガイモ，ニンジン，カブ，レタス，ビート，サトイモ，ヤマイモ〈Dioscorea Batatas という学名が付記されている〉，ショウガ，ナス〈Solanum melongena の異名，Solanum esculentum という付記がある〉，ヒョウタン，トウガラシ (chilies)，キュウリ，マッシュルーム，ワサビダイコン，ユリネ，ホウレンソウ，リーキ，ダイコン，タケノコ，ニンニク，トウガラシ (capsicums)，エンダイブ，茴香(ういきょう)(フェンネル) と並んでトマトが挙げられている．ここでリーキはネギのことを指していると思われるが，マッシュルームがシイタケなのか，どうかは明らかでない．『武江産物誌』には豆類としてダイズ (soybean)，リョクトウ (mungbean)，ナガササゲ (yardlong bean)，インゲン (snap bean)，ナタマメ (sword bean)，ハッショウマメ (Yokohama bean) が挙げられているが (野村，2005)，ビッチ Veitch の言うビーンズがこのうち，どれを指すのかは明らかでない．また，トウガラシを示す単語として「chilies」と「capsicums」を使い分けている理由についても明らかでない．ワサビダイコン，ユリネ，茴香は今日ではあまり一般的な野菜ではないが，貝原益軒 (1704 年) の『菜譜』には茴香 (蒔蘿)，ユリネ (巻丹，ひめゆり) はそれぞれ圃菜 43 種，用根菜類 9 種の一つとして取り上げられている．オールコックの本文は，このビッチの報告をもとに書かれているが，それに加えて，良質のレタス，エンダイブ，パセリ，数種のキャベツとともにカリフラワー，コモチカンラン，アーティチョークの種子を英国から取り寄せ，横浜のロウレイロ Loureiro 氏の農

Ⅷ．わが国におけるトマトの普及

園で栽培させたことが記されている（Alcock，1863a）。これらの野菜に加え，トマトやビートなども，もっぱら外国人を対象に栽培されていたと想像される。ヘボン式ローマ字の考案者である宣教師ヘボンの妻クララが知人アンナに宛てた 1864 年 4 月付けの手紙には，庭の菜園で「トウモロコシ，砂糖大根，トマト，セロリ，いんげん，えんどう，辛し菜，玉ねぎ，レタス，その他多くの野菜類」を栽培したことが記されている（高谷，1976）。『横濱市史稿産業編』によれば，1863 年（文久 3 年）頃に居留地の英国人カーチスが山手方面でトマトの他，レタス，キャベツ，ハナヤサイ，ジャガイモ，ニンジン，タマネギ，アスパラガス，ハツカダイコン，イチゴなどの栽培を試み，1865 年（慶応元年）には神奈川奉行が吉田新田に西洋野菜の試作地を設け，西洋人の監督の下，トマト，イチゴ，セルリー，コモチカンラン，キャベツ，ジャガイモ，タマネギなどが栽培されたこと，さらにそれらの影響で根岸村の清水辰五郎や近藤伊勢松，子安村の堤春吉などが外国人向けに西洋野菜の栽培を始めたことが紹介されている（横濱市役所，1932；石川ら，1992）。なお，ここで引用される英国人カーチスとは日本に近代的なハム製造技術を伝えたウイリアム・カーチス William Curtis のことである（横濱通信社，1919，Sakasegawa，2011）。また，少し時代は下るが，大森貝塚の発掘を行ったことで有名なモース（1970）は 1877 年に横浜の市場を訪問した時の印象として，トマトは見栄えがせず，大変いびつな形をしていると述べており，当時のトマトの品質が欧米のものに比べて劣っていたことが窺われる（モース，1970）。

　一方，江戸では，幕府によって外国人を受け入れるためのホテルが築地に計画され，これは明治になってから完成した（大熊，1918）。著名な明治の農学者であり，教育者でもあった津田仙は，この築地ホテルの設立に当たり，外国人宿泊者のために西洋野菜の種子を取り寄せて栽培したが，販路がホテルに限られたため，明治 6 年（1873）に開拓使が大規模に西洋野菜の栽培を始めると大きな損失を被ることになったという（高橋，1915）。高崎（2008）の『津田仙評伝』によれば，津田仙の親戚で，明治 8 年（1875）当時，仙の家に暮らしていた岩村千代子は津田家の思い出として，「畑からはトマトなどが取れる。オランダいちごなどという見たこともないものが取れて食膳に上がった」と書いているとのことである。この記述からすると，わが国で日

第 1 章　トマトの起源と伝播

常的にトマトを食べるようになったのは津田の家族が始めだった可能性がある。明治 5 年（1872）11 月の『新聞雑誌』には，東京府下の某氏がトマトを栽培したとの記事が掲載され，トマトの料理法として酢の物，焼きトマトなどが紹介されているが（明治文化研究会，1955），高崎（2008）の著書によればこの当時，津田は府内の三田綱坂町〈藤田（1888）の東京市区改正条例俗解の地図によれば芝區に三田綱坂町はないので，三田網町の間違いと思われる〉に住んでいたので，津田仙以外にもトマトを栽培していた人がいたものと思われる。また，明治 9 年（1876）には自らが創立した学農社が出版する「農業雑誌」に，トマトは欧米でも当初，多くの人に嫌われたが，これは渋味成分であるソラニンを取ることを知らなかったためで，清水に浸して渋味を取ってから煮るか，よく熟したトマトを小さく切って砂糖をかけて食べると美味しく，酢と塩をかけて食べるのもよいと述べ，また煮潰したものは缶詰として保存でき，さらにトマトは健康にもよいことなど，トマト栽培を勧める記事を書いている（津田，1876）。なお，明治 18 年（1885）に翻訳出版された『手軽西洋料理』の著者クララ・ホイットニー（1885）は津田と親交があり，その縁で津田はこの本の序を書いているが，『手軽西洋料理』にトマト料理は紹介されていない。

　明治 6 年に開拓使が西洋野菜の栽培を始めたことは前述したが，明治政府が北海道の開拓を目的として開拓使を設置したのは明治 2 年（1869）のことである。開拓使は，気象条件の似た欧米の農業を取り入れることを計画し，東京青山と麻布に開拓使官園を設置し，ここで外国から導入した農具，種苗，家畜などについて試験を実施した後，結果の優れたものを道内 3 か所の試験場に送って実地試験を行い，北海道の風土に適した穀菜や果樹の種苗の配布や栽培技術の普及に努めた。また，開拓使は農業に関する書籍を出版して技術の普及を図ったが，その中の 1 冊が明治 6 年（1873 年）に出版された『西洋蔬菜栽培法』である（開拓使，1873）。この小冊子には，蕃柿〈アカナス，トマートのフリガナがついている〉の栽培法も紹介されているが，これが日本語で書かれたトマト栽培法に関する書物の初めである。その記述は全文で僅か 258 字と短いが，① 3 月 20 日頃苗床に溝播し，植物体が 6 cm ぐらいになったら抜き取り，あらかじめ作っておいた幅 90 cm ぐらいの苗床に 9 cm 間隔

Ⅷ. わが国におけるトマトの普及

で仮植する，② 本圃に 1.2 m 間隔で縦横に縄を張り，その交点に 24 cm 四方，深さ 24-27 cm の穴を掘り，1.5-1.9 g の堆肥，一つまみのグアノ（雀糞）と石灰，土を混ぜたものを充填する，③ その中央に 15-18 cm になった苗を移植する，③ 蕾を付けるまで根の周り 15-18 cm 離れたところに溝を掘り，水溶性肥料を 3 回灌注する，④ 結実したら，果実に日光が十分当たるようにする，⑤ 繁茂し過ぎて地上に垂れ伏す場合には竹を立てて結束するなど，かなり具体的に栽培方法を紹介している．さらに，欄外で，① 果実は赤く熟したものを収穫し，皮をむき生のままコショウ少々，塩とオリーブオイルに酢を和えたものに浸して用いるか，あるいは熱湯をかけて湯むきをし，酢で煮てコショウ，塩，砂糖を加えパンを入れて食べる，② 酒を醸造するのによいとその利用法にまで触れている．

　トマトの栽培方法について科学的な見地から記述した書物は，明治 26 年（1893）の『蔬菜栽培法』まで待たねばならない．福羽（1983）はその中で，トマトは元来温暖な気候を好む作物なので，夏の間【長期にわたって】露地で収穫をするためには 2 月中旬または 3 月上旬に温床に播種を行うべきであると温床を利用して早熟栽培を行う理由について説明している．また，苗の徒長を抑え，品質の優れた果実を作るために仮植が有効であることや，7 月になって果実を覆う葉を摘除して光に当てると果実の成熟が促進されることなど，それぞれの栽培技術の意義についても説明している．

　わが国における西洋料理書の嚆矢は明治 5 年（1872）に翻訳出版された『西洋料理通』と『西洋料理指南』であるとされる．このうち，假名垣魯文（1872）の編纂による『西洋料理通』第 7 章，野菜物之部には蒸赤茄子（スチュードトマース）の成分として赤茄子 8，コショウ，塩，牛酪 1 斤 16 分の 2，酢 1 合，その製法として赤茄子を細切れにして蒸し鍋に入れ，コショウと塩をふり，静かに 20 分煮て酢を加え，さらに 5 分間煮ると記されている．この記述からすると，蒸トマトというよりはシチューにしたトマト（stewed tomato）というのが適切である．牛酪とはバターのことであるが，製法には牛酪が出てこない．また，当時舶来物については英斤（ポンド）で表すのが普通であったこと（諸橋，1955），1 英斤が 16 オンスに相当することから，ここで言う斤は英斤（450 g）を指すと思われる．とすると，1 斤〈の，が省略されている

第 1 章　トマトの起源と伝播

と思われる〉2/16 は 75 g になり，加えるバターの量としては多すぎるように思う。一方，敬学堂主人（1872）の『西洋料理指南』にはトマトの利用法として，赤茄子 5 個を輪切りにして塩コショウをした後，サラダ油大匙 3 杯と酢少々を注ぐ料理〈サラダ〉と種子とともに果肉をすりつぶしサラダ油と酢を加えて皿に盛る料理〈ガスパッチョのことと思われる〉の説明がある。また，この本にはトマトソースの製法も「赤茄子ヲ以ッテ製セントナレバ，【赤】茄子二十箇ヲ各横ニ半断シ少シク絞リ，種ヲ去リ鉄鍋ニ入レ牛脂大三匙ヲ投ジテ水一升ヲ加エテ，コレヲ煮ルコト西洋一字間ニシテ，木綿ヲ以ッテ壅滓ヲ濾シ去ルベシ」と紹介されている。その後，単なる翻訳書ではなく，『軽便西洋料理法指南』（洋食庖人，1888）のように在日外国人に料理法を聞くという形の料理書が出版されるようになり，食材等，わが国の実情に即した料理が紹介されるようになった。しかし，これらの料理書で紹介されたトマト料理の種類は限られたものであった。ちなみに『軽便西洋料理法指南』で紹介されたトマト料理はトマトソースの拵えようと蕃茄の煮方〈湯剥き法〉の 2 種である。

　1900 年代に入ると，西洋料理を実際の家庭生活に取り入れようという動きが起こり，料理書も家庭というタイトルをつけたものが多くなる（東四柳と江原，2003）。藤村棟太郎（1905）の『家庭西洋料理法』はそうした時代を代表する一冊であるが，この本ではトマトを使った料理として赤茄子醤〈あかなすじるのフリガナがある。トマトソースのこと〉，トマトークルビ〈クルビの項にかけ汁に用いるものとの説明がある〉，赤茄子の鶏卵焼，付け野菜として牛酪煮赤茄子，酢煮赤茄子が紹介されており，『軽便西洋料理法指南』に比べるとトマトの用途も増え，この頃になるとようやく上流階級の人たちにトマトが認知されるようになってきたことが伺える。なお，クルビはグレイビー（gravy）が訛った語と思われる。グレイビーとは通常，鶏ガラや牛のスープ，ワインまたは牛乳などと合わせた肉汁に小麦粉，トウモロコシの粉，その他の濃化剤でとろみをつけたもののことで，肉，鶏肉，魚などを料理した時フライパンに残る汁を指すこともある（Sen，2005）。『家庭西洋料理法』ではトマトークルビ，ビーフクルビ，牛乳クルビ，牡蠣クルビ，蝦クルビの 5 種が紹介されているが，このうちトマトークルビは，赤茄子を細かく切ったもの，

刻んだタマネギ，ニンジンを鍋に入れ，これにスープと牛乳を加えて1時間以上弱火で煮る。どろどろになったものに塩，コショウ，牛乳を少々加え，毛水嚢〈馬の毛で作った目の細かい篩〉で漉して作ることが記されている。

2．明治36年以降

わが国のトマト利用の歴史において，明治36年（1903）は転換点となった年である。同年1月から1年にわたり報知新聞に掲載された『食道楽』は，当時人気の小説家，村井弦斎が合計630種もの料理を紹介しつつ，家庭生活や食の重要性を訴えるという「教訓」，「啓蒙」小説であった。新聞掲載後同年6月から翌年3月にかけて春，夏，秋，冬の4分冊の形で自費出版されたが，合計10万部を超える売れ行きで，当時としては破格のベストセラーとなった（黒岩，2004）。村井（2005a，2005b）はその小説の中でトマトのソース，ジャム，肉詰め料理など，**第1-1表**に示すような計11種類のトマト料理を紹介するとともに，生で食べるトマトの美味しさを称賛している。その後，村井寛（弦斎）（1906a，1906b）は明治39年（1906）に『食道楽續編』を報知新聞に掲載し，『食道楽』同様，自費出版した。続編では，料理の作り方だけでなく，食材の作り方や栄養学的な面での記述が増えており，その分紹介される料理の数は『食道楽』の半分程度に減っている。続編で新たに紹介されたトマト料理としては，大根の赤茄子ソース〈ダイコンをトマトソースで煮たもの〉，赤茄子の三杯酢，赤茄子の酢煮，赤茄子と海老のサラダ，赤茄子のスカンブル〈卵二つにバター小さじ1杯を混ぜ，トマト1個を細かく切ったものを加えて，炒ったもの〉がある。この他，赤茄子ソースの薩摩芋〈ケチャップ味〉，カマスのプデン〈ケチャップがけ〉など赤茄子ソースやケチャップを利用した料理が紹介されている。栽培に関しても，夏の巻「第百三十三　赤茄子」において，屋敷内に農園を持つ広海子爵の子息が客に「赤茄子は毎日よく見まわって無駄芽を摘んで遣らなければ所謂木計り徒長して實が頓と成りません。」と述べ，摘芽の重要性を指摘するなど，かなり専門的な記述がなされている。しかし，続編夏の巻では自身の小説『女道楽』の脚本，冬の巻では鼻の病気について多くのページが割かれており，小説の内容も『食道楽』に比べると遠く及ばないという感が否めない。そのためもあってか，続

第1章　トマトの起源と伝播

第1-1表　食道楽で紹介されたトマト料理

料理名	レシピ	備考*
赤茄子のサンドウィッチ	湯むきしたトマトを薄切りにし，マヨネーズを塗ったパンに挟む	下100，506.
赤茄子の肉詰め	トマトの中をくりぬいて肉を詰め，オーブンで焼く	下135.
赤茄子とチサ菜のサラダ	トマトとレタスのマヨネーズ和え	上487.
赤茄子のジャム	トマトと同量の砂糖を加えて強火にかけ，浮いてくるアクをとった後，弱火で煮詰める	下151.
赤茄子の羊羹	ジャムから取ったシロップにゼラチンを加えて煮た後，型に入れて冷ます	下151.
シタフトマト	半切りにしたトマトをくりぬき，そこに細切りにした茹でたまごにマヨネーズを和えたものを詰める	stuffed tomato 下151.
赤茄子のスープ	生または缶詰のトマトを40分間煮て，バターとごく少量のソーダを加えてかき回し，沸かしたスープまたは牛乳を注ぎこむ	上9；下188，526.
チキンシタフトマト	半切りにしたトマトをくり抜き，ここにミンチした鶏肉にすり下ろしたタマネギを加え，バターと塩コショウで味付けしたものを詰め，表面にパン粉をふりかけオーブンで焼く	chicken-stuffed tomato 下193.
赤茄子ソースのペラオ飯	バターとメリケン粉を炒め，牛か鶏のスープとトマトスープを注ぎ，塩コショウで味付けしたものをまず強火で煮，その後火を弱めて蒸らす	pilau rice 下487.
赤茄子飯	バターで米を炒め，牛か鶏のスープと裏漉ししたトマトを加えて塩コショウで味付けしてペラオ飯のように煮る	下487.
赤茄子のシチュウ	湯むきしたトマトを半切りにして種子を取り除き，バターと塩コショウを加えて20分間煮る。これに賽の目に切ったパンをバターで揚げたものを混ぜる	下150.

*岩波文庫版『食道楽』上，下巻のページ数を示す

Ⅷ．わが国におけるトマトの普及

編は『食道楽』の人気には遠く及ばなかった（黒岩，2004）。

　食道楽が人気を博したその年，現在のカゴメの創立者である蟹江一太郎によってトマトソースが作られた。明治31年（1898）に兵役を終えた蟹江は，軍隊時代の上官の「これからの農業は米麦一辺倒ではなく，将来性のある作物を作るべきだ」という話に共感し，除隊の翌年，養父甚之助の同意と協力を得て郷里の愛知県知多でキャベツ，タマネギ，レタス，ニンジンなどの西洋野菜の栽培を始めた。しかし，西洋野菜の需要はほとんどなく，やむを得ずホテルや西洋料理店に持ち込んだ。これらの野菜は固定客がついてからは高値で販売することができたが，ホテルや西洋料理店ではピューレやケチャップとしてトマトを利用していたため，青果としてのトマトは全く売れなかった。そんな折，トマトの栽培法について教示を受けるために訪問した愛知県農事試験場の柘植権六技師から，アメリカではトマトを加工して利用するという話を聞き，名古屋のホテルの料理長から貰った一瓶のトマトピューレを参考にし，明治36年（1903）に自宅の納屋を改造した製造場でトマトの加工を始めたという（カゴメ八十年史編纂委員会，1978）。カゴメのトマトソース〈正確にいえば，トマトピューレ〉は食生活の洋風化が始まりつつあったという時代にも恵まれ，徐々に売上げを伸ばしていき，明治41年（1908）にはトマトケチャプの生産も開始した。しかし，トマト加工品の需要はまだまだ限られた量であり，大正初期（1912-1914）には競争相手の続出による生産過剰と不況の影響で多くの在庫を抱えることになった。しかし，1914年に始まった第1次世界大戦によって輸入品が途絶し，また戦争による好景気によって消費が拡大したため，市況はわずか数年で回復し，その後は食生活の洋風化もあってカゴメは安定的に成長を続けていくことになる（カゴメ八十周年史編纂委員会，1978）。

　『食道楽』やトマトソースの製造は，世の人々にトマトを認知させる上で大きな貢献をしたと思われるが，未だトマトは一般の人々に日常的な食材として幅広く受け入れられるには至らなかった。原田（2008）は，洋風料理の普及に伴って明治30年代中頃（1900年頃）にはキャベツの他，トマト，ジャガイモ，タマネギなどの西洋野菜が大量生産され，青果商の店頭に並ぶようになったと述べている。しかし，明治44年（1911）に出版された『家庭日

第1章　トマトの起源と伝播

曜料理』（赤堀ら，1911）という本のトマトソースの項では，材料となるトマトはどこでも手に入るというものではなく，また出盛りの時期も限られているので，瓶詰めのトマトソースを使うことが勧められている。また，明治42年（1909）の『西洋野菜の作り方と食べ方』には，「近頃東京では，大分トマトを用いる人が殖えまして，何処の水菓子屋でも之を店先に飾るようになりました。然し，今の処ではまだ到底一般の嗜好には向きませんので」とある（神田，1909）。水菓子屋とは果物店のことなので（東京書院，1914），トマトは大正の初めには未だ一般的な野菜として青果商で売られるようにはなっていなかったと考えられる。嶋地（1914）は，トマトが「近年漸く肉食の進歩に伴ひて嗜好せらるゝに至り【，】栽培者も漸次増加し【，】又東京の如き大都会に於ける果物商の店頭にも飾らるゝを見るに至れども【，】未だ一般人士の嗜好するに至らざるは【，】蓋し其の強き一種の香気に馴れず【，】且つその調理法の宜しきを得ざるが為めなる可し」と述べ，肉食が行われるようになるともに栽培する農家も増え，東京などではトマトが一部の果物店で売られるようになってきたことを紹介している。

　大正元年（1912）8月の朝日新聞には「此頃の果物や蔬菜」としてトマト（蛮茄）が取り上げられ，「食べ慣れぬものには一種の厭な味があるが，其処を少し辛抱すると慣るゝに従って言うべからざる清涼の風味を味わうことができる様になる」として湯剥きをして三杯酢にしたり，成熟果を糠漬や塩漬にして食べることを紹介した上で，生で食べるのが最もよいと述べている（神戸大学附属図書館，2008a）。また，大正6年（1917年）9月の大阪毎日新聞には，京都の野菜栽培に関する記事の中で「蕃茄は近来盛んに作られるが之は京都市内に供給するばかりでなく蕃茄ソースを作る為である。」との記述がある（神戸大学附属図書館，2008b）。実際，明治40-44年の5ヵ年の平均でトマトの栽培面積はわずか60.8 haであり，しかもその多くは加工用としての栽培だったと推察されている。

　大正の中頃になってもトマトを生で食べることに抵抗感を持つ人は多く，明治，大正にかけて多くの紀行文を書いた大町桂月（1918）もその一人であった。彼の随筆『筆供養』の中に「トマトーの失敗」という項があるが，その中で桂月は赤く熟したトマトを口にし，二度と食べたくないと思うほど嫌い

になったが，人に勧められて未熟なトマトを酢漬けにしたものを食べ，その美味しさに自らトマトを栽培しようと思うまでになったと記している。しかし，1910年代になると，「婦人世界」や「料理の友」といった婦人雑誌にトマトのスウプ〈スープのこと〉や豚肉と玉菜〈キャベツ〉と栗のトマトソース煮などが惣菜として紹介されるようになっており，この頃になると都市部の給与所得者はトマトを用いた洋風料理を食生活に取り入れることができるようになったと思われる（江原，1998）。小菅（2005）も『トマトの日本史』の中でその頃出版された赤堀峯吉（1919）の『実用家庭西洋料理法』を取り上げ，大正に入ると料理本で取り上げられるトマト料理の数も増え，トマトが身近になったとしている。実際，『実用家庭西洋料理法』ではサラダだけでも，ロッシャン・サラダ（露国風酢の物），トマト・アンド・オニオンサラダ（赤茄子と玉葱の酢の物），カリフラワー・アンド・トマトサラダ（花甘藍と赤茄子の酢の物）の3種が紹介されている。また，大阪日日新聞に大正4年（1915）から連載された薄田泣菫の『茶話』には赤いものの例えとしてトマトが使われており（大正5年7月25日の「富豪の顔に唾」と同7年6月30日の「落とし銭を拾う楽しみ」），大正時代（1912–1926年）中頃には一般の人たちの間でもトマトの認知が急速に進んだものと考えられる（薄田，1916，1919）。大正末期に出版された柘植（1926）の『最新蔬菜園藝』には，その特有の臭いのために「近年に至る迄，東京附近其の他特別の場所に於てのみ栽培せられたるも，最近に至り暫時需要を増し各地に多少栽培せらるるに至れり」との記述がある。しかし，加藤（1969）はその著『くだものと野菜の四季』の中で，大正11年（1922）に府立第三中学校の園芸部でトマトを栽培して試食したことを記し，当時東京ではほとんどトマトを食べる人がいなかったが，翌年北海道大学に入学して札幌に行くと，トマトは既に一般的な野菜になっていたと回想している。このように地域や階層によってトマトを一般的な食材として受け入れるようになった時期に違いはあるものの，大正時代に徐々に人々の間に浸透していったようである。高橋（2004）によれば，トマトが俳句に詠まれるようになったのは大正になってからのことである。大正14年（1923）の『青峯集』（島田，1923）という句集にある「而して蕃茄の酸味口にあり」という句は，実際にトマトを食べて詠んだ句で，この頃になるとケ

第 1 章　トマトの起源と伝播

チャップやソースとしてだけでなく，生食用としてもトマトが一般に認知されるようになったことを反映したものと考えられている（高橋，2004）。

　昭和に入ると，トマトはさらに身近な野菜となった。施山（2013）は生産量の推移からトマトが一般的な野菜となるのは 1930 年代半ば（昭和 10 年頃）であると考えている。これを裏付けるように，料理書にトマトが取り上げられる頻度も 1926-1935 年が野菜全体の 1.5% であったのに対し，1936-1945 年には 3.4% に倍増している（施山，2013）。また，この頃になると，文学作品にトマトが取り上げられる頻度も急増してくる。俳人種田山頭火は，昭和 7 年（1932）8 月 29 日付けの日記《『行乞記』》の中で「どこにもトマトがある，たれもそれをたべてゐる，トマトのひろまり方，たべられ方は焼芋のそれを凌ぐかも知れない，いや，すでにもう凌いでゐるかも知れない。」と記している（種田，1989）。また，昭和 10 年（1935）に発表された小林純一の童謡「トマト」（小林，1943）は「あの子とふたり，トマトを食べた」という歌詞で始まっており，同年の児童雑誌「赤い鳥」10 巻 2 号の表紙にも籠に入れたトマトを運ぶ農家の少年の姿が描かれている。この節の冒頭で紹介した金子みすゞ（1984）の詩もトマトの好き嫌いは別として，トマトが子供たちに広く認知され始めていたことを示すものであろう。さらに，林芙美子（2004）の『一九三二年の日記』の 8 月 13 日の項には庭のカンナに触れた後「トマトの色も全く美しく紅くなった。一ツ食べる【。】果物のやうであった。」との記述があり，8 月 20 日の項には「トマト二十四五も実って，ぽつぽつ紅らむ，朝あけ，露のしたゝるを口にしてうまし。」との記述がある。これらの事実から，昭和に入るとトマトは家庭菜園などでも栽培される，ごく普通の野菜になっていたと思われる。1930 年代には商業的なトマト生産も広く行われるようになったことは，1929 年の世界恐慌後の疲弊した農村の実態を明らかにした猪俣津南雄（1982）の『踏査報告 窮乏の農村』によって窺うことができる。猪俣は農村の類型の一つとして静岡，愛知などでみられる多角経営の農村を紹介し，「平地の方の農業は，文字通り多角形に経営されている。米，麦，果樹（みかん，梨，桃），茶，キャベツ，一寸空まめ，白菜などを大量的に生産するのみでなく，馬鈴薯，トマト，茄子，瓜，西瓜，苺なども織り込んで，それは賑やかなものである。」と述べた後，これらの経営は資本が支

配する商品生産のからくりの中に深く巻き込まれているために「今度の様な恐慌期には，農産物の値下がりの打撃を全面的に受けることになる」と指摘している。

　1937年（昭和12年）に日中戦争が始まると，徐々に農業生産資材の減少や農村労働力の不足から野菜の生産が低下し始め，野菜が高騰し始めた。このため，1940年（昭和15年）に初めて野菜の増産を目的に「必需蔬菜生産確保費」という名目で予算がつけられた。主要食糧の増産だけが問題とされた当時，反対意見も多く，予算をつけるためには重要野菜ではなく，生活に欠かせない「必需野菜」という名目にしなければならなかったという（月川，1994）。「必需野菜」に指定された野菜はダイコン，カブ，ニンジンをはじめ18種類で，トマトもその一つとされた。その後1940年7月には配給統制規則が施行され，同年8月，さらには翌年7月の2回の統制価格の設定によって市場に出回る青果物の大部分が物価統制下に置かれた（法政大学大原社会問題研究所，1964；神戸大学附属図書館，2008c，2008d）。また1941年の「農業生産統制令」によって野菜の生産割当てが行われ，これをもとに化学肥料などの資材の割当ても行われた（月川，1994）。しかし，戦況の悪化とともに食料生産・供給量は大きく落ち込み，多くの家庭では食料確保が最優先課題となった。そのため，空地や庭を利用した野菜の栽培が行われたが，トマトは家庭菜園で栽培される主要な野菜の一つであった（斎藤，2015）。

3．太平洋戦争以降

　トマトは現在，多くの調査で好きな野菜の上位にランクされている（タキイ種苗，2015）。かつて多くの人に嫌われたトマトが好きな野菜へと変化したのは，① トマト嫌いの主因であった青臭さが桃色系の品種の育成によって軽減され，またハウス栽培された秋から翌春にかけてのトマトは青臭さをあまり感じなかったこと，② 昭和40年（1965）頃からわが国の食生活が急激に洋風化してトマトを食べる機会が増えたこと，③ 栄養学的な知識が普及し，リコペンやアスコルビン酸（ビタミンC）を多く含むトマトは健康によいというイメージが定着したこと，④ 高糖度トマト，ミニトマトなど，多様な特性を示す品種が育成され，消費者の多様なニーズに応えられるようになっ

たことなどによると思われる。桃色系品種は成熟した時にリコペン含量が少ないため、赤色系品種のように真っ赤に着色しないが、後述するようにわが国の生食用品種は桃色系が多い〈詳しくは第3章Ⅷ節参照〉。トマトジュースは完熟した赤色系のトマトを絞ったもので、桃色系のトマトに比べると青臭さが強いので、トマトジュースを嫌いだという人も多かったが、1960-70年代に青臭さを感じさせない加工用品種が育成され、また何度か飲むうちに気にならなくなった人も多い。その結果、1970年代に入ると、トマトジュースの生産量が急増し、またこの頃からイタリア料理の人気も高まってきた点などを考慮すると、1970年代以降トマト好きの人が急増したのではないかと推察される。吉本ばなな（1999）は、1988年に出版された『キッチン』の中で主人公に「スーパーで見つけたトマトを私は命がけで好きだった。」と言わせているが、重金（2014）は『食彩の文学辞典』のトマトの項で『キッチン』を取り上げ、「'悪魔の実'といわれたトマトは観賞の対象から、とうとう'命がけで好む'までになったのだ。」と評している。なお、重金はトマトを悪魔の実と呼んでいるが、悪魔の実（悪魔のリンゴ）とは、マンドレーク（ジャック・ブロス、1994）あるいはチョウセンアサガオ（Noguéら、1995）を指す言葉である。しかし、時にトマト（Riley、2010）やジャガイモ（Leslie、1879）のことを悪魔の植物の実と言うことがある。

　栽培面積をみると、大正11-15年には479 ha、昭和2-6年には1,934 ha、昭和7-11年7,805 haと大正末から昭和にかけて急増していく（日本統計協会、1988）。生産量も大正15年（1926）には11,100トンと初めて1万トンを超え、太平洋戦争前の昭和14年（1939）には152,000トンまで増大した。太平洋戦争によってトマト栽培も壊滅的な打撃を受けたが、戦後徐々に回復し、1960年代に入ると急増した（第1-3図実線）。1968年に80万トン、1975年には100万トンを超え、その後も1987年までは80万トン以上の生産があった。栽培面積も1968年には20,500 haと最大となったが、その後徐々に減少し、現在では12,000 ha程度で落ち着いている（第1-3図点線）。面積の減少にもかかわらず、生産量の落ち込みは少なく1988年以降70-80万トンで安定している。1968年から1987年にトマトの生産量が多かった理由は明確ではないが、野菜全体の生産量もこの時期は1,600万トン台（現在は1,200万トン台）

Ⅷ．わが国におけるトマトの普及

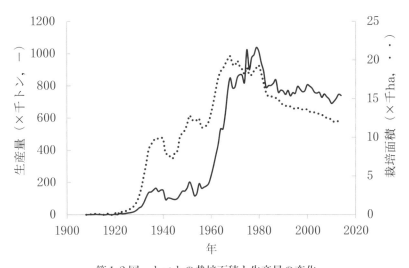

第1-3図　トマトの栽培面積と生産量の変化
　明治42（1909）年から昭和59（1984）年は日本長期統計総覧（日本統計協会，1988），以後は農林水産省，「作物統計，作況調査」による。

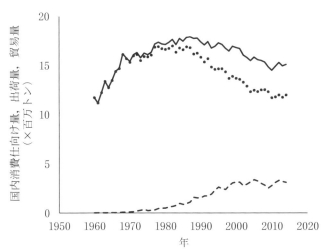

第1-4図　野菜の国内消費仕向け量，貿易量，消費量の変化
実線，国内消費仕向け量；点線，出荷量；
破線，貿易量（輸入量－輸出量）

75

と高かったことによる（**第1-4図**）。野菜生産量の低下は1985年以降増えた輸入と一人当たり消費量の減少によるものである（藤野，2007）とされるが，国内生産量と輸入量の合計（国内仕向け量）はこの間あまり大きく低下していないので，国内生産量の減少は輸入が増えたことの影響の方が大きい。トマトについても1970年代から輸入が増加し始めた。トマトの場合，生食用トマトの輸入量は少なく，大部分が国内産である。2013年度の生鮮トマトの輸入量は8,629トンで，同年の国内生産量747,500トンの1.2%に過ぎない。輸入先の48%はアメリカ，次いで韓国が37%とこの二国で大半を占める。これに対して，加工品はおよそ27万トンで，トマトピューレやペーストの形での輸入が多く（14万1千トン），加工品の大部分は輸入に依存していると言ってよい。おもな輸入先は中国，アメリカ，ポルトガルである（全国トマト工業会編，2014）。また，近年ではイタリア料理が一般的になり，トマト調整品〈ホールトマトやカットトマトの缶詰〉の輸入が増加しており，11万1千トンになっている。加工品が輸入に依存している原因は，① 価格が国産の約1/3と安い，② スライスした時にゼリーが落ちにくく，ハンバーガーやサンドイッチの具として都合がよい，③ 安定供給できることである（藤島と小林，2008）。

4．明治期に導入された品種

明治政府は明治3年（1870）に農業振興を目的として民部省内に勧農局を設置した。勧農局はその後明治5年に勧業課に改組され，同課内に試験場掛が置かれ，内藤新宿に試験場が開設された（農林省農務局，1939）。ここには各地から作物や家畜などが集められて栽培や飼養が行われ，優れた結果が得られたものは適応性検定のために各地に配布された。その後，明治10年（1878）には，穀菜だけでなく，有用な樹木，果樹や牧畜の振興を目的として東京，三田に育種場が設けられ，ヨーロッパやアメリカから優良な農産物の種子や苗木を導入して試作するとともに，種苗の交換を行う市を開催して，有望な苗木や種子の普及に努めた（農林省農務局，1939）。明治18年（1885）に出版された『舶来穀菜要覧』は三田育種場が導入した有望品種を解説した本であるが，トマトの品種としてジェネラルグラント（General Grant），トロ

Ⅷ．わが国におけるトマトの普及

フィー（Trophy），ラージイエロー（Large Yellow），ラージラウンドスムーズ（Large Round Smooth），コンケラー（Conqueror），パラゴン（Paragon），レッドペアシェイプド（Red Pear Shaped），イエローペアシェイプド（Yellow Pear Shaped）レッドチェリーシェイプド（Red Cherry Shaped），スモールラウンドイエロー（Small Round Yellow）の10品種が解説されている（竹中，1885）。『穀菜弁覧初篇』は，三田育種場で販売した種子の袋に描かれた絵を纏めたものといわれるが，上記のトマト品種のうちレッドペアシェイプド，ラージラウンドスムーズ，トロフィーの3品種が描かれている（竹中，1889）。これら3品種は当時のアメリカで人気の品種であった。トロフィーは1840年代半ばに交雑育種によって育成された最初の品種で，生食用ならびに缶詰用の赤色系品種として1872–1926年にアメリカで広く栽培されていた品種である（Livingston，1998）。また，レッドペアシェイプドは房なり性，果実は直径3.8cm以下，料理用，サラダ用の赤色系品種で，トロフィーと同じ頃に広く栽培されていた（Livingston，1998）。

　福羽逸人（1893）は新宿御苑の御用係を務めた明治の著名な園芸研究者であるが，彼の著『蔬菜栽培法』にはトマトの品種として，ルージュアティーブ（Rouge Hâtive），ナンザチーブ（Nains Hâtive），グロッスリス（Grosse Lisse），ミカド（Mikado）の4品種が紹介されている。その後，柘植（1926）はチェリートマト（var. *cerasiforme*），ハコベバトマト（var. *pyriforme*），大葉種（var. *grandifolium*），アップライトトマト（var. *validum*），通常種に分け，さらに通常種を果色によって赤色種と黄色種に分類した。下川（1926）は，果色（黄色，紅色，朱色）だけでなく，草姿（蔓性と矮性）や熟期（早生，中生，晩生）を考慮して，15の品種群に類別した。藤井（1948）は品種の来歴（遺伝的特性）を考慮してイタリー系，ドイツ及び北欧系，英国系，米国系，日本系に分け，米国系をさらにマーグローブ（Marglobe），グローブ（Globe），ボニーベスト（Bonny Best），ストーン（Stone），アーリアナ（Earliana），ポンデローザ（Ponderosa），コメット（Commet），矮性群に分けたが，こうした分類は果実の色や熟期を基にした柘植や下川の分類に比べると，環境に対する反応などで群ごとに共通点があり，また育種に当たり，交配親を選ぶ上でも有用であった。

　熊沢（1956）によれば，明治時代に栽培されたのはアーリーフリーダム

(Early Freedom), アーリアナ (Earliana), クリムソンクッション (Crimson Cushion), ポンデローザ (Ponderosa) などの品種であった。大正時代にはイギリスからコメット (Commet) 群のベストオブオール (Best of All) が導入されたが, この品種は赤色, 早生で促成栽培にも向いた品種で一時栽培も増えたが, 小果で酸味が強いために一般の人々には受け入れられず, その後次第に桃色で大果のポンデローザに切り替わった。ポンデローザは, 酸味や香気に乏しかったが, トマトの臭いを嫌う人にも受け入れやすかったとされる。日本ではベストオブオールの悪いイメージが強かったため, 赤色の品種が敬遠され, 桃色品種に偏った育種が行われることになった (加屋, 2010)。

5. 一代雑種の利用

1866 年〈雑誌に掲載された年, 口頭での発表は前年〉にメンデル (1999) はその著, 『植物の雑種』の中で異なる形質を示すエンドウ属植物を交配し, 雑種第 1 代 (F_1) ではどちらかの親の性質が現れることを明らかにし, そのような形質を優性, F_1 で消えてしまう形質を劣性とした。そして, F_1 の個体を自殖して得た種子を播種した雑種第 2 代 (F_2) では優性形質と劣性形質が 3：1 に分離することを明らかにし, これらの現象は, 例えば母親と父親がそれぞれ AA, aa という遺伝因子を持っていると仮定した場合, F_1〈Aa という遺伝因子を持つ〉の生殖細胞で遺伝因子が A と a に分離し, これらがランダムに交配する結果, F_2 では AA, Aa, Aa, aa という遺伝因子を持つ個体ができると考えると矛盾なく説明できることを明らかにした。メンデルの発表は当初まったく注目されなかったが, ドフリース De Vries らによって 1900 年にメンデルの法則が再発見された。その後 1908 年から 1909 年にかけて, シャル Shull は自殖を繰り返したトウモロコシは成長が著しく劣るようになるが, これら自殖を繰り返した 2 系統を交配した F_1 では成長が回復し, 在来品種よりもかえって成長が旺盛になる場合のあることを報告した (Shull, 1908, 1909a, 1909b)。この現象はその後, シャルによって雑種強勢 (ヘテロシス) と名付けられた (Shull, 1948；Crow, 1998)。F_1 品種は収量が増えるだけでなく, 生育がよく揃うという利点もあることから, アメリカでは 1930 年ごろから F_1 品種が育成, 利用され始め, その後急速に普及した。その結果,

VIII. わが国におけるトマトの普及

トウモロコシ収量は F_1 品種導入前に比べて約5倍に増加した（Crow, 1998）。

トマトの雑種強勢に関して，1912年にウエリントン Wellington（1912）が二つの品種を用いて F_1 を得，その収量性を比較しているが，多数の品種を用いて F_1 の特性を評価したのは1937年のブルガリアのダスカロフ Daskaloff（1937）が初めだと思われる。わが国でもシャル Shull が論文を発表して間もなく研究が始まり，ナス，トマト，キュウリなどで F_1 品種が育成された（古谷，1943；月川，1994）。トマトの実用品種としては，大阪府立農事試験場の伊藤庄次郎により1938年に福寿一号，1940年に福寿二号が育成されたが（月川，1994），ブルガリアのダスカロフは1932年にトマトの F_1 品種を育成したといわれている（Atanassova と Georgiev，2007）。したがって，トマト F_1 品種育成の栄誉がどちらにあるかは微妙な点もあるが，トマトの一代雑種の研究や利用の面でわが国の研究者が先進的な役割を果たしたことは間違いない。明治初期に西洋野菜を導入して50年ほどで育種技術，栽培技術が大きく進歩したことを示すものである。なお，芦澤（1986）は福寿の育成年を1937年としているが，伊藤庄次郎（1938）はトマト一代雑種3系統〈このうち2系統が福寿一号と二号であるが，まだ名前はついていない〉を含む品種比較試験の結果を1938年の雑誌に発表しているので，ここでは月川（1994）の説を採用した。

タキイ種苗が福寿一号と二号の販売を開始したのは1948年のことであるが，一代雑種のトマトが商業的に広く利用されるようになるのは1960年頃になってからのことである。一方，アメリカでは栽培技術の進歩や新品種の育成によって，1960年から1990年にかけて加工用のトマトの収量は1ヘクタール当たり35.9トンから72.2トンに上昇した。グランディロ Grandillo ら（1999）は1970年代後半からの約20年間にカリフォルニア州とイスラエルで実施された加工用トマトの品種比較試験を検討し，同一品種の収量の変化とそれぞれの年代で用いられていた代表的な品種の収量を比較することによって，この間の増収を点滴灌漑の導入など栽培技術の発展によるものと遺伝的な要因によるものとに分けている。それによると，カリフォルニアとイスラエルの年平均2.7%と2.1%の増収のうち1.5%と0.4%が遺伝的な要因（育種）によるものであり，また，遺伝的要因のうち，カリフォルニアでは27%，

イスラエルでは 38%〈増収分のうちの 15% と 7% に相当する〉が 1983-1985 年以後に急速に普及した F_1 品種の導入によるものであると推定している。

F_1 トマトは，成長が旺盛で収量が多くなるだけでなく，遺伝的な組成が均一であるため生育もよく揃うという利点がある。また，これを育てて得た種子を播いても，親とは異なる性質を示すので，毎年，種子を購入する必要があり，種苗会社にとっては都合がよい。このため，1960 年以降急速に普及したが，F_1 種子を採種するためには母親となる植物の花を除雄して自家受粉しないようにすることが必要である。トマトは 1 回の受粉で多数の種子を採ることができるが，それでも除雄や受粉の分価格が高くなる（Kumar と Singh，2004）。1984 年のカリフォルニア州の自然受粉の加工用トマトの種子の値段は kg 当たり 35-75 ドルであったのに対し，F_1 種子の値段は 375-485 ドルで，その時点では収量や品質面での有利性を生かせていなかったとされる（Stevens と Rick，1986）。なお，F_1 とそれを自殖した後代とで収量に差があるか，どうかをきちんと調べたデータは少ない。ダスカロフ Daskaloff(1937) は 3 種類の交配組み合わせによって①F_1 の収量は両親の平均に比べ 5.5-27.8% 増加するが，それを自殖した F_2 の総収量は F_1 のそれとほとんど差がないこと，②早期収量だけを比較すると F_1 の方が多収になることを明らかにしている。しかし，F_2 では遺伝的な均一性が失われるので，生育の斉一性の点では F_2 が劣る可能性があると述べている。

第2章　トマトの遺伝資源と育種

　道は干上がった川に従ってアンデス山脈を登りはじめた。少し登って標高1000メートルぐらいになった時，レネが車をとめ，我々を河原に案内した。周囲の山は草一本生えていない赤茶けた山だ。……指さす所を見ると，石の陰に一本の草が生えていて黄色い花をつけていた。それが野生トマトのL. チレンセだった。トマトがこんな砂漠に生えているとは思いもよらず，……
（池部誠『野菜探検隊世界を歩く』より抜粋）

Ｉ．トマトとその近縁野生種の学名

　トマトはジャガイモ，ナス，タバコなどとともにナス科に属する植物であり，形態的な特徴はジャガイモによく似ている。このため，植物を属名と種小名の2つによって記述する方法（二名法）を考案し，植物分類学の確立に貢献したリンネ Linné〈ラテン語表記 Linnaeus〉（1753）は1753年にトマトの学名をソラヌム・リコペルシクム（*Solanum lycopersicum* L.）とし，ジャガイモと同じソラヌム（*Solanum*）属の植物とした〈出典を明らかにしていないが，コスタ Costa とヒューベリンク Heuvelink（2005）は，1753年にリンネはトマトを *Solanum lycopersicon* と命名したと記述している。このことと関連するのであろうか，最近，トマトの学名を *S. lycopersicon* とした論文をかなり見掛けるようになっている（Welbaum, 2015）〉。一方，ミラー Miller（1754）はリンネがトマトに *Solanum lycopersicum* という学名を与えた翌年に出版された本（『園芸家の辞書 The Gardener's Dictionary』）の中で，トマトとジャガイモを同じリコペルシコン（*Lycopersicon*）属とした。この時点でミラーは未だリンネの二名法を採用しておらず，『園芸家の辞書』では黄色いトマトは *Lycopersicon Galeni*，赤

いトマトは *Lycopersicon Galeni, fructu rubro*〈赤い果実を付ける *Lycopersicon Galeni* の意〉，ジャガイモは *Lycopersicon radice tuberose, esculentum*〈根が肥大し，食用になる *Lycopersicon* の意〉と命名された．その後 1768 年の第 8 版で二名法を採用し，トマトを *Lycopersicon esculentum*，ジャガイモを *Solanum tuberosus* と命名し，両者を別の属に分類した（Taylor, 1986）．しかし，国際植物命名規約では属を変更する場合には種小名はそのまま残すことになっているので，*Lycopersicon esculentum* という学名はこの規約に反している．ミラーは *Lycopersicon* と *lycopersicum* という類似の言葉が重なることを嫌ってこのような学名をつけたのではないかと思われる〈*Lycopersicon* はギリシャ語，*lycopersicum* はラテン語の語尾をもつ同じ意味の言葉である．現在の植物命名規約では種小名に属名と同じ言葉を繰り返した「反復名」は認められない．*L. lycopersicum* は反復名ではないが，同じ意味の言葉を種小名として用いることは避けるべきであるとされている〉．

トマトとジャガイモを別の種に分類したのはド・トゥルンフォール De Tournefort（1694a）が始めである．彼はリコペルシコン（*Lycopersicon*）の説明として図録（De Tournefort, 1694b）を示し，次のように述べている．

「いくつかの花弁からなる花冠を持っており，花冠は萼で支えられている．花冠の中央のくぼみに雌蕊がある．雌蕊は基部で花弁と結合しており，やがて胎座〈正しくは隔壁〉によって区切られたいくつかの子室（loges）から構成される柔らかく多肉で養分を含む果実に発達する．多数の種子は丸く平らで，シート〈種皮〉に覆われている．」

この記述からペラルタ Peralta ら（2008）は，ソラヌム（*Solanum*）属の多くは子室数が 2 であるのに対し，リコペルシコン（*Lycopersicon*）属とされた植物の果実は子室数が 2 よりも多いという点を重視してド・トゥルンフォール De Tournefort（1694a）はこれらを異なる属に分類したのではないかと考えている．ド・トゥルンフォールの後，多くの研究者がトマトをソラヌム属とは別の属に分類したが，これはリコペルシコン属とされた植物には，葯の先端に花粉の詰まっていない部分があり，また葯の中央が裂開して花粉を放出するという点で，他のソラヌム属とは異なっている点に注目したためである

Ⅰ. トマトとその近縁野生種の学名

(D'Arcy, 1972)。しかし，ソラヌム属に分類された植物の中にもソラヌム・ペンネリイ (*Solanum pennellii*) のように葯の特徴以外はリコペルシコン属に分類された植物と極めてよく似たものがあり，葯の形態を基準とする分類には不都合な点もある。近年，分子生物学の発展は目覚ましいが，その技術の中核をなすものに DNA の特定の塩基配列を認識し，その部位で DNA を切断する制限酵素の発見がある。この酵素によって切断された DNA 断片の長さは種内で異なる場合がある〈これを遺伝的多型という〉ので，これによって品種間や種間の類縁関係を推定することが可能になった。パルマー Palmer とザミール Zamir (1982) は，25 種類の制限酵素を用いてトマト葉緑体の DNA 多型を調べ，39 の断片中 14 の断片で多型がみられること，またペンネリイ (*S. pennellii*) は遺伝的多型からみるとトマト栽培種や野生種と同じグループに属することを明らかにした。また，ソラヌム属の植物の遺伝的多型を葉緑体の DNA によって調べた研究の結果，12 の分岐群（クレード，clade）に分けられるが，トマトとジャガイモは同じ分岐群に属し，極めて近縁であることが裏付けられた (Bohs, 2005)。このため，現在では，リンネ Linné の分類に戻ってトマトの学名として *Solanum lycopersicum* L. が採用されるようになっている。

　1940 年にミュラー Müller は 6 種，1943 年にルックビル Luckwill は 7 種，1979 年にリック Rick は 9 種，1990 年にチャイルド Child は 9 種をトマトとその野生種〈かつてのリコペルシコン（*Lycopersicon*）属，現在ではソラヌム属リコペルシコン節〉として分類したが，その後，新たな種が発見され，現在では栽培種 (*Solanum lycopersicum*) を含め 13 種がリコペルシコン節として分類されている (Peralta ら, 2008)。リック Rick (1979) はこれらトマトとその野生種に共通する形態的特長として，① 多年生草本植物，② 匍匐性，③ 羽状に分かれた葉，④ 花房間の葉数が 2 ないし 3，⑤ 集散花序，⑥ 黄色い花弁と葯，⑥ 合着または輻合〈重なり合っているが合着していないこと〉した葯，⑧ 漿果であることを挙げている。

　ミュラー Müller (1940) は，リコペルシコン属の 6 種を成熟すると赤や黄色に着色をするグループ（ユウリコペルシコン亜属，*Eulycoprsicon*）と成熟しても緑色のままのグループ（エリオペルシコン亜属，*Eriopersicon*）とに区分し

たが，そうしたグループ分けはルックビル Luckwill（1943）によっても踏襲されている。これら二つのグループは果実の色だけでなく，ユウリコペルシコン亜属は果実の表面が滑らかで，葉の基部に偽托葉〈葉柄の基部にできる托葉のような小葉片〉がないのに対し，エリオペルシコン亜属は果実の表面に細かな毛の生えているものが多く，また通常，葉の基部に偽托葉があるという違いがある。しかし，この分類は恣意的なもので，必ずしも種の特徴と関連しているものではないとして，リック Rick（1979）は栽培種と交雑した場合に発芽力のある種子を作ることができるか，どうか〈これを交雑和合性という〉を基にした分類を提唱した。その結果，リック（1979）の分類ではソラヌム・キレンセ（*S. chilense*）とソラヌム・ペルウィアヌム（*S. peruvianum*）の2種のみがペルウィアヌム・コンプレックス（Peruvianum complex），他はエスクレントゥム・コンプレックス（Esculentum complex）に分類されることになった。エスクレントゥム・コンプレックスの中でもソラヌム・リコペルシクム（*S. lycopersicum*），その変種であるソラヌム・リコペルシクム・ウァリエタス・ケラシフォルメ（*S. lycopersicum var. cerasiforme*），ソラヌム・ピンピネリフォリウム（*S. pimpinellifolium*），ソラヌム・ケエスマニアエ（*S. cheesmaniae*）は特に交雑和合性が高く，容易に種子を作ることができる。その後，チャイルド Child（1990）はリコペルシコン節（section）をリコペルシコン亜節（subsection）とリコペルシコイデス（*Lycopersicoides*）亜節に分け，リコペルシコン亜節をリコペルシコン列（series）とエリオペルシコン列，さらに葯の形態が異なるペンネリイ（*S. pennellii*）をこの二つのグループから独立させてネオリコペルシコン（*Neolycopersicon*）列に分類した。さらに，ペラルタ Peralta とスプーナー Spooner は（2005）はチャイルドがリコペルシコン節をリコペルシコン亜節とリコペルシコイデス亜節の二つに分けたのをリコペルシコン節とリコペルシコイデス節に戻し，またソラヌム・ペルウィアヌム（*S. peruvianum*）がソラヌム・アルカヌム（*S. arcanum*），ソラヌム・フアュラセンセ（*S. huaylasense*），ソラヌム・コルネリオムッレリ（*S. corneliomulleri*），ソラヌム・ペルウィアヌムの4種に分類できることを明らかにし，このうち前2種が新種であるとした。さらにガラパゴスに自生する種の中に新種を見つけ，リコペルシコン節は合計13種から構成されるとした。**第2-1表**はペラルタ

I．トマトとその近縁野生種の学名

第2-1表　ソラヌム属トマト近縁種の分類基準

- 1a 多年生の低木またはよじ登り性つる植物。仮軸分枝性〈仮軸については115ページ参照〉で3枚以上の葉で1仮軸を構成。花序は4-5回二又分枝を繰り返す。花冠は対称。葯は真直ぐで長さは等しく、それぞれが分離、またはやや輻合し、先端まで花粉が詰まっている。初めは葯の先端の孔が裂開、後に葯の内側のスリットが基部に向かって裂ける。
  - 2a 低木または亜低木で高さ2.5m、または主に茎の基部から再生して高さ0.5mになる。葉は奇数羽状もしくは羽状裂開し、一次小葉、その小葉柄につく二次小葉、挿入小葉〈葉柄につく小さな小葉〉からできており、深い欠刻を持つ。花序には包葉がある。果柄には萼の直下に接合部（ジョイント）がある。果実は直径1-1.3cmで薄く、硬い果皮を持つ。
  ……リコペルシコイデス（*Lycopersicodes*）節
  - 2b 木本性のつる植物で長さ5m以上になる。葉は奇数羽状複葉で小葉と挿入小葉は全縁。花序には包葉がない。小果柄の中央に接合部がある。葯は黄色。果実直径は1.5-5cmで果皮は厚く、硬い。
  ……ユグランディフォリア（*Juglandifolia*）節
- 1b 一年生、二年生、あるいは木化した茎の基部から生じた多年生草本で、時につる性。仮軸分枝性で、2-3枚の葉で1仮軸を構成する。花序は1-2回二又分枝する（3-4回の分枝は稀）。花冠は対称、時に非対称（*S. pennellii*）。葯はその全長にわたり毛が絡み合って強く合体して筒状となり、先端には花粉がない部分がある。葯の全長にわたり、スリットに沿って縦に裂開する（*S. pennellii*は例外）。
  ……リコペルシコン（*Lycopersicon*）節
  - 3a 小葉は広い楕円形から球形で厚く、肉厚。小花柄には基部に接合部がある。花冠はやや左右対称。葯の先端部まで花粉が詰まっており、内側の孔、後にスリットから裂開。……ネオリコペルシコン（Neolyorpersicon）グループ
  →ソラヌム・ペンネリイ（*S. pennellii*）
  - 3b 小葉は楕円形あるいは球形から披針形で、薄く柔らかい膜状。小花柄は中央より上に接合部がある。花冠は対称。葯は先端部に花粉がない部分がある。内側にある長いスリットから裂開する。
    - 4a 果実はカロテノイド色素（赤、オレンジ、黄色）を含み、果実全体が均一に着色する。偽托葉は欠如。花序に包葉がない。
    ……リコペルシコン（Lycopersicon）グループ
      - 5a 成熟果は赤色。南アメリカに分布（あるいは栽培）。
        - 6a 通常、植物は疎らに毛で覆われているか、無毛に近い（柔らかな毛が少しあり、長い毛は1mm程度）。小葉の葉縁は全縁、歯状あるいは円鋸歯状。一般に1花序あたり12花以上。花冠は放射状（ほとんど基部まで切れ込みがある）。果実径は通常約1cm。
        →ソラヌム・ピンピネリフォリウム（*S. pimpinellifolium*）
        - 6b 植物は毛で覆われており、長い毛では3mm程度。小葉の葉縁は一般に歯状（特に基部）で、時に2次小葉がある。一般に1花序あたり12花以下。花冠は放射状（基部に向かって1/3から1/2程度の切れ込みがある）。果実の径は通常1.5cmより大きい。
        →ソラヌム・リコペルシクム（*S. lycopersicum*）
      - 5b 成熟果は黄色～オレンジ色。ガラパゴス島に分布。
        - 7a 挿入小葉がない。萼片は成熟果の直径を超えない。
        →ソラヌム・ケエスマニアエ（*S. cheesmaniae*）
        - 7b 挿入小葉がある。萼片は成熟果の直径を超える。
        →ソラヌム・ガラパゲンセ（*S. galapagense*）

4b 果実は緑色またはアントシアニン色素による紫色でまだら状，あるいは濃緑色から紫色の縞を持つ。偽托葉があるか，ない場合には小葉が狭い披針形。花序には包葉がある。
 8a 花序は通常分岐しない（まれに1回分枝することがある）。蕊柱〈雌蕊と雄蕊が一体化したもの〉は常に真直ぐで，花柱と柱頭は薬筒内に存在，あるいは最大1mm程度薬筒の外に突出。
  ……アルカヌム（Arcanum）グループ
  9a 花冠は直径1.6-2cm。蕊柱は長さ0.8-1.1cm，薬は長さ0.4-0.7cm。
   10a 茎，葉，花序は緑色。無毛，あるいは分泌腺を有する毛または分泌腺のない毛で様々な程度に覆われている。毛は長いもので1mm。通常，1花序あたり7花以上（5-20花）をつける。
    →ソラヌム・アルカヌム（*S. arcanum*）
   10b 茎，葉，花序は薄い灰緑色，柔らかく滑らかな短い毛で密に覆われている。毛は長いもので0.2mm。通常，1花序あたり7花以下。
    →ソラヌム・クミエレウスキイ（*S. chmielewskii*）
  9b 花冠は直径1-1.2cm。蕊柱は長さ0.4-0.6cm，薬は長さ0.25-0.3cm。
    →ソラヌム・ネオリッキイ（*S. neorickii*）
 8b 花序は通常2回以上分岐する。蕊柱は真直ぐか，曲がる。花柱と柱頭は通常1mm以上で薬筒の外に突出。
  ……エリオペルシコン（Eriolycopersicon）グループ
  11a 葉3枚で1仮軸を構成する。6m程度にまで大きく枝を伸ばす，つる性植物　→ソラヌム・ハブロカイテス（*S. habrochaites*）
  11b 葉2枚で1仮軸を構成（ソラヌム・キレンセとフアュラセンスではまれに3枚のことがある）。植物体は直立，後に倒伏し，最大3mとなる。
   12a 花序の花柄は一般に花序の分枝よりも長く，蕊柱は真っ直ぐ。茎，葉，花序は薄い灰緑色，柔らかく滑らかな短い毛で密に覆われている。毛は長いもので0.2mm。通常，1花序あたり7花以下。
    13a 茎葉は密に生えた灰白色の軟毛で覆われる。典型的には緑〜灰色〜灰白色で南ペルーからチリ北部の沿岸部に分布。
     →ソラヌム・キレンセ（*S. chilense*）
    13b 茎葉はまばらに生えた軟毛で覆われる。明るい緑色。ペルー・アンカシュ県に分布。
     →ソラヌム・フアュラセンセ（*S. huaylasense*）
   12b 花序が分岐するまでの長さは分枝の長さと同じか，それより短い。蕊柱は屈曲。
    14a 植物は散在性の短い腺毛，短く均一で滑らかな非腺毛タイプの軟毛を持ち，薄い灰緑色。葉は奇数羽状複葉で，小葉先端は全縁か，わずかに歯状あるいは円鋸歯状に浅裂。
     →ソラヌム・ペルゥィアヌム（*S. peruvianum*）
    14b 密生した長い腺毛と非腺毛タイプの軟毛を持ち，緑色。葉は大きな小葉と小さな小葉とが交互に現れる奇数羽状複葉あるいは二回羽状複葉で緑色。小葉の葉縁は歯状あるいは円鋸歯状に浅裂，時に深い切れ込み。
     →ソラヌム・コルネリオムッレリ（*S. corneliomulleri*）

Peraltaら（2008）を改変

Ⅰ．トマトとその近縁野生種の学名

第2-2表　ソラヌム属トマト近縁種の分布域

種類	緯度	標高(m)	分布域の特性
リコペルシコイデス＊ (*S. lycopersicoides*)	S16°12′- 18°24′	1500- 3700	ペルー，チリのアンデス西斜面
シティエンス＊ (*S. sitiens*)	S21°17′- 23°52′	2350- 3500	チリ北部のアンデス西斜面
ユグランディフォリウム＊＊ (*S. juglandifolium*)	N7°34′- S4°31′	1200- 3100	コロンビア北部～エクアドル南部
オクラントゥム＊＊ (*S. ochranthum*)	N5°28′- S4°31′	1900- 4100	コロンビア中部～ペルー南部の山地林
ペンネリイ (*S. pennellii*)	S4°31′- 18°23′	0-3000	ペルー北部～チリ北部の乾燥した岩だらけの丘陵斜面と砂質地
ハブロカイテス (*S. habrochaites*)	S0°19′- 11°10′	400- 3600	エクアドル中部～ペルー中部
キレンセ (*S. chilense*)	S14°31′- 23°23′	0-3000	ペルー南部～チリ北部の過度に乾燥した岩だらけの平原と海岸砂漠
フアュラセンセ (*S. huaylasense*)	S8°23′- 9°40′	1700- 3000	ペルー南部の2か所で存在確認
ペルウィアヌム (*S. peruvianum*)	S10°19′- 18°23′	0-600	ペルー中部，チリ北部の海岸砂漠，時に畑の周縁部の雑草
コルネリオムッレリ (*S. corneliomulleri*)	S11°27′- 26°31′	1000- 3000	ペルー中部～南部の標高が中～高のアンデス西斜面
アルカヌム (*S. arcanum*)	S5°19′- 8°13′	100- 2500	ペルー北部の海岸および内陸のアンデス渓谷部
クミエレウスキイ (*S. chmielewskii*)	S13°23′- 15°19′	2300- 3000	ペルー南部からボリビア北部の乾燥した高地渓谷
ネオリッキイ (*S. neorickii*)	S3°23′- 13°32′	2300- 3000	ペルー南部～エクアドル南部の内陸部の乾燥した渓谷
ピンピネリフォリウム (*S. pimpinellifolium*)	S0°19′- 28°23′	0-500	ペルー北部～チリ中部，エクアドル中部海岸部
ケエスマニアエ (*S. cheesmaniae*)	N1°40′- S1°25′	0-1300	エクアドル，ガラパゴス諸島
ガラパゲンセ (*S. galapagense*)	N1°40′- S1°25′	0-50	ガラパゴス諸島の西部および南部

Peraltaら（2008）の野生種の分布図による．
リコペルシクム（*S. lycopersicum*）は野生のものがないので，表にはない．
＊はリコペルシコイデス節，＊＊はユグランディフォリア節の種，他はリコペルシコン節の種．

第2章　トマトの遺伝資源と育種

Peraltaら（2008）が作成したソラヌム属トマト近縁種の検索表，**第2-2表**はそれらトマト近縁種の分布域を纏めた表である。

以下，いくつかの種についてさらに詳しく見ていこう。

① ソラヌム・リコペルシクム・ウァリエタス・ケラシフォルメ（*Solanum lycopersicum* var. *cerasiforme*）は，果実が小さいことを除けば，他の性質は栽培種リコペルシクム（*Solanum lycopersicum*）と差がなく，また栽培種と容易に交配できるので，栽培種の変種として分類されている。ケラシフォルメは野生の状態でメキシコ，中米など南アメリカ以外の地域にも分布する唯一の種類なので，これが現在の栽培トマトの直接の祖先ではないかと考えられている。栽培種は，子室数が2以上，成熟果実の色は赤または黄色，果実径は3cm以上，種子長は1.5mm以上で，葉に切れ込みがある。リコペルシクム（*S. lycopersicum*）の葉は，長さ10-30cm，幅6-15cmであるが，ケラシフォルメの葉はやや小さい。また，ケラシフォルメの子室は2で，果実径は1.5-2.5cmである。自家受粉によって稔性のある種子ができる〈これを自家和合性という〉。野生のケラシフォルメの中には開花時に柱頭が薬筒より少し長いものがあり，これらの品種では他家受粉も起こるが，通常，柱頭は薬筒より短く，自家受粉する。

② ソラヌム・ピンピネリフォリウム（*Solanum pimpinellifolium*）はエクアドル南部からペルーの低地（沿岸部や渓谷部）に広く分布している。子室は2，種子長1.5mm以上，成熟果実の色は赤，果実径は1-1.5cmである。自家受粉によって稔性のある種子を形成するが，エクアドルからペルー南部までの集団を調査した結果によると，ペルー北西部の集団は柱頭が薬から突出しているため自家受粉しにくく，交雑率が高いが，南あるいは北に行くほど柱頭と薬の位置が近く，自家受粉の割合が高くなることが報告されている（Rickら，1978）。また，他家受粉する系統は大きく，目立つ花をつける（Rickら，1977）。野生種の中で唯一，リコペルシクム（*Solanum lycopersicum*）と自然交配する種である（Rick，1958）。葉は栽培種に比べると，切れ込みが深い。花軸は分枝せず，栽培種よりも多くの花をつける。

③ ソラヌム・ケエスマニアエ（*Solanum cheesmaniae*，*Lycopersicon cheesmanii*は異名）は成熟すると黄色からオレンジ色に着色する種であるが，ミュラー

I．トマトとその近縁野生種の学名

Müller（1940）の分類ではエリオペルシコン（*Eriopersicon*）亜属に分類されている。ガラパゴス諸島に分布し，ペルーには分布していない。自家受粉によって稔性のある種子を形成し，直径1cm以下の果実に発達する。リコペルシクムやピンピネリフォリウムに比べて種子は小さく，長さは1mm以下である。また，種子の毛も少ない。葉の切れ込みが大きい。ケエスマニアエはリコペルシクムと交配させると種子を作るが，耐病性や耐虫性が強いわけではなく，育種素材としてはあまり利用されていない。ただ，ガラパゴスの海岸地帯に自生するケエスマニアエの品種〈form *minor*，formは分類階級の一つで品種という（栽培品種とは別）〉は耐塩性の遺伝資源として注目されている。果実のオレンジ色はリコペンがβ-カロテンに変化するためである。

④ ソラヌム・ネオリッキイ（*Solanum neorickii*，*Lycopersicon parviflorum*は異名）とソラヌム・クミエレウスキイ（*Solanum chmielewskii*）の2種は，かつて一つの種（*Lycopersicon minutum*）に分類されていた（Rick，1995）。両種とも果実は緑色で小さく（多くの場合，直径1cm以下），花や葉も小さく，これがミヌトゥム（*minutum*）という種小名の由来である。南緯12-14度，西経72-74度，標高1,500-3,000mの地域に分布の中心があり，この地域の集団間には大きな変異が見られる。ネオリッキイの方が広い地域に分布し，南緯3.5度にも分布が見られるのに対し，クミエレウスキイは南緯13度が北限である。両種とも自家受粉によって稔性のある種子を形成することができるが，クミエレウスキイは，ネオリッキイに比べて柱頭が突出した大きな花をつけるので，受粉昆虫が誘引されやすく，交雑率が高い。両種の間で受粉を行うと，種子を形成するが，形成される種子数は少なく，またF_1種子の発芽率は極めて低い。両種の分布域が重なっているにもかかわらず，自然状態で雑種がほとんど形成されないのは，ネオリッキイの花が目立たず専ら自家受粉を行うこと，またF_1種子の発芽率が低いためと考えられる（Rickら，1976）。リック Rickら（1976）は，クミエレウスキイがネオリッキイの祖先型で，自家受粉を行うものにとって有利な選択圧が加わった結果，ネオリッキイが分化したと考えている。ネオリッキイ，クミエレウスキイのどちらも栽培種と交雑和合性が高く，種子を作るので，

リック（Rick, 1979）は，これらの種をエスクレントゥム（Esculentum）グループに分類したが，葉緑体 DNA の多型を調べた結果ではペルウィアヌム（Peruvianum）グループに近く（Palmer と Zamir, 1982），遺伝的多型を基にした分類には注意が必要であるとされている。ペラルタ Peralta ら（2008）はソラヌム・アルカヌム（*Solanum arcanum*），ネオリッキイ，クミエレウスキイの 3 種をアルカヌム・グループに分類している。ネオリッキイ，クミエレウスキイの育種への利用はピンピネリフォリウム（*S. pimpinellifolium*）ほど進んでいないが，果実の糖含量が高いという特徴や第一花房を形成後，2 葉を展開して次の花房を形成する〈花房が短い間隔で形成される〉点などは利用価値が高いと考えられている。

⑤ ソラヌム・ハブロカイテス（*Solanum habrochaites*）は，従来，リコペルシコン・ヒルストゥム（*Lycopersicon hirsutum*）と呼ばれた種である。標高 500m から 3,300m の地帯の河岸などに分布しており，トマトとその近縁種の中ではネオリッキイ（*S. neorickii*）とともに標高の高い地域に自生する。葉，茎，果実の毛の密度や花の大きさから 2 つの型に分類される。毛が密生し，花が大きい品種（form *typicum*）は柱頭が著しく突出し，大部分の系統は他家受粉をし，薄緑色で紫の縞が入った果実に発達する。この品種（form *typicum*）を花粉親にして栽培種と交配した場合にのみ種子を作ることができる。ハブロカイテスの別の品種（form *glabratum*）は目立たない花をつけることもあって自家受粉をするのが普通である。

⑥ ソラヌム・ペンネリイ（*Solanum pennellii*）はペルーの沿岸部，南緯 8 度‐16 度の地帯に分布し，緑色の果実をつける。自家受粉によって種子を形成する自家和合性の系統と形成できない不和合性の系統があるが，どちらの系統も栽培種と容易に交雑する（Hardon, 1967）。また，栽培種を種子親にすれば，戻し交雑も可能である。ピンピネリフォリウム（*S. pimpinellifolium*），ケエスマニアエ（*S. cheesmaniae*），ネオリッキイ（*S. neorickii*），クミエレウスキイ（*S. chmielewskii*），ハブロカイテス（*S. habrochaites*）とはペンネリイ（*S. pennellii*）を花粉親にした場合に交雑することができるが，リック Rick（1979）の分類したペルウィアヌム・コンプレックス（Peruvianum complex）の 2 種とは交雑しない。葯の先端まで花粉が詰まっている点や

Ⅰ．トマトとその近縁野生種の学名

葯の先端部が開いて花粉を放出する点ではトマトよりもジャガイモやソラヌム・リコペルシコイデス（*Solanum lycopersicoides*）に似ている。

⑦ソラヌム・キレンセ（*Solanum chilense*）とソラヌム・ペルウィアヌム（*Solunum peruvianum*）は栽培種との交雑が難しく，リック Rick（1979）によりペルウィアヌム・コンプレックス（Peruvianum complex）に分類された。両種とも，果実は成熟しても緑色のままでである。キレンセの方がペルウィアヌムよりも変異が小さく，また分布域も狭い。キレンセはトマトとその野生種の中では最も南（南緯16度以南）に分布しており，チリやペルー南部で見られる。標高0-3,000mに分布する。ペルウィアヌムと一部，分布が重なる。この章の冒頭で紹介した池部（1986）の記述にあるように，乾燥した土地を好む。柱頭は著しく突出し，自家受粉できない。果実は緑色で紫の縞が入る。ペルウィアヌムと交雑させることができるが，種子形成率は極めて低い。

⑧ソラヌム・ペルウィアヌム（*Solunum peruvianum*）はペルー北部からチリ北部までの広い地域に分布する。自家不和合性が強く，自家受粉で果実をつけることはほとんどない。稀に果実を作ることがあるが，大部分は種なし果実で，種子を形成する場合もその数は1ないし2個〈他家受粉の果実は40ないし50の種子を作る〉である（McGuire and Rick，1954）。ペルーの南，南緯18度付近に分布するタイプは果実が比較的大きく（3cm），ケラシフォルメ（*S. lycopersicum var. cerasiforme*）に匹敵する大きさである。形態的な変異が大きく，ミュラー Müller（1940）は三つの変種（var. *dentatum, humifusum, peruvianum*）に分けている。マクガイヤーとリック（McGuire and Rick, 1954）は，ペルウィアヌムの56系統間で他家受粉をし，同じグループに属する系統間では他家受粉をしても結実しない，四つのグループに分類されることを明らかにした。さらに，幾つかの系統を交雑した結果を基に，ソラヌム・ペルウィアヌム（*S. peruvianum*）の自家和合性は，自家不和合性に関わる対立遺伝子のタイプが花粉と種子親とで一致した時に発現する，配偶体型自家不和合性であるとした。ペラルタ Peralta ら（2008）は，これまでペルウィアヌムに分類されていた種をアルカヌム（*S. arcanum*），フアュラセンセ（*S. huaylasense*），コルネリオムッレリ（*S. corneliomulleri*）とペルウィ

第 2 章　トマトの遺伝資源と育種

アヌムの 4 種に分類している〈これら 4 種は系統樹では必ずしも纏まっていない：第 2-1 表参照〉。

II．トマト品種の園芸的な分類

　トマト品種には様々な形，大きさのものがある。1959 年に出版された『蔬菜の新品種』（藤井，1959）に記載されている生食用のトマト 38 品種をみると，150 g から 280 g を超える品種が紹介されており，その記載から推察すると 150 g 程度を小果，200 g 程度を中果，250 g 以上を大果としている。しかし，様々な大きさの果実が販売されるようになり，近年では大玉（100 g 以上），中玉（30-60 g），ミニトマト（10-20 g）といった分類が一般的になってきている。欧米では以下のような分類が行われている（Harland and Larrinua-Craxton, 2009）。

① 伝統的な丸形トマト：重量が 70-100 g，直径 4.7-6.7 cm 程度の丸形のトマトで子室数は 2 ないし 3。サラダの他，直火焼き，オーブン焼き，炒めたりして利用する。スープやソースの原料にも利用する。

② ビーフステーキトマト：伝統的な丸形トマトより大きく，重量は 180-250 g で，1 kg を超えるものもある。最も大きなトマトとして，2014 年にアメリカ，ミネソタ州イーリーのダン・マッコイ Dan MacCoy 氏がコンテストに出展した品種ビッグザック（Big Zach）の 3.81 kg という記録がある（Roberts, 2014）。ビーフステーキトマトは子室数が 5 ないしそれ以上と多く，果実はでこぼこしている。用途としては詰め物料理や丸ごとオーブンで焼いたものを食べるか，スライスしてサラダやサンドウィッチ用に利用する。

③ プラムトマト：卵形など縦径が横径よりも長いトマトで，イタリアのサンマルツァーノ種はこれに属する。果肉は硬く，バーベキュー用の他，ピザやパスタ用に利用される。

④ チェリートマトとカクテルトマト：10-20 g，直径 1.6-2.5 cm 程度の小型のトマトで，チェリートマトの方が小さい。いずれも伝統的な丸形トマトに比べて糖度が高い〈糖度とは，溶液に溶けている可溶性固形分含量の測定値から推定した糖濃度のことをいう。詳しくは第 4 章 X 節参照〉。チェリートマトは赤の他にオレンジや黄色のものなどがあり，生のままサラダ用に利用

する．カクテルトマトは通常，房の状態で収穫され〈房どりという〉，販売されることが多い．半分に切ってサラダとして利用する他，シチュー，直火焼きとしても利用される．特に，小さいものはカランツトマトと呼ばれることがあるが，これはソラヌム・ピンピネリフォリウム（*Solanum pimpinellifolium*）である（Houghtaling, 1935）．カランツトマトはわが国では一般にマイクロトマトと呼ばれる（飯島，2013）．

⑤ その他，形の変わったトマト：バナナ形やイチゴ形など．

Ⅲ．トマトの育種

　植物を遺伝的に改良して新品種を育成することを育種という（鵜飼，2003）．収量性，耐病性，品質などに優れたトマトを育種するには，優れた特性〈遺伝学では個体の持つ特性を形質という〉を持つ系統を選び，交配によって両親の優れた形質を集積する．形質には，① 作用が微弱な多くの遺伝子（ポリジーン）によって支配されており，連続的な変化を示す量的形質，② 少数の遺伝子（主働遺伝子）に支配されており，環境などによって変化しない質的形質がある．質的形質はメンデルの法則に従うので，例えば耐病性が質的形質の場合，罹病性ではあるが，他の点では優れた性質を持つ品種を耐病性品種と交配し，さらに雑種第1代に片親とした罹病性の品種を交配し〈これを戻し交配という〉，耐病性遺伝子を持っているが，他の部分は罹病性の親の性質に置換わった系統を選抜していく．

　耐病性には主働遺伝子に支配されるものとポリジーンに支配されるものがある．主働遺伝子に支配されるものとしては葉枯病やトマトモザイクウイルスに対する抵抗性がある．葉枯病の抵抗性遺伝子は現在までに *Cf-2*，*Cf-3*，*Cf-4*，*Cf-5*，*Cf-6*，*Cf-9* など20以上の存在が知られているが（FooladとPanthee, 2012），葉枯病菌のレース（病原性変異系統）の中には，これら抵抗性の遺伝子を持つ品種を侵すものがある（ScottとGardner, 2007）．例えば，*Cf-2* 遺伝子を持つ品種だけを侵すことのできるレースはレース2と呼ばれ，*Cf-2* と *Cf-4* を持つ品種を侵すことのできるレースは2.4と呼ばれる．18レース

の存在が知られており，これらレースに抵抗性を示す品種の育成が行われている。当初 *Cf-2*, *Cf-4* を単独で持つ品種が葉枯病抵抗性品種として利用されたが，1967年になるとレース2とレース4が出現したため，葉枯病の被害を受けるようになった（Fletcher, 1992）。そこで，*Cf-2* と *Cf-4* を併せ持った品種が育成されたが，1980年代前半にレース2.4が出現すると，葉枯病に抵抗性を示さなくなった。わが国では現在，*Cf-5* と *Cf-6* を侵すレースは出現していないが（山田，2009），ベルギーでは，*Cf-5* を持った品種が育成された翌年〈1976年〉に，既にこれを侵すレースが出現していたことが報告されている（Fletcher, 1992）。このように主働遺伝子による抵抗性は新しいレースの出現によって崩壊してしまうので，抵抗性品種を育成してもやがて抵抗性が失われる。このため，トマトの病害虫抵抗性は今後もトマト育種の重要な目標の一つである。

　トマトの味は現在，病害虫抵抗性と並び，重要な育種目標になっている。これはトマト果実の価格が品質によって大きく異なるためである。イギリスでは，第二次大戦中，トマトの数量を確保するため，価格を重量で決めるように統制された。そのため，トマト生産者は，果実が軟化しやすく輸送性は劣るが，多収性のポテンテート（Potentate）という品種をこぞって栽培し，この傾向は価格統制が無くなるまで続いたといわれている（Hitchins, 1952）。品質が重視されるのは，トマトが十分量市場に供給され，価格が低迷している状況下で，高品質のものを生産して高値で販売したいという生産者の欲求の現れである。

IV. 育種の実際

　トマトの育種は，まず目的とする形質をもった品種あるいは系統を選びだすことから始まる。異なる遺伝子構成（遺伝子型）をもつ品種または系統を人為的に交雑させると，その後代には種々の遺伝子型をもった系統が生じるので，この中から希望する遺伝子型をもつ系統を選抜する。このような育種法は交雑育種法と呼ばれる。トマトの育種は交雑育種法によることが多い。ジョージ George（1985）によれば，トマトの交雑育種は以下のように行われ

る。まず，目的とする形質を持った品種を選んで種子親と花粉親にする。花粉親とする系統は種子親とする品種よりも最大 3 週間早く播種し，種子親の開花時に十分量の花粉が入手できるようにしておく。植え付ける花粉親と種子親の割合は両品種の開花特性によるが，通常は 1：5 程度のことが多い。種子親とする品種は，開花 2 日前～開花当日早朝に葯を取り除き〈除雄という〉，開花当日にあらかじめ花粉親から採集しておいた花粉を絵筆や綿棒の先につけて柱頭にこすり付ける。葯はお互いに密着して円錐状となっているので，ピンセットで引っ張ると簡単に取り除くことができる。交配〈交雑のために受粉させること〉が終わったら萼の先端を鋏で切るか，花に小さな札をつけて交配したことが分かるようにしておく。雄性不稔の系統を用いると，除雄の手間を省くことができるが，この場合でも受粉は必要である。果実が完全に成熟したら，果実を収穫し，種子を取り出す。種子にはゼリー状の物質が付いているので，これを取り除くため，種子を 20-35℃の水中に最大 3 日間おいてゼリー状物質が分解するまで発酵させるか，少量の炭酸ナトリウムまたは塩酸で処理してゼリー状物質を分解する。ゼリー状物質が取れたら，よく洗い，水を切ってから乾燥させる。

V．遺伝子組換えトマト

1．育成まで

　遺伝子組換えは近年，農業分野で大きな関心を呼んでいる技術の一つである。トウモロコシ，ダイズ，ワタなどでは除草剤耐性遺伝子を導入した種子を利用した栽培がアメリカを中心に広く行われており，2010 年の調査によれば，遺伝子組換え作物の栽培面積は世界 28 カ国で 1 億 4800 万ヘクタールに及ぶ（James, 2010）。

　現在，遺伝子組換えトマトの商業生産は行われていないが，商業化された遺伝子組換え作物はトマトが最初である。市場に出回っているトマトは輸送の関係から未熟なうちに収穫されるため，販売されているトマトは本来の味に欠けるという不満を口にする消費者が多い。1987 年，カリフォルニア州のベンチャー企業であったカルジーン（Calgene）社は，家庭菜園で収穫した

第2章　トマトの遺伝資源と育種

トマト（植物体上で成熟したトマト）を食べたいという消費者の要望に応えるため，遺伝子操作によって成熟しても軟化しにくいトマトを作ることを目指して研究を開始した。成熟しても軟化しにくいトマトを作るにあたってカルジーン社が注目したのは，ポリガラクツロナーゼという酵素である。細胞壁はセルロース，ヘミセルロース，ペクチンから構成される。このうち，ペクチンはガラクツロン酸の重合体で，セルロースとヘミセルロースの架橋構造をつなぐ役割を果たしている。ポリガラクツロナーゼはこのペクチンを切断する酵素で，果実が軟化する際にはその活性が高まり，またポリガラクツロナーゼ活性の高い品種ほど成熟時に果実が軟らかくなることが明らかにされていた（Hobson, 1965）。そこで，カルジーン社の研究者たちは次のようにしてトマト果実からポリガラクツロナーゼ遺伝子を単離した。

① トマト果実からポリガラクツロナーゼ酵素のタンパクを単離し，得られた酵素タンパクをウサギに注射して抗体を作成する。
② アルカリホスファターゼはニトロブルーテトラゾリウム（NBT）と反応して青く発色するので，ポリガラクツロナーゼ抗体にアルカリホスファターゼを結合させた二次抗体を作り，ポリガラクツロナーゼの検出に用いる。
③ 成熟したトマト果実から遺伝子の転写産物であるメッセンジャーRNA（mRNA）を取り出し，逆転写反応〈通常はDNAの転写によってRNAが作られるが，これとは逆にRNAからDNAを合成する反応〉によって相補的な塩基配列を持つ一本鎖DNA（cDNA）を合成する。
④ λファージベクター〈大腸菌に感染するウイルスであるλファージを遺伝子の運搬体として利用できるようにしたもの〉を用い，cDNAを大腸菌の環状DNAに挿入する。
⑤ この大腸菌をプレート上に撒いて培養する。
⑥ プレートをニトロセルロース膜で覆い，大腸菌が産生するタンパクをこの膜に移した後，NBTを反応させると，組換え大腸菌が存在する場所は青色に発色するので，これを利用して組換え体を選抜する（Sheehyら，1987）。
⑦ 組換え大腸菌によって大量に生産されたポリガラクツロナーゼを精製し，末端から順に一つずつアミノ酸を切り出し，その種類を特定する。アミノ

酸の種類は3塩基の配列によって暗号化されている〈コードされているという〉ので，遺伝子の塩基配列を決めることができる（Griersonら，1986；Sheehyら，1988）。

外来遺伝子をトマト植物体へ導入するには，根頭がん腫病〈感染した植物の根や地際付近の茎に瘤状の腫瘍ができる病気〉の原因菌であるアグロバクテリウム・トゥメファキエンス（*Agrobacterium tumefaciens*）が利用される。アグロバクテリウムはTiプラスミドという環状DNAを持っており，この環状DNAには右側境界配列と左側境界配列に挟まれたT-DNAと呼ばれる領域が存在する。境界配列とはT-DNA領域を植物染色体DNAへ挿入するのに必要な配列のことである。T-DNA領域にはオーキシンやサイトカイニンの合成酵素遺伝子の他，アグロバクテリウムの栄養源となるオパインの合成に関わる遺伝子がコードされており，一方，T-DNAの外側の領域には毒性遺伝子（*vir*遺伝子）群や遺伝子の複製起点となる配列が含まれている。アグロバクテリウムに感染すると，*vir*遺伝子群の働きによって切り出されたT-DNAが植物細胞に移行して植物核ゲノムのDNAに組み込まれる。すなわち，アグロバクテリウムの感染はアグロバクテリウムから植物への遺伝子導入であり，自然に起こる遺伝子組換えである（鎌田，1999）。T-DNA領域に含まれる遺伝子を取り除き，代わりに別の遺伝子を挿入すると腫瘍は形成しなくなるが，左右の境界配列があれば，境界配列に挟まれた領域を植物細胞に移行させ，組み込ませる能力は保持される（岡，1995）。ところで，DNA鎖には，特定の塩基配列を持つ部位を認識する酵素〈制限酵素という〉によって切断される部位があり，切断されたDNAはDNAリガーゼという糊の役割を持つ酵素の働きにより，同じ制限酵素で切断されたDNAの部位と結合させることができる。そこで，制限酵素でT-DNAを切断してオーキシン，サイトカイニン，オパインの合成遺伝子を取り除き，代わりに同じ制限酵素で切断したDNAと入れ替えるのである（近藤と柴崎，2012）。

カルジーン社が果実軟化を抑制することを目的に育成した遺伝子組換えトマト〈フレーバーセーバートマト（Flavr Savr）という名で商標登録された〉の場合，アグロバクテリウムの左側境界配列，マンノピン合成酵素遺伝子のプロモー

第2章　トマトの遺伝資源と育種

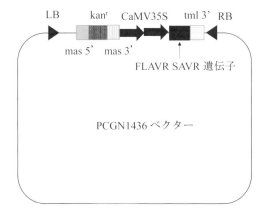

CaMV35S, カリフラワーモザイクウイルス35S プロモーター；kanʳ, ネオマイシンホスホトランスフェラーゼ遺伝子；mas 5', マンノピン合成酵素遺伝子のプロモーター領域；mas 3', マンノピン合成酵素遺伝子のポリアデニル化部位；tml 3', *tml*遺伝子のポリアデニル化部位；LB, 左側境界配列；RB, 右側境界配列

第2-1図　フレーバーセーバー遺伝子を挿入した Ti プラスミド

ター領域（*mas 5'*），ネオマイシンホスホトランスフェラーゼ遺伝子（カナマイシン耐性遺伝子，*npt* II），マンノシン合成遺伝子のポリアデニル化部位（*mas 3'*），カリフラワーモザイクウイルス 35S（CaMV35S）プロモーター領域を二つ連結したもの，通常とは逆向きのポリガラクツロナーゼ遺伝子，*tml* 遺伝子のポリアデニル化部位（*tml 3'*），右側境界配列という構成を持ったアグロバクテリウムを利用する（**第2-1図**；Redenbaugh ら，1992）。プロモーターは遺伝子の上流にあって，DNA から RNA を合成させる過程〈転写という〉を開始させるために必要とされる。ここで用いたアグロバクテリウムではカナマイシン耐性遺伝子とポリガラクツロナーゼ遺伝子を発現させるために二つのプロモーターを利用している。また，ポリアデニル化は RNA からタンパクへの翻訳〈翻訳については次の段落参照〉過程で必要とされる（近藤と芝崎，2012）。ところで，*vir* 遺伝子群が T-DNA の切り出しから植物への移行に関与していることは前述したが，*vir* 遺伝子群は T-DNA と別のプラスミド上にあっても機能するので，① T-DNA 領域を比較的サイズの小さい DNA を持つプラスミドに移行させ，目的とする遺伝子と入れ替えたもの，② T-DNA 領域を破壊し，*vir* 遺伝子群を持つをプラスミド，これらの2種のプラスミ

V. 遺伝子組換えトマト

ドを持つアグロバクテリウムを植物に感染させる方法（バイナリーベクター法）で遺伝子導入が行われることが多く，フレーバーセーバートマトでもこのベクターが用いられた。

　DNA の持つ遺伝情報は一本鎖の mRNA に転写され，リボゾームに移動する。すると，リボゾームがこの mRNA 上を移動するが，その過程で mRNA の遺伝情報に対応するアミノ酸と結合した転移 RNA（tRNA）が mRNA に運ばれて結合する。その後，アミノ酸同士が結合してタンパクが合成される〈この一連の過程を翻訳という〉。そこで，T-DNA 領域に通常の方向（センス）とは逆向き（アンチセンス）に DNA を挿入すると，通常の mRNA と相補的な配列を持つ mRNA ができ，2 本鎖の RNA となって翻訳が阻害される（レンネバーグ，2014）。トマトが持つポリガラクツロナーゼ遺伝子の働きを抑える方法として採用されたのが，この原理を応用したアンチセンス法である。具体的には，

① アンチセンス方向にポリガラクツロナーゼの遺伝子を組み込んだアグロバクテリウムを培養し，増殖させる。

② 遺伝子組換えの対象となるトマトの葉の切片（2×2cm）を 2 日間培養してからアグロバクテリウムの懸濁培養液中に入れ，葉片の縁が湿るまでゆっくり撹拌してアグロバクテリウムに感染させたら，葉片を再び元の培地に戻して 2 日間培養を継続する。

③ 葉の切片をカルベニシリン二ナトリウムとカナマイシンを含む培地に移すと，アグロバクテリウムはカルベニシリン二ナトリウムで死滅する。遺伝子組換えは，ポリガラクツロナーゼ遺伝子だけでなく，カナマイシン抵抗性遺伝子でも起こるので，遺伝子組換えを起こした葉片のみが生き残り，カルス（未分化の細胞塊）を形成する。

④ このカルスを 3 週間ごとに新しい培地に移し，シュートが再分化するまで続ける。

⑤ シュートが再分化したら，植物ホルモンを含まない発根用の培地に移し，根を再生させた後，馴化させて土に移植する（McCormick ら，1986）。

　その後，2 本鎖 RNA には相補的な配列を持つ mRNA を分解する働きのあ

ることが明らかにされたが，この現象〈RNA 干渉，RNAi という〉は遺伝子発現を抑える有効な方法とされる（サダヴァ，2010）。クリーガーKrieger ら（2008）は，フレーバーセーバートマトは逆向きになった T-DNA 領域を持っていること，またセンスとアンチセンスのポリガラクツロナーゼの mRNA 断片（低分子干渉 RNA）のバンドが見られることを明らかにし，フレーバーセーバートマトのポリガラクツロナーゼ活性の低下は RNA 干渉によるものであることを明らかにしている。

2．安全性の評価とその後

組換え体の選抜にカナマイシン耐性遺伝子を利用していることから，この耐性遺伝子によって抗生物質耐性を持った病原菌や植物が生まれることが懸念された。このため，カルジーン社の研究者たちは実験を行い，また実験結果に基づく推論から，① 人間が摂取するカナマイシン抵抗性遺伝子は人工胃液や腸液で 10 分間処理をすると分解される，② 大腸に到達した遺伝子が細菌（例えば連鎖球菌）の遺伝子と組換えを起こし，カナマイシン耐性の細菌を生じる可能性（水平移動）は 7,500 億分の 1 と低い，③ 組換えを起こしてカナマイシン耐性になった細菌数は元々土壌に存在するカナマイシン耐性微生物の 1,000 万分の 1 以下に過ぎないことを明らかにした（Martineau, 2001）。さらにフレーバーセーバートマトの可溶性固形分含量，β-カロテン，リコペン，アスコルビン酸，トマチジン含量などは通常のトマトで見られる範囲に収まっていることを明らかにするとともに，トマトは自殖性で交雑率は 3-30% なので，フレーバーセーバートマトとの交雑によって組換え遺伝子を持つ雑種トマトができる可能性は極めて低いと考えられるとし，健康や環境に対する影響という面でフレーバーセーバートマトの安全性には問題がないとした（Martineau, 2001）。カルジーン社はこれらのデータを FDA（連邦食品医薬局）に報告し，FDA はこの結論を承認した。

こうしてできたフレーバーセーバー（Flavr Savr）トマトをカルジーン社がカリフォルニア州デービスとイリノイ州ノースブルックのスーパーマーケット各 1 店舗で売り出したのは，FDA がフレーバーセーバートマトを認可した 3 日後の 1994 年 5 月 21 日のことである（Kramer と Redenbaugh, 1994；

Martineau, 2001)。ニューヨークタイムズの記事によれば，FDA長官（David A. Kessler）は，① 栄養成分に変化が認められる，② アレルギーを引き起こす新しいタンパクを含むなど，このトマトを食べることによって新たな，もしくは予期せざる結果〈健康被害〉が起こりうる場合にのみ特別な表示を求めると述べ，「実質的同等性」の原則に基づいて認可が行われたことを明らかにし，遺伝子組換えの表示も不要とした（Leary, 1994）。「実質的同等性」は 1993 年，遺伝子組換え食品の評価の指針に用いるために OECD（経済協力開発機構）によって提示された考え方で，組換え食品が現在市場に出回っているものに比べ，組換えた形質以外に差がないか，どうかを調べ，差が見られた場合に毒性学的評価（安全性評価）を行うというものである（Kuiper ら，2001）。したがって，本来「実質的同等性」は安全性評価の出発点であり，最終評価ではないとされる（Kuiper ら，2001）。

しかし，「実質的同等性」を確かめるには多くの困難がある。例えば，コーネル大学のトマトの機能ゲノム科学データベースでは M82 という品種と野生種であるペンネリイ（*S. pennellii*）とハブロカイテス（*S. habrochaites*）の様々な系統を異なる環境下で栽培した場合の 62 種類の代謝産物についてのデータが示されているが（畝山，2009；http://ted.bti.cornell.edu/cgi-bin/TFGD/metabolite/IL_line.cgi?line=hirsutum），そのような代謝産物のすべてについて品種間で比較を行うことは現実的とは言い難い。FAO（国連食糧農業機関）と WHO（世界保健機関）合同の専門家会議でも，遺伝子組換え食品を長期にわたって摂取した場合，① たとえ影響があったとしても，それが遺伝子組換えによるものか，どうかを評価することは不可能ではないが，感受性など集団の遺伝的変異が大きく難しい，② 疫学的な調査も非組換え食品が持つ望ましくない効果によるバックグランドが大きく，難しいと記述されている（FAO/WHO，2000）。

バックグランドの問題について，カルジーン社がラットを用いて行った強制経口投与試験を例に見てみよう（U.S. Food and Drug Administration, 1994）。組換え植物体では導入した遺伝子の働きによって新規のタンパクが合成されることからカルジーン社の内部でも食品添加物の場合と同様，安全性試験（毒性学的な試験）を実施することが望ましいとの意見が出た（Martineau, 2001）。

しかし，食品添加物の場合には短期の影響を評価する実験でも14-28日，長期の影響を見る実験では2年が必要になる（U.S. Food and Drug Administration, 2000）。これを嫌ったカルジーン社上層部はFDA（連邦食品医薬局）とも相談し，ポリガラクツロナーゼのアンチセンス配列によってペクチンの分解が抑制されるが，ペクチンは植物に多く含まれる物質なので安全性には問題がないとして長期の安全性試験は実施せず，短期の影響を評価するため1処理区当たり雌20匹，雄20匹のラットを用いて28日間の強制経口投与試験を3回実施した。試験の結果，体重増加，摂食量，血液学的パラメーターなどには差が見られなかったが，解剖所見で異常を示す個体があったため，カルジーン社は民間の検査機関2社に病理学的評価を依頼した。そのうちの一社（IRDC）の判定によると，フレーバーセーバートマトの給餌により，対照区では見られなかった胃粘膜のびらんが実験2で4例観察され，実験3では水や非遺伝子組換えトマトを与えた区でもフレーバーセーバートマトを与えた場合と同じか，それ以上のラットで胃粘膜のびらんが観察された（第2-3表）。他の検査機関（PATHCO）の評価でも類似した結果が得られ，水や非遺伝子組換えトマトを与えた区でも観察されたことから，胃粘膜のびらんは遺伝子組換えトマトそのものの影響ではないとの結論が下された（U.S. Food and Drug Administration, 1994）。しかし，ここで紹介した実験3のように，対照区でも多くの異常が発生してしまうと〈バックグラウンドが大きいと〉，与えた餌の影響か，どうかを判定することは極めて難しくなる。これを解決する方法の一つは処理区当たりの動物数を増やすことであるが，実験動物の保護に関する倫理規定を遵守しなければならず，供試動物数を増やすことは容易ではない。

　FDA（連邦食品医薬品局）の認可，特に遺伝子組換えの表示なしで販売を認めたことに対する反対は根強く，販売を行ったスーパーの前では不買運動が行われた。表示義務はなかったが，カルジーン社はトマトの形をしたパンフレットを付けて商品の説明をするとともに，フリーダイヤルで消費者からの質問に答える形で販売を行った。それもあって運動は盛り上がらず，消費者の購買意欲は高かった。その結果，1994年の10月には販売店舗数も733に増加し，その後も供給不足の状況が続いた（Martineau, 2001）。特に，1995

V. 遺伝子組換えトマト

第 2-3 表　遺伝子組換えと非組換えトマトの経口投与がラット胃粘膜のびらん発生に及ぼす影響[1]

処理区	ラット性別	実験 1	実験 2	実験 3
水	雄	0/20[2]	0/20	3/20
	雌	0/20	0/20	1/20
非遺伝子組換えトマト（生果） （品種 Vickie Male）	雄	0/20		
	雌	0/20		
フレーバーセーバートマト（生果） （501-1001-15 系統）	雄	0/20		
	雌	0/20		
非遺伝子組換えトマト（凍結果） （CR3 系統，ミシガン州 Dixon 産）	雄		0/19	3/20
	雌		0/20	2/20
非遺伝子組換えトマト（凍結乾燥果） （CR3 系統，ミシガン州 Indio 産）	雄			1/20
	雌			0/20
フレーバーセーバートマト（凍結果） （CR3-613 系統）	雄		0/20	
	雌		0/20	
フレーバーセーバートマト（凍結果） （CR3-623 系統，ミシガン州 Dixon 産）	雄		0/20	0/20
	雌		4/20	3/20
フレーバーセーバートマト（凍結乾燥果）				
（CR3-623 系統，ミシガン州 Dixon 産）	雄			0/20
（CR3-623 系統，ミシガン州 Dixon 産）	雌			1/20
（CR3-623 系統，ミシガン州 Indio 産）	雌			2/15

U.S. Food and Drug Administration（1994）を改変．
[1] 病理学検査は International Research and Development Corporation (IRDC) が実施．
[2] 発生個体数 / 供試個体数

年の 1-3 月には，ハリケーン・ゴードンによってフロリダ南部～中部のトマトが大きな被害を受け，また不適切な管理により前年のメキシコでの冬どりトマトの植え付けが失敗したため，フレーバーセーバートマトの供給は極めて限られたものとなった．

シューフ Schuch ら（1991）は，催色期〈ブレーカー・ステージ，花落ち部（小

第2章 トマトの遺伝資源と育種

果柄の反対側）がわずかに黄褐色，ピンクあるいは赤くなった時期〉に収穫したフレーバーセーバートマトを 0，1，2，3 週間貯蔵し，果実品質の変化を調べるとともに果実に垂直に力を加えた時の圧縮度合いによって果実硬度を測定した。その結果によると，非組換えトマトに比べ，硬度に差は認められなかったものの，貯蔵中の果実の物理的損傷や病害発生の程度は軽減されることが明らかとなった。カルジーン社での試験でも，緑熟期，桃熟期，赤熟期に収穫したフレーバーセーバートマトは軟腐病や白かび病の被害が軽減され，日持ち性が向上することが確かめられた〈Kramer ら，1992；緑熟期，桃熟期，赤熟期については**第 2-4 表**を参照〉。しかし，成熟果でも緑熟果と同様な取り扱いができると期待されていたにもかかわらず，トラックの荷台の底に置いたフレーバーセーバートマトは輸送中に変形してしまい，その点では他の品種と差がないことが分かった（Martineau，2001）。また，レンネバーグ（2014）は，従来の緑熟果用に開発された収穫機で熟度の進んだフレーバーセーバートマトを収穫すると，果実が障害を受けると述べている。このように，フレーバーセーバートマトを使っても成熟が進んだ果実を流通させることは難しかった。また，メキシコでのトマトの生産は思った以上にコストがかさみ，当初の見込みほど経済性がないことが分かり，冬にメキシコ，それ以後フロ

第2-4表　色に基づくトマト果実の成熟段階

成熟段階	説明
緑色期	果実表面が完全に緑（果実サイズがほぼ最大になった時期を緑熟期という）
催色期	淡黄褐色（tan yellow），ピンクまたは赤の部分の総計が果実表面の 10% 以下の時期
ターニング期	淡黄褐色，ピンクまたは赤の部分の総計が果実表面の 10-30% の時期
桃熟期	ピンクまたは赤の部分の総計が果実表面の 30-60% の時期
淡紅色期	黄褐色，ピンク，赤の部分の総計が果実表面の 60-90% の時期
赤熟期	赤の部分の総計が果実表面の 90% 以上になった時期

United States Standards for Grades of Fresh Tomatoes（United States Department of Agriculture, 1991）を一部改変。

リダ産のフレーバーセーバートマトによって周年供給を図るという戦略は破たんした。さらに，カルジーン社はフレーバーセーバートマトの販売価格を通常のトマトよりも1ポンド当たり70セント高い1.99ドルに設定したが，この価格ではフレーバーセーバートマトから利益を上げることができなかった（Martineau, 2001）。結局，フレーバーセーバートマトはカルジーン社の経営立て直しのための救世主とはなりえず，もともと経営に問題を抱えていたカルジーン社は資金繰りに困り，ついにはモンサントの支配下に入ることになった（Martineau, 2001）。このように生食用のトマトについては，日持ちを向上させる効果は見られたものの，商業ベースで成熟果の輸送を可能にし，品質の高い果実を周年供給するという点では失敗に終わった。しかし，遺伝子組換えによってポリガラクツロナーゼ活性を抑えた加工用のトマトは，ペクチン分解酵素を失活させるために高い温度を必要としないので，エネルギー消費の面でも加工製品の品質の面でも利点がある。そこで，ゼネカ（Zeneca）社は1996年に許可を得て遺伝子組換えトマトを用いてカリフォルニア州で加工用トマトを生産し，1999年初めまでに計1,800,000以上のトマトペースト缶詰を生産，販売した。当初は20%安いこともあって売り上げは好調であったが，消費者のGMO（遺伝子組換え生物）に対する懸念から1998年秋には売り上げが急減し，結局販売停止に追い込まれた（BrueningとLyons, 2000）。以上のように，フレーバーセーバートマトそのものは成功を収めることはできなかったが，モンサントをはじめとする民間会社による，その後の組換え作物の積極的な推進に道を開くきっかけとなった。

VI. 遺伝子組換え作物は安全か？

インスリンやチーズ凝乳酵素キモシンはすべて遺伝子組換え微生物を利用して生産されていることからも分かるように，遺伝子組換えは有用な技術として広く利用されており，作物についても病虫害抵抗性や収量性などを改良する上で優れた方法であるとされている（レンネバーグ，2014）。しかし，健康や環境に対する影響については，いまだ多くの議論があり，学問的にも決着がついたとは言えない状態にある。

第2章　トマトの遺伝資源と育種

　レモーLemaux（2008）によれば，ある人が遺伝子組換え作物を受け入れるか，どうかは，① リスクと利点の検討，② 安全性の確認，③ 個人の価値観などによって左右される。リスクと利点の検討とは，高度に発達した技術社会では自動車，交雑品種，マーガリン，低温殺菌牛乳，ワクチンなど，ほぼすべてのものがリスクを抱えているが，これら新製品を経験していく過程で，リスクよりも利点の方が多いことを実感できれば，ごく自然にその製品を選択するようになるという意である。個人の価値観とは，遺伝子組換え作物を受容するか，どうかは，科学的なデータだけで決められる問題でなく，科学への信頼性，どこまで安全性を求めるかなど，各個人によって異なる基準によって決められることを言ったものである。また，安全性の確認に関して，レモーは100％安全と言えないのは遺伝子組換え作物も通常の方法で作られた作物も同じであり，また安全性試験の結果や実質的同等性という点からみて，遺伝子組換え作物が通常の作物に比べ，安全性の問題をより多く抱えているとは考えにくいとしている。① 従来の育種法によって育成された作物は通常，安全性評価を受けていないので，非遺伝子組換え作物だからと言って必ずしも安全とは言えない，② 私達はごく少量の有毒物質を含む食品も利用している，という事実は遺伝子組換えの利用に肯定的な人たちがしばしば指摘する点である（ロナルドとアダムシャ，2011；フェドロフとブラウン，2013）。

　2005年，イリーナ・エルマコヴァIrina Ermakovaは，雌のラットを4グループに分け，通常の餌の他にそれぞれ，① 交尾2週間前から妊娠期間中，除草剤グリホサート耐性遺伝子を組換えたダイズの粉末または種子を給餌し，授乳期間中は給餌量を増加，② ①と同じ期間，非組換えの大豆粉末と種子を給餌，③ 遺伝子組換えダイズから単離したタンパクを給餌，④ 通常の餌だけを給餌した。実験は5回行い，体重，生殖能力，死亡率，母と子の行動を調査した結果を取りまとめ，①の処理では，産まれた子の55％は死産または生後間もなく死亡した〈通常の餌で飼育した場合には9％〉と報告した（Pravda, 2005）。彼女の報告は多くのマスコミの注目を集めたが，それまでに報告されている研究結果と違うこと，また専門家による評価〈査読という〉を受けた論文として報告されたものではなかったため，その真偽を疑う研究

者も多かった。そこで，ネイチャーバイオテクノロジー（Nature Biotechnology）の編集責任者アンドリュー・マーシャル Andrew Marshall は彼女に実験の説明を求めるとともに，専門家4名のコメントを雑誌に掲載した（Marshall, 2007）。これらの専門家からは，① 実験計画が国際的に認められた手順に従っていない，② 用いた遺伝子組換えダイズの供給源が明確でなく，与えた量や餌の組成も明確でない，③ 実験に用いたラットの数が少ない〈通常は1グループ 20-25 匹を使うが，エルマコヴァは5回の実験で雌 48 匹，雄 52 匹のラット，平均1実験 10 匹しか使っていない。また，5回の実験データを込みにして解析しているが，実験条件の異なるデータを一緒に取り扱うことは問題であるとされた〉，④ 対照区の死亡率が通常の場合の約 10 倍も高く，成長も悪いことから飼育管理が不適切だった可能性があることなどが指摘された。そして，これまでの研究によって得られた結果と異なることを真実であると言うためには，それを支持する明確な実験結果の提示が必要であるとし，不備のある実験の結果をマスコミ等で発表することの無責任さを強く批判した。

　これに対して，2012 年に査読付きの雑誌に掲載されたセラリーニ Séralini らの論文は，より複雑な展開を見せた。セラリーニは，毒性学的検査の期間として 90 日は短すぎること，また農薬に含まれる不純物を考慮せずに検査が行われていることを批判して2年間にわたる動物実験を行い，その結果を食品化学毒性学誌（Food Chemical Toxicology）に投稿した。論文は受理され，掲載されたが，① 用いたラットの数が少なすぎる〈1処理雌，雄各 10 匹〉，② 用いた系統（Sprague-Dawley）は腫瘍を発生しやすい系統で，実験終了時までに多くが腫瘍を発生してしまうので，腫瘍の発生が餌によるものか，どうか判定する実験に用いるには適していない，③ 死亡率や腫瘍の発生率について統計処理を行っていない，④ これまでに行われた遺伝子組換え作物の安全性についての短期および長期の試験結果を無視している〈坂本ら（2008）は 52 週間のダイズ給餌試験を行い，腫瘍発生率に差がないことを報告しているが，セラリーニらはこの論文を引用していない〉，⑤ 腫瘍が大きく発達するまでラットを安楽死させず，不必要な苦痛を与えたのは倫理に反するなど，その実験の問題点が多くの研究者によって指摘された（Resnik, 2015）。また，セラリーニらの論文が発表された1週間後の 2012 年 9 月 26 日には EC 保健・消費者

第2章　トマトの遺伝資源と育種

総局（DG SANCO）がヨーロッパ食品安全機関（European Food Satety Authority）に対し，セラリーニらの論文の調査と評価，遺伝子組換えトウモロコシの評価見直しの必要性を検討するよう求めた（European Food Satety Authority, 2012）。こうした動きを受けて 2012 年 11 月 9 日には Food Chemical Toxicology 誌オンライン版にセラリーニらの反論が掲載された（Séraliniら，2013）。反論の要点は，① 実験に用いた遺伝子組換えトウモロコシとそれと遺伝的にほぼ同じ非組換えトウモロコシとの間にはコーヒー酸やフェルラ酸の含量に有意な差があり，両者が実質的に同等であるとは言えない，② 実験に用いた系統は腫瘍を発生しやすいが，アメリカの国家毒性プログラムの長期試験でも使用されており，また腫瘍形成に対して非感受性の系統を用いて実験するのは無意味なことである，③ 実験が中立的な立場に立って行われたとは言い難く，利益相反の管理が十分されていないという批判は規制機関にこそ当てはまるというものであった。しかし，ヨーロッパ食品安全機関は用いたラットの数が少ない，統計処理がなされていない，実験計画の問題点などを挙げ，セラリーニらの言うような結論はこの実験からは導き出すことはできないとし，遺伝子組換えトウモロコシについて再評価する必要性は認められないと結論した。また，Food Chemical Toxicology 誌編集委員会はこの論文を取り消した（Editor-in-Chief of Food Chemical Toxicology, 2014）。編集責任者の説明によれば，① セラリーニから実験データの提出を求めて精査したが，不正や意図的に行われた不正確な説明はなかった，② 各グループに割り当てられたラットの数が不十分であることは査読の段階で明らかであったが，査読者はこの論文を掲載するメリットがあると考えたことを認めつつも，データを精査すると，③ 用いた系統（Sprague-Dawley）は腫瘍を発生しやすい系統で，実験で見られた腫瘍発生の差はばらつきによるものである可能性を否定できない，④ サンプル数が少なくセラリーニらの結論に達することはできないという点が取り下げの理由であった。その後，科学的透明性を確保し〈データを公開してチェックできるようにするの意〉，それに基づく冷静な議論を可能にするためとして，ヨーロッパ環境科学誌（Environmental Sciences Europe）はセラリーニの論文をそのままの形で再録し，この問題はさらに迷走を続けている（Séraliniら，2014）。

遺伝子組換え技術と有機農業の重要性を指摘するロナルドとアダムシャ (2011) は，遺伝子組換え試験の結果が信頼に足るものか，どうかを判定する基準として，① 引用ではなく，一次情報か，② 査読付きの雑誌に掲載された論文か，③ 掲載された雑誌が科学的に高い評価を得ているか，④ 他の論文によって再確認（追試）されているか，⑤ 潜在的な利害の衝突（利益相反）がないか，⑥ どのような研究機関や評価機関によって実施されたものかを用いることを提案している。セラリーニ Séralini らの例で考えると，取り下げを迫った研究者達の多くが遺伝子組換え作物の特許を持つモンサントとつながりがあることが指摘され，その公平性が疑われている。また，そもそも「回転ドア」と揶揄されるようにモンサントなどバイテク関連会社とそれを規制する機関との間で頻繁な人事交流が行われている現状（ロバン，2015）は，遺伝子組換え問題を客観的に考えようとする人々にとって決して望ましい姿とは言えない。

VII. 遺伝子組換えは必要な技術か？

遺伝子組換え作物の利用には，① 不良環境に対する耐性を高め，また耐病性を付与することによって，これまで栽培ができなかった土地でも栽培が可能になる，② 耐病虫性の遺伝子を導入した組換え植物を栽培することによって合成農薬の使用量を削減できる（Kleter ら，2007），③ 病害が多発しても十分薬剤を利用できない発展途上国では，組換え植物を利用することによって収量が大きく増加する（Qaim と Zilberman，2003），④ 害虫に侵されて収穫物にカビが発生すると，発がん性のあるカビ毒（マイコトキシン）が生成するが，このマイコトキシンの量が少なくなる，⑤ 特定の栄養成分含量を高めた農産物や薬効成分を含む農産物を生産することが可能になるなどの利点があると報告されている。遺伝子組換え技術の有効性を示す事例としてよく知られているのは，ウイルス抵抗性パパイヤと β-カロテンを富化させたゴールデンライスである。前者は，1992 年にハワイ島でパパイヤの重要病害であるパパイアリングスポットの感染樹が見つかり，1995 年には主産地での蔓延が確認され，生産は大きく落ち込んだが，パパイヤリングスポッ

第 2 章　トマトの遺伝資源と育種

トウイルスの外被タンパクの遺伝子を組み込んだ組換えパパイヤが育成され，1998 年にその商業的利用が始まると，パパイヤの生産は急速に回復し，栽培の継続が可能になったという成功例である（Gonsalves ら，2007）。後者は，アフリカ，東南アジア，ラテンアメリカ諸国には栄養不足，中でもビタミン A 不足によって失明する子供たちが毎年 25-50 万人いると推定されているが（国際協力事業団国際協力総合研修所調査研究第二課，2003），遺伝子組換えによって主食である米のビタミン A 前駆体である β-カロテン含量を高め，ビタミン A の欠乏によって失明の危険に晒されている子供たちを救済しようという国際的なプロジェクト（ゴールデンライス・プロジェクト）である（Ye ら，2000）。ゴールデンライスは，ラッパズイセンのフィトエン合成酵素遺伝子，カロテノイド合成細菌のフィトエンデサチュラーゼ遺伝子，胚乳特異的に発現するグルテン遺伝子をカリフラワーモザイクウイルスの 35S プロモーターにつなぎ，ベクターを用いてイネに導入したもので，カロテノイド含量は最大，穀粒 1 g 当たり 1.6 μg まで増加する（Ye ら，2000）。その後，トウモロコシ由来のフィトエン合成酵素を用いることによって，カロテノイド含量を穀粒 1 g 当たり 37 μg に高めたゴールデンライス 2 が育成され，この米 72 g によって子供の 1 日当たりのビタミン A 必要量の 50% を供給することが可能となった（Paine ら，2005）。ポトリクス Potrykus（2001）は，ゴールデンライスは反対派が指摘してきた遺伝子組換えに対する批判〈巨大企業を利するための技術，農民に新たな負担を強いる技術，発展途上国の貧富の差を拡大する技術，健康や環境を損なう恐れのある技術〉の多くを解消するものであるにもかかわらず，ゴールデンライスの導入には強硬な反対意見があるとした上で，一部の反遺伝子組換え活動を危険で非人道的なものと批判している。なお，遺伝子組換えによって β-カロテン含量を高めた食品としては，ゴールデンライス以外にもトマト（Römer ら，2000；Rosati ら，2000），ジャガイモ（Diretto ら，2007），キャノーラ（Shewmaker ら，1999）などがある（Giuliano ら，2008）。

　グルッベン Grubben ら（2014）は，ビタミンやミネラルの不足への対応として，バランスの取れた食事（食の多様化），富栄養化，錠剤による補給があるとしているが，バランスの取れた食事を可能にすることが基本と述べている。これらの対応策のうち，微量栄養素が豊富な野菜や果物，肉などを摂取

する方法〈食の多様化を図ること〉は持続性があり，根本的な解決策と思われるが，短期的な観点からすると，① 発展途上国では様々な野菜，果物，肉などを四季を通じて安価に入手することが難しい，② 農業技術，流通・貯蔵技術，調理法の改善などには長期間を要する，③ 食生活を改善するためには人々の思考方法や行動パターンなどの改善も必要になるので，栄養補給や食物への微量要素添加なども同時に推進することが必要であるとされる（国際協力事業団国際協力総合研修所調査研究第二課，2003）。ユニセフ（UNICEF，国際児童基金）はビタミン A 欠乏の危険性が高い 80 を超える国で生後 6 か月から 59 か月までの子供にビタミン A を年に 2 回投与するプログラムを実施しており，ビタミン A 欠乏による失明や感染症の罹患を防ぐ上で大きな成果を挙げている（United Nation Children's Fund, 2016）。経費は薬代に一人 2 セント，南アジアやサブサハラ地域ではその他の費用を込みにして 1 ドル 20 セントとされる。そのための予算は各国政府や財団などからの寄付に依存しており，安定しているとは言い難い。また発展途上国ではインフラが十分整備されておらず，薬剤や栄養富化食品の物流に支障が生じることもある。この点，ゴールデンライスは最初の投資を別にすれば，インフラの整備が不十分な途上国でも，きわめて低コストで持続的にプロジェクトを実施することができるという利点がある（Gearing, 2015）。しかし，経費の問題は規制コストを含めて考える必要がある。遺伝子組換え作物を市場に出すためには安全性に関する規制をクリアしなければならず，これには 5 万から 5,000 万ドルという巨額の費用が掛かる（ロナルドとアダムシャ，2011）。通常の育種で用いられる近縁種からの遺伝子導入の場合には，遠縁の生物からの遺伝子導入の場合とは別の規制を適用すべきであるとの意見もあるが（Strauss, 2003），ケースバイケースで遺伝子組換え作物の安全性を評価するという原則を破ることは遺伝子組換えに対する不信感を増幅させることになる。また，ビタミン A 欠乏対策としてゴールデンライスは低コストで持続的に実施できる方法であるとした記事（Gearing, 2015）に対しても，ゴールデンライスはまだ実用化に至っていないが，従来型の育種で富栄養化された作物はビタミンやミネラル欠乏に苦しむ多くの国に配布され，輝かしい成果を挙げているという情報を読者に与えるべきであるとの批判もなされている〈Vidushi

第2章　トマトの遺伝資源と育種

Sinha，Gearing の記事に一緒に掲載されている〉。

　トマトのカロテノイドの含量は高いが，ビタミン A の前駆体である β-カロテンの含量はそれほど高くはない〈五訂増補日本食品標準成分表によればトマト 5.4 μg g^{-1}，ミニトマト 9.6 μg g^{-1}；文部科学省，2005〉。しかし，通常の育種によって β-カロテン含量を 56-58 μg g^{-1} まで高めた 3 品種が育成されており（Stommel，2001），46-48 g〈これら 3 品種の果実重は 56-80 g なので 1 個弱〉を食べれば，ゴールデンライス 72 g を摂取したのと同じ量の β-カロテンが摂取できる計算になる。そこで，ビタミン A 欠乏症を解消する手段としてインドなどでは β-カロテン含量の高いトマトの育種が行われ，70 μg g^{-1} のトマトの育成に成功している（Garande と Patil，2014）。

　遺伝子組換えを推進する研究者の多くが認めているように，絶対安全な科学技術などありえず，新しい技術が出現すると，人々はそれがもたらすリスクと利点を比較し，多少のリスクがあっても利点の方が大きいと感じた場合に初めて技術を受け入れる（Lemaux，2008）。この点について，生命倫理の面からさまざまな提言をしているナフィールド財団（Nuffield Council on Bioethics，2004）は，発展途上国での遺伝子組換え作物の利用について，予防原則の立場に立って行動する場合と行動しない場合についてリスクと利益とを評価してケースバイケースで議論し，どうすべきかを決めるべきであると述べている。また，科学の進歩による新しい知見を踏まえて常に見直しを行い，時には判断の修正を行うべきであると述べているが，これらの提言は遺伝子組換え問題を考える上で参考となるものである。

　パールバーグ Paarlberg（2010）は，① 遺伝子組換え技術を使った医薬品の製造に反対する人が少ないのは，組換え体が環境中に流出しない閉鎖環境下で生産されていることもあるが，消費者がそれら医薬品を使うことによって大きな恩恵を受けているからである，② 除草剤耐性や病害虫抵抗性などを目的に作られた遺伝子組換え作物を消費することで消費者がメリットを実感することはほとんどないとし，このことが，少なからぬ消費者が遺伝子組換え技術に反対する理由なのではないかと考察している。発展途上国を中心に急増する人口を養うためには，収量増加を図ると同時に，不良環境でも作物栽培を可能にする必要があり，そのために遺伝子組換えは必須の技術である

VII. 遺伝子組換えは必要な技術か

とする研究者も多い（Borlaug, 2000）。しかし，サンチェス Sanchez（2002）も指摘しているように，土壌肥沃度が低下した場合に遺伝子組換え作物は十分その能力を発揮できないとされるので，遺伝子組換えによって全ての問題が解決すると考えるのは楽観的に過ぎる。けれども，今後，遺伝子組換え技術を使うことによるリスクよりも，使わないことによるリスクの方が大きいという事態が起こるかも知れない。これらの点を考えると，遺伝子組換え技術そのものを全面的に受け入れるのではなく，また全面的に拒否するのでもない選択肢，すなわちケースバイケースで遺伝子組換え作物のリスクと利点を評価し，さらにその遺伝子組換え作物を栽培することの重要性，必要性についても十分議論を尽くすべきではなかろうか。

第3章　植物としてのトマト

　私たちが何かを食べたときに味を感じるが，これは異なった五つの味覚の受容体の働きによる。五つの味覚とは，甘味，酸味，苦味，塩味，旨味で，このうち「旨味受容体は，タンパク質の基本構成要素であるアミノ酸の一つ，グルタミン酸を検出する」が，トマトはこの「旨味に満ちている」(マッケイド，『おいしさの人類史』より引用)。

Ⅰ．茎葉の成長

1．葉原基の分化と側枝の発達

　トマトの茎頂部分では次々に葉原基が分化しており，この葉原基はやがて葉に発達する。一般に高温，多日照の条件下では葉原基の分化速度が速く，25℃では 8,600 lux 下で 1 日当たり 0.47，17,200 lux 下で 0.55 の葉原基を分化する (Hussey, 1963)。一方，コールマン Coleman とグレイソン Greyson (1976) は異なる時期にトマトを栽培し，平均温度 18-23℃の範囲では温度が高いほど葉原基の形成速度が速く，23℃では 1 日当たり 0.405 の割で葉原基が分化することを確かめている。

　トマトは葉原基を 7-11 分化すると (本葉を 2-3 枚展開すると)，茎頂分裂組織が隆起して扁平となり，花序分裂組織が分化する (Heuvelink, 2005)。花序分裂組織は第 1 花の原基を分化すると，その側下方に第 2 花，第 3 花と順次花芽を分化し，花序分裂組織直下の葉の葉腋に腋芽を分化する。この腋芽は，それより下方の葉腋に分化する腋芽とは異なり，直ちに伸長する。トマトの茎はまっすぐ伸びているように見えるが，第 1 花房以降は花房直下の腋芽が発達した側枝 (仮軸) である。腋芽の成長によって花序は側方に押しのけられ，花序分化の直前に分化した葉 (花房直下葉) の基部は腋芽と一緒に伸長する

第3章　植物としてのトマト

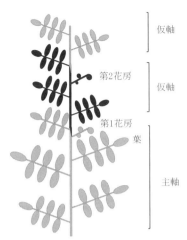

第3-1図　トマトの茎葉と花房の発達
第1花房分化までの茎（主軸）とそれ以後に発達する仮軸。
主軸と各仮軸は色分けして示した。

（VegettiとPilatti，1998）。このため，通常の品種では花房直下葉が花序の上に位置することになる（Heuvelink，2005）（**第3-1図**）。

　ウエントWent（1944b）はサンホセキャンナー（Sun Jose Canner）という品種を使った実験の結果から，主軸に13-17枚葉を分化すると花序が分化し，仮軸では4-5枚葉を分化すると花序を分化すると述べている。しかし，通常の栽培種では，管理さえよければ3枚おきに，ほぼ無限に花序を分化させる（Pnueliら，1998；QuinetとKinet，2007；SamachとLotan，2007）。その結果，同一の個体から1年以上にわたって収穫を続けることも可能である。しかし，トマトの中には仮軸を何回か形成すると，次の仮軸として発達する腋芽を形成しなくなるもの（*self-prunig, sp*）がある（Yeager，1927）。このようなトマトは有限伸育型または心どまり型のトマトと呼ばれる。有限伸育型は通常2枚葉を分化して次の花序を形成するが，仮軸形成を繰り返すと，形成する葉の数は減り，やがて花房を連続的に形成して伸長を停止する（Pnueliら，1998）。無限伸育型のトマトの茎頂分裂組織では*SP*遺伝子が発現し，葉原基の分化能が維持されるが，*SP*遺伝子の劣性ホモ突然変異体 *sp* では葉の代わりに花を分化し，仮軸の形成が止まるとされる（Pnueliら，1998）。有限伸育型のト

I．茎葉の成長

マトは草丈が低いので，無支柱で栽培することができる（第4章Ⅵ節を参照）。また，早期分枝性 *Lp* 〈*Lp* は子葉の腋芽が発達し，他の腋芽も早期に伸長を始める突然変異体ならびにその遺伝子（Cambell and Nonnecke, 1974）〉遺伝子を持たせることによって花数を増やすとともに，分枝上の果実をほぼ同時に成熟させることができるようになるので，栽培に経費や労力をかけることのできない加工用トマトの栽培では，このタイプのトマトが栽培される（伊藤ら，1990；Ozminkowski ら，1990）。加工用トマトの大産地であるカリフォルニア州では，過去 50 年間に加工用トマトの収量が倍増したが，この収量増加をもたらした要因の一つは 1960 年代に無限伸育型のトマトを手収穫する方式から有限伸育型のトマトを機械収穫する方式に変化したことの他，早期開花性，着果性，草型，光合成能，窒素吸収などの改良が行われ，その結果，特に 1975 年以降，収量は大幅に増加したとされる（Barrios-Masias and Jackson, 2014）。なお，草型は草姿とも言い，側枝の分岐角度，葉の大きさや茎への付き方などによって決まる植物体の形〈立性，開帳性など〉のことである。

2．葉の配列

葉（葉原基）の配列には規則性があり，これを葉序という。葉序は，葉が茎の同じ節〈葉や芽の着生部位のことを節，節と節の間を節間という〉に何枚付くかによって互生（1枚），対生（2枚），輪生（3枚以上）に分けられる。この中では互生のものが最も多く，その中でも葉が茎の周りに順に螺旋状に形成されるものが多い〈これを螺生葉序という。以下，互生葉序という語は，次の葉が前の葉と正反対の位置に形成される互生葉序に限定して使用する〉。螺生葉序を示す植物において，茎頂分裂組織を横断するように顕微鏡切片をつくると，分裂組織の周囲に大きさの異なる葉原基が観察されるが，これらの葉原基の中心と茎頂分裂組織を結んで，時計回りと反時計回りに数本の線を描くことができる（**第3-2図左**）。葉序はこの時計周りと反時計回りの線の数を＋で結ぶことによって表され，花芽分化前のトマトでは 3+5 となる。葉序は，植物の種類によって決まっており，2+3，3+5，5+8 など，フィボナッチ Fibonacci 数列の数字の組み合わせとして表すことができる（Steeves と Sussex, 1989）。フィボナッチ数列とは，1，1，2，3，5，8，13 というように，その

第 3 章　植物としてのトマト

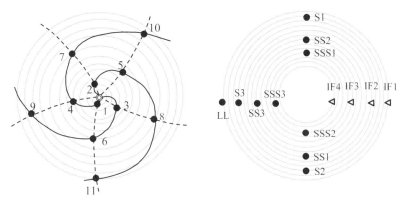

第 3-2 図　トマトの葉序
左は第 1 花房分化まで，右は第 1 花房分化後の葉序を示す．
●，葉原基で数字は葉原基の順序；◎，茎頂分裂組織；◁，花序；円は節；
実線は時計回り，破線は反時計回りに葉原基を結んだ線を示す．
IF1～IF4 は第 1～4 花房，LL は第 1 花房直下の葉，S1～3 は 1 番目の仮軸の
葉原基，SS1～3 は 2 番目の仮軸の葉原基，SSS1～3 は 3 番目の仮軸の葉原基
を示す（それぞれ，1，2，3 の順で分化する）．

数列のある数字はその前 2 つの数字の和になる数の並びのことである．この数列の隣り合う 2 つの数字の比（2：3 = 1：1.5，3：5 = 1：1.667，5：8 = 1：1.6，8：13 = 1：1.625，13：21 = 1：1.615，……）は最も美しい比率と言われる黄金比（≒ 1：1.618）に収束する（イアン・スチュアート，1996）．葉原基がこのように規則正しく配列する理由は，茎頂におけるオーキシンの濃度勾配によって次のように説明される（Stiegerら，2002）．① 他の部分から運ばれたオーキシンが茎頂の特定の部位に蓄積すると，やがてその部位に葉原基が分化する，② 成長を開始した葉原基はオーキシンを引き寄せる力が強く，この葉原基の周囲ではオーキシン濃度が低下する，③ このため，次の葉原基はある程度離れた位置に形成される．どの程度離れた位置に次の葉原基が形成されるかは，茎頂の大きさや節間の長さの影響を受け，小さな茎頂と大きな茎頂とでは葉序が異なることが明らかにされている．ウエント Went（1944b）はトマトでは第 1 葉と第 2 葉が互生し〈正反対の位置に形成され〉，第 3 葉と第 4 葉も時に互生することがあると述べているが，これは成長初期の段階では茎頂が小さいために 3+5 ではなく互生葉序〈敢えて同じように表せば，1+1

の葉序〉になったと考えることができる。

　第1花房が分化した後に形成される仮軸では互生葉序になる。仮軸の葉数が3枚の場合，花房から見て左右90度の位置に葉が2枚分化し，3枚目の葉は花房の反対側に分化し，その反対側〈前の花房の着生位置〉に次の花房が分化する（**第3-2図右**）。したがって，第1花房分化までの葉序が3+5葉序だとすると，仮軸上では葉序も変化する。薄上（1964）は，互生葉序はトマト植物の成長を通じて見られ，第1葉と第2葉の着生位置から90度回転した位置に第3葉と第4葉が互生し，その後はこのパターンを繰り返すと述べている。宍戸ら（1988）は薄上の観察結果を支持し，トマトの葉序は葉が2枚ずつ互生するコクサギ型葉序の1種だと述べている。このように考えれば，第1花房分化前後で着生方向は右回りから左回り，あるいは左回りから右回りへと変化するが，葉序そのものの変化を考えなくてもすむ。しかし，薄上（1964）や宍戸ら（1988）の見解は少数派である。なお，花成が起こった後に葉序が変化する例は他の植物でも報告されている（Reinhardt, 2005）。

3．葉の表面構造

　多くの被子植物の表面は毛で覆われている。これらの毛は表皮細胞が変化した突起状の構造で毛，毛状突起，毛茸(もうじょう)，トライコーム（trichome）などと呼ばれる〈本書では園芸学会編，『園芸学用語集・作物名編』（2005）に従って毛と呼ぶ〉。毛には様々なタイプがあり，トマトの場合には毛の基部，柄，先端の形態や分泌腺の有無によって以下の8つのタイプに分類される（Luckwill, 1943）。このうち，どのタイプの毛を持つかは種によって異なる。

① タイプ1：6から10細胞からなる2-3mmの毛で，基部は球状で多細胞，先端部は小さな球状の腺毛細胞
② タイプ2：タイプ1と同様であるが，非腺毛で小さい（0.2-1mm）。基部は球状で多細胞。
③ タイプ3：非腺毛タイプの毛で，4-8細胞で構成され，0.4-1.0mm。基部は単一の平台。外壁には細胞の仕切りがない。
④ タイプ4：タイプ1の毛に似ているが，短く（0.2-0.4mm），先端は腺毛細胞である。毛の基部は単細胞で平ら。

⑤ タイプ5：高さと幅の点でタイプ4に近似しているが，先端は非腺毛細胞。
⑥ タイプ6：幅広で短い毛を持つ。柄の部分は2細胞，先端は4つの腺毛細胞から構成される。
⑦ タイプ7：先端部は4-8の腺毛細胞で構成される非常に小さな毛（0.05 mm）。
⑧ タイプ8：基部は1細胞，先端部は傾いた1つの非腺毛細胞から構成される毛。

　腺毛細胞には，通常の細胞では大量に蓄積することのできない親油性成分であるテルペンや精油が蓄積され，その表面からこれらの物質が分泌される（Wagner, 1991）。マクダウエル McDowell ら（2011）は，栽培種，ハブロカイテス（*S. habrochaites*），ペンネリイ（*S. pennellii*），アルカヌム（*S. arcanum*），ピンピネリフォリウム（*S. pimpinellifolium*）についてタイプ1, 4, 6, 7の毛の腺毛細胞に含まれる代謝産物を網羅的に調べているが，それによると，種や毛のタイプによって含まれる成分に違いがある。すなわち，① タイプ1と4の腺毛に含まれるアシル糖はハブロカイテスではアシルスクロース，ペンネリイではアシルグルコースが多い，② 栽培種ではどちらの濃度も低いが，どちらかと言えばタイプ1の腺毛ではアシルグルコースが多く，タイプ6の腺毛ではアシルスクロースが多い，③ ハブロカイテスのタイプ7の腺毛のみはトマチンが含まれることを明らかにし，これら成分の違いは種の分類結果とも一致すると述べている。これらの分泌物は病害虫に対する抵抗性に関与していることが知られている。例えば，ゴフレーダ Goffreda ら（1988）はタイプ4の毛を持つペンネリイ（*S. pennellii*）とそれを持たない栽培種のトマトの葉の裏面にチューリップヒゲナガアブラムシの老齢幼虫を付け，アブラムシが葉に口針を差し込むまでの時間，差し込んでいる合計時間を比較したところ，タイプ4の毛を持つペンネリイでは口針を差しこんでいないアブラムシの割合が高く，また初めて口針を差し込むまでの時間が長いことを明らかにし，アブラムシによるウイルス感染力は数十分で失われるので，ペンネリイはアブラムシの被害を受けにくいとしている。グラス Glas ら（2012）は，育種や遺伝子組換えによって毛の成分を変化させ，植物の耐病性，耐虫性を高めることができるようになるであろうと述べている。

II. 花　成

　トマトは，日長条件によって花成が影響を受けない中性植物とされる。しかし，品種によっては，短日条件下で花成が早まるもの〈これを量的短日植物という〉があることが明らかにされている。例えば，ビットバーWittwer（1963）は気温18℃の長日条件下におくと，第1花房下の葉数が増えると述べている。また，短日植物は夜間に電照を行うと，花成が抑制されたり，遅延したりするが，トマトでも同様の現象が見られることを明らかにしている。第1花房が分化するまでに形成される葉原基数（葉数）は，葉原基の分化速度と花成誘導（第1花房分化）までの日数によって決定される（Heuvelink, 2005）。葉原基の分化速度が同じでも，花成誘導までに多くの日数を要する場合には，花房下葉数が増加する。反対に第1花房分化までの日数が同じでも，葉原基の分化速度が速ければ，花房下葉数は多くなる。子葉展開後の10日間は温度感受性が高い時期で，この期間が低温，多日照だと葉原基の分化速度が上昇し，花成誘導に要する日数が減少する。しかし，葉原基の分化に比べ，花成誘導に及ぼす影響の方が大きいために花房下葉数は減少する（Heuvelink, 2005）。小田Odaら（2005）はトマト桃太郎で夜温が12.5-25℃の範囲では温度が高いほど花房下葉数が増えるが，開花は17.5℃の時に最も早くなることを報告し，花房下葉数が増え，開花が遅れるのを防ぐために夏の育苗は高冷地で行うのがよいと述べている。

　トマトの花序は集散花序，ときに総状花序とされる。集散花序とは有限花序〈花軸の先端に花原基を分化し，その後下方に向かって花原基を分化していくもの〉の一種で，最初に花序の先端に花芽が分化し，花柄（peduncle）またはそれが分岐した小花柄（pedicel）に次の花芽が分化していくもので，開花の順序もこれに従う（**第3-3図A**）。一方，総状花序とは無限花序〈花軸の基部から上方に向かって花原基を分化していくもの〉の一種で，花芽は花軸の頂端に分化せず，花軸の下方から上方に向かって次々に分岐してくる枝（花柄）の先端に花芽が分化する（**第3-3図B**）。開花の順序も下方から上方に進む。前述したように花序分裂組織は第1花の原基を分化すると，その側下方に第

2花,第3花と順次花芽を分化していくことから,当初,トマトの花序は集散花序と考えられた(SawhneyとGreyson,1972；Chandra SekharとSawhney,1984)。しかし,走査電子顕微鏡を用いた観察によって,花序分裂組織は二つに分岐し,一方が花芽の原基に,他方は花序分裂組織となり,花序分裂組織は先の分裂面とは直角に分岐を繰り返していくことが明らかにされた(**第3-3図C**)。花序分裂組織が花芽で終わらず,維持され続けることから,キネQuinetら(2006),キネQuinetとキネットKinet(2007)は総状花序と結論した。これに対して,ウェルティWeltyら(2007)は,① 総状花序のように花芽原基が花柄の側部に形成されないこと,② 花序原基は二つに分岐し,一方は花芽原基,他方は花序原基になるという点に特徴があるとし,トマトの花芽は典型的な集散花序ではなく,無限花序の性質を持った集散花序であると考えるのがよいとした。

第1花房出現後,通常,3節ごとに次々に花房が形成される。春作の温室トマトについて3か年の成長データと気温データの解析から,次の花房が開花するまでの間隔は平均気温が高いほど短くなり,20℃の時には1日当たり

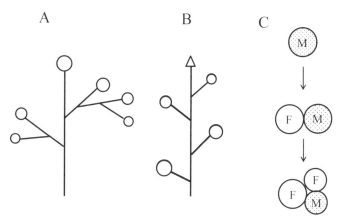

第3-3図 集散花序,総状花序とトマト花序の発達(模式図)
A. 集散花序(○は花原基,大きいものほど早く分化したことを示す；縦線は花軸,斜線は花柄とそれが分岐した小花柄を示す)
B. 総状花序(△は茎頂分裂組織,○は花原基を示す)
C. 花序の発達過程；Mは花序分裂組織(上),これがMとF(花原基)に分裂(中),さらにMがFとMに分裂していく(下)

0.153花房と推定された（PékとHelyes, 2002）。デ・コーニングDe Koning（1996）も同様の実験から20℃では1日当たり0.14花房が形成されると推定している。ウェルティWeltyら（2007）がピンピネリフォリウム（*S. pimpinellifolium*）の1系統と中玉～大玉系の栽培種4品種で1花房あたりの花数を調べたところ，ピンピネリフォリウムが19.7，栽培種は子室数が非常に多い品種ピアソン（Pearson）の2.8花を除き4.1-7.1花であった。これに対して，ミニトマトでは1花房あたり18-40の花が咲く（太田ら，1987）。最低気温を通常の16℃よりも低い12℃に設定するか，若い展開中の葉を取り除くと第1花房の花数は増加し，ジベレリンを散布すると減少することが知られており（AbdulとHarris, 1978），遺伝的要因だけでなく環境条件や植物体の条件によっても花数は変化する。花が開花する間隔はピンピネリフォリウムでは平均0.91日，栽培種はピアソン（2.6日）を除き，1.4-1.5日である（Weltyら，2007）。シャオXiaoら（2009）はピンピネリフォリウムでは第1花が開花した翌日に開花するものが70%，当日に咲くものが29%であり，2番花以降も16番花までは70%が翌日開花することを明らかにしている。

　植物遺伝学やゲノムの研究でモデル植物として利用されるシロイヌナズナは，長日，春化処理〈開花を促進させるために一定期間，冬と同程度の低温に遭遇させること〉，植物ホルモンであるジベレリン，成長段階などを感受する経路があり，これらの経路で感受されたシグナルが最終的には*FT*（*FLOWERING LOCUS T*）遺伝子に統合されて花成が起こることが明らかにされている。また，FTタンパク質は葉で合成され，茎頂部分に移動することが確かめられたため，古くから存在が仮定されていたフロリゲン（花成ホルモン）であるとされる。トマトにはこの*FT*遺伝子と相同性の高い塩基配列を持つ*SFT*（*SINGLE FLOWER TRUSS*）遺伝子と*SFT*遺伝子に対して強力な拮抗作用を示す*SP*（*SELF PRUNING*）遺伝子が存在することが明らかにされている。仮軸における花成は*SFT*と*SP*の発現の比によって決まるが，第1花房の花成には*SP*はほとんど効果を示さず，*SFT*が重要な影響を与えていると考えられている（LifschitzとEshed, 2006；Shalitら，2009；Lifschitzら，2014）。*SFT*遺伝子の劣性ホモ突然変異体は花房あたりの花数が1ないし2と少なく，開花時期が遅れる突然変異体として知られる（Kerr, 1982；Molinero-Rosalesら，2004）。これに対し，

SP 遺伝子の劣性ホモ突然変異体は心止まり性を示す（本章 I 節 1 を参照）。

III．開花と受粉

　開花の数日前になると，それまで閉じていた萼片が先端から離れ，花弁の色も黄色味を帯びてくる。その後，花弁は急速に伸長して外側に開き，花柱が薬筒の先端部から外に現れる（Xiao ら，2009）。開花時（花弁が開いた時）には薬が縦裂して花粉が放出されるので（Brukhin ら，2003），花柱の成長が遅いものでは柱頭が薬筒中を伸びる過程で花粉が付着することになる（Rick, 1978；Rick, 1995）。反対に，花柱の成長が早く，開花時には既に柱頭が薬筒を抜け出している品種・系統も存在するが，このように柱頭が突出する形質は後述するように他家受粉にとって有利とされる。

　栽培種やピンピネリフォリウム（*S. pimpinellifolium*）の花は自家受精を行なうのが普通である。ジョーンズ Jones（1916）は，蕾の時に袋かけをして何もしないと結実しないが，花を振動させると果実が発達することを明らかにし，トマトでは振動によって花粉が放出され，自家受粉が起こることを実験的に明らかにした。また，草丈が短いという形質（矮性）は劣性形質で，普通品種と矮性品種が交雑した F_1 種子を播種すると，発芽してくる個体はすべて普通品種と同じ草丈になることに着目し，矮性品種と普通品種とを混植し，矮性品種から種子を取って F_1 個体の表現型を調査した。その結果，他家受精の頻度は 2% 程度であることが明らかになった。一般に，花柱の成長が遅いことは自家受粉に有利な性質と考えられており，レスリー Lesley（1924）によれば，花柱が長く伸びる品種の他家受粉の割合は 5% であるのに，短い品種の他家受粉の割合は 0.6% と低い。ジョージアディ Georgiady とロード Lord（2002）によれば，他家受精を行なうピンピネリフォリウム（*S. pimpinellifolium*）の系統では自家受精を行なうものよりも花，花弁，花柱などが大きいが，これは細胞数の差によるもので，自家受精を行なう系統では細胞分裂が早く停止することが明らかにされている。

　トマトの花は蜜を作らないので，ミツバチの訪花は少ない。しかし，風によって薬が振動すると，花粉が薬から出て受粉が起こる（Benton, 2007）。温

室内では風がないため,花粉の放出を促進させるために週に2-3回,花を振動させるか,マルハナバチを放餌する。マルハナバチは花粉を集める際,花弁にとまって葯筒を噛み,花粉を採集するが,その際,花を振動させる。この振動によって花粉が飛び散り,受粉が起こる〈振動受粉という。マルハナバチの利用については4章VII節を参照〉。トマトの花粉が成熟し,葯から放出されるのは開花期になってからであるが(Brukhinら,2003),その1ないし2日前には雌蕊は受精能力を持っている(Ozores-Hampton, 2015)。高橋と竹田(1981)も開花〈彼らは花弁が完全に開いて反り返った状態を開花としている〉の2日前に花粉が柱頭につくと,花粉管は花柱内を伸長して受精が起こると述べている。受精が起こるのは開花後4日目ぐらいまでで,それ以降に受粉させても受精は起こらない(高橋と竹田,1981;Heuvelink, 2005)。

IV. 果実の成長

トマトの果実は,子房壁が発達した果肉〈植物学的には中果皮と内果皮〉と胚珠が発達した種子で構成される漿果(液果)である。子房は2ないしそれ以上の心皮が合着したもので,子房の中央の軸の周囲に胚珠が付着して胎座として発達する。心皮とは雌蕊を構成する要素で,特殊な分化をして胚珠をつけるようになった葉と考えられている。受粉・受精後,種子が形成されると,子房壁の部分が肥厚して果肉となり,心皮で囲まれた子房内の小さな空所(子室)には種子と種子を包むゼリー状の物質が形成される。ゼリー状の物質は胎座の細胞に由来する。

花粉は柱頭に付着すると伸長を始め,25℃では12時間で珠孔に到達し〈Karapanosら(2008)のDempsey(1970)の引用による;しかし,Dempseyの論文では20℃で受粉後12時間,25℃では受粉後10時間で珠孔に到達,受精が起こるというデータが示されている〉,20℃では受粉後18時間から受精が始まり30時間以内に完了する(Iwahori, 1966)。受粉・受精が起こると,子房が肥大を始めて果実に発達する。しかし,ジベレリンやオーキシンを与えると,受粉・受精をしなくても子房が発達して果実になる(Serraniら,2007)。このように受粉,受精をせずに果実に発達する現象を単為結果という。ラノリン

に混ぜたオーキシンを小花柄に塗布すると，単為結果が促進され，たねなし果実ができることが1936年に明らかにされ（Gustafson，1936），その後，オーキシンの中ではパラクロロフェノキシ酢酸，パラクロロフェノキシプロピオン酸，2，4-ジクロロフェノキシ酢酸，β-ナフトキシ酢酸などで大きな効果が認められることが確認された（Murneekら，1944；ZimmermanとHitchcock，1944）。ところで，南欧では冬の寒さはそれほど厳しくないので，簡易な施設を用い，場所によっては無加温でトマトを栽培することもできる。このような低温条件下ではトマトは単為結果を起こしやすく，たねなしの果実ができるが，種子が形成されないと，着果しても果実の肥大は抑制される。このような場合でもオーキシンを散布すると，子房壁の肥大が促進され，トマト果実は市場出荷できる程度にまで肥大するが（AbadとMonteiro，1989），ゼリー部の発達が悪く，子室に空隙ができた果実（空洞果）の発生率が高まる（Kepcka，1966）。一方，高温下でもトマトの着果が不良となるが（Daneら，1991；Abdul-BakiとStommel，1995），この場合もオーキシンの散布によって着果不良を抑えることができる（JohnsonとHall，1953）。なお，高温下でオーキシンを散布すると空洞果が発生しやすくなるが，ジベレリンを混用することによって空洞果の発生を抑えることができる（Sasakiら，2005）。

　極端な温度条件下では，花粉の稔性が低下し，受粉させても着果不良となり，果実肥大も劣ることが多い。そこで，着果と果実肥大を促進するために合成オーキシンであるパラフェノキシクロロ酢酸〈4-CPA，商品名トマトトーン〉などを散布して単為結果させるのが一般的である。しかし，合成オーキシンの散布は手間がかかるので，単為結果性は育種目標の一つとされてきた。単為結果性の遺伝子には *pat*，*pat-2*，*pat-3/pat-4* があるが（Gorguetら，2005），*pat* 遺伝子は温度条件に関わらず単為結果するものの葯が短く，奇形になり，果実も小さいという欠点がある（Mazzucatoら，1998）。これに対し，*pat-2* は *pat* とは独立に作用する遺伝子で（PhilouzeとMaisonneuve，1978），反復親を選べば〈反復親を戻し交配して *pat-2* 以外は反復親の遺伝子構成に近づける過程で〉，果実は反復親と遜色のない大きさに発達する（Gorguetら，2005）。愛知県農業総合試験場の菅原ら（2002）は2000年に *pat-2* 遺伝子を利用して単為結果性品種ルネッサンスを育成した。また，春季，初夏季，秋季，冬季にルネッ

サンスと桃太郎ヨーク（対照）を栽培し，① 放任した場合，桃太郎ヨークは春季で50%，冬季で100%が発育不良果となり，初夏季にはほとんどが正常果として発達するものの着果率は56%と低いこと，② 振動受粉した場合，冬季の着果率は96%と高いが，70%が発育不良果であったこと，③ ルネッサンスはいずれの季節でも着果率が高く，発育不良果も発生しないことを明らかにし，単為結果性品種の有利性を明らかにした（大川ら，2006）。2012年には，サカタのタネがルネッサンスの課題である果実の大きさや日持ち性を改善したパルトという単為結果性品種を開発，販売を始めた。今後，労力削減やコスト低減の要求が高まると予想されるので，単為結果性品種はさらに増えていくと考えられる。ところで，$pat\text{-}2$を持つ単為結果性のトマトでは，通常の品種と同様に胚珠が形成されるが，多くは途中で発育を停止するため，1果当たりの種子数が大きく減少する（Johkan, 2010）。このため，単為結果性品種では採種量を増やすことが課題であるが，淨閑 Johkan ら（2010）は，果実をアンチオーキシン〈パラクロロフェノキシイソ酪酸〉溶液に浸漬すると，1果当たりの種子数が13から74〈非単為結果性品種は152〉に増加することを明らかにしている。一方，大川 Ohkawa ら（2012）は，ジベレリンの生合成阻害剤であるパクロブトラゾールを土壌に灌注すると，1果当たり種子数が12から74に増加することを明らかにした。また，ルネッサンスの種子親である PASK-1 にパクロブトラゾールを処理〈薬液を土壌に灌注〉し，花粉親である PF811K の花粉で交配をしたところ，パクロブトラゾール処理をしない場合に比べ，種子数は21から45-46に倍増することを確認している。

　トマトの子室は心皮が湾曲してできるので，子室数は心皮数（2ないしそれ以上）と同じである。大きな果実ほど子室数が多くなる傾向がある。子室が少ない場合には，横に切った時に各子室を明瞭に区別できるが，子室が多くなると子室が入り組み，また果実が変形しやすくなる（太田ら，2002）。

　通常，果実の大きさは種子の数に比例するので，受粉・受精は果実の成長にとって重要な過程である。果実重や果実の大きさはゴンペルツ Gomperz 曲線〈S字型の成長曲線で時間とともに一定値に近づいていく〉に従って増加する（Adams ら，2001；Bertin, 2005）。開花後10日ないし14日程度は細胞分裂が盛んであるが，やがて分裂活性が低下し，以後は細胞が肥大することによっ

て果実が大きくなる（Bünger-KiblerとBangerth，1982；Gillaspyら，1993；De Jongら，2009）。通常の細胞分裂では核内のDNA含量が増加し，その後，細胞分裂が起こって二つの娘細胞ができるが，核内倍化といって細胞の分裂を伴わずに核内のDNA含量が増加することがある。核内倍化は多くの動植物で観察され，細胞の大型化には核内倍化と液胞の発達が関係しているとされる。トマト果実の肥大過程でも核内倍化が起こるが，倍化の程度と細胞の大きさや果実の大きさとの間には必ずしも関連が見られない。例えば，ミニトマトと大型のトマトの間で倍化の程度や細胞の大きさに大差はなく，これらの果実の大きさの違いは細胞数の違いが原因と考えられている（Bertin，2005）。

V．果実の成熟

25℃下では開花後35-40日程度，20℃下では50日程度経過すると，果実重（サイズ）はほぼ最大となる（Adamsら，2001）。この段階では果実は緑白色で，まだ着色していないので，この発育段階の果実は緑熟果と呼ばれる。緑熟果はその後，色，糖や酸などの内容成分，香り，風味，肉質などに大きな変化が起こり，食用に適した状態になる。このような一連の過程を成熟という。温度は果実成長や成熟に重要な影響を及ぼす要因である。昼夜一定の温度条件下でトマトを栽培した場合，18-22℃の生育適温下では14℃，26℃下に比べ，果実の肥大が促進されるが，成熟は22，26℃下で早く，それよりも温度が低下すると遅れ，14℃下では22℃の倍以上の日数を要する（Adamsら，2001）。果実だけを15，20，25℃のチャンバーに入れて開花から成熟までの日数を調べたところ，それぞれ97.4，56.6，42.3日であり，温度と成熟日数の関係は植物体全体を一定温度に置いた場合と差が認められなかった（Adamsら，2001）。したがって，果実温度が成熟の早晩を決めていると考えられる。

成熟に伴う色の変化についてみると，未熟な果実は葉緑体のクロロフィルによって緑色を呈するが，成熟の初期段階においてクロロフィルが分解され，果色は緑色から白色へと変化する。その後，果頂部がわずかに赤く着色し始

める催色期を過ぎると，リコペン含量が急増し，果色はオレンジ色から濃い赤色へと変化していく（Kozukue and Friedman，2003）。果実にはクロロフィルが含まれるため，果実自身も光合成を行う。未熟果では流入する光合成産物の約15%は果実で作られた光合成産物によるものと推定されており，特に北欧など日射の弱い地域では果実光合成の寄与が大きいとされる（Hetherington ら，1998）。トマトは U (*Uniform ripening*) という遺伝子の働きで果実の肩部（小果柄付着部と赤道部の間）に成熟後期まで緑色が残る性質を持っているが，この遺伝子に突然変異を起こした劣性ホモ個体（*uu*）では，未熟果の色が淡緑色となり，成熟果は均一に赤く着色するようになる（Butler，1952）。アメリカでは1930年に初めて，この遺伝子を劣性ホモに持つ品種が育成されたが（Yeager，1935），外観が優れることから現在では，ほとんどすべてが*uu*を持つ品種になっている。しかし，劣性ホモ個体では，果実で作られる光合成産物が減少するため，果実の可溶性固形分，糖，リコペン含量が低下するなど果実品質が犠牲になっていると考えられている（Powell ら，2012）。

トマト果実に含まれる乾物のおよそ50%は糖で，果実発育初期の主要な糖はグルコース（ブドウ糖）とフルクトース（果糖）で，その割合は1.8：1であるが，発育が進むとともにフルクトースの割合が増え，成熟果ではグルコースとフルクトースの比は1に近づく（Perto-Turza，1986）。一方，果実に含まれる有機酸は乾物の約15%を占め，クエン酸とリンゴ酸が主要な酸である。子室（ゼリーの部分）の方が果肉部分よりも酸含量が高い（Ho と Hewitt，1986）。果実の肥大期から催色期まで酸含量（滴定酸度）は上昇するが，その後は減少する（Stevens，1972）。これは，リンゴ酸は緑熟期以降低下するが，クエン酸は催色期まで上昇することを反映している。なお，滴定酸度とは，果汁などを中和するのに必要なアルカリの量から求めた値で，トマトの場合にはクエン酸に相当する量として表示する。一方，旨味成分とされるグルタミン酸（マッケイド，2016）は緑熟期から赤熟期まで上昇を続ける（Stevens，1972）。

トマトの香気成分として400種以上が同定されているが，トマトの風味を決める上で重要な役割を果たしているのは，生の果実ではシス-3-ヘキセナール，トランス-2-ヘキセナール，ヘキサナール，シス-3-ヘキセン-1-オール，

第 3 章　植物としてのトマト

トランス,トランス-2, 4-デカジエナール,6-メチル-5-ヘプテン-2-オン（Petro-Turza, 1986）,β-イオノン,シス-3-ヘキセノール,2-イソブチルチアゾール,ゲラニルアセトンなど（Butteryら,1987）,熱処理をしたトマト加工品ではジメチルスルフィド,アセトアルデヒドなど（Petro-Turza, 1986）である。ボールドウィンBaldwinら（1991）は,トマトの成熟過程でシス-3-ヘキセノール,シス-3-ヘキセナール,トランス-2-ヘキセナール,6-メチル-5-ヘプテン-2-オン,2-イソブチルチアゾールなどが上昇することを明らかにしている。また,Hayataら（2002）は,ハウス桃太郎の香気成分を調べ,ヘキサナール,シス-3-ヘキセナール,トランス-3-ヘキセナール,トランス-2-ヘキセナール,6-メチル-5-ヘプテン-2-オン,およびβ-イオノンは桃熟期に比べ,赤熟期で急激に増加することから,これらの成分がトマトの風味に重要な影響を及ぼしていると推論している。中でも,酸っぱい香りの成分とされるシス-3-ヘキセナールは量も多く,催色期に急増すること,また甘い果実の香りの成分とされる6-メチル-5-ヘプテン-2-オンは催色期に比べ,桃熟期に急激に増加することを明らかにし,青臭さの消失や果実の香りの発現に対する,これらの成分の関与を指摘している。

　トマトの場合,成熟に伴ってペクチン分解酵素の一つであるポリガラクツロナーゼの活性が高まり,果実が軟化する。成熟現象に伴うこれらの変化には,呼吸やエチレン生成の上昇が関連している。キッドKiddとウェストWest（1945）はリンゴで果実発育の後期に呼吸が一時的に急激に上昇してピークを示すこと〈クライマクテリック上昇という〉,またピークの直後に食用に適した状態になること,さらに呼吸だけでなく,エチレン生成も上昇してピークを示すことを明らかにした。トマトの場合,緑熟期からエチレンの生成量が急上昇するとともに呼吸量も上昇し,果実がピンク色に着色する頃にピークを示す（Giovannoni, 2004）。このようにトマトはクライマクテリック上昇を示す果実であり,この上昇にはエチレン合成酵素の二つのアイソザイム〈ACS2とACS4；タンパクの構造は異なるが,酵素としての働きはほぼ同じ酵素をアイソザイムという〉が関連しており（Barryら, 2000）,エチレン合成が抑制される突然変異体の*rin*ではACS2とACS4の発現が抑制され,果実はゆっくりとオレンジ色に色づき,赤く成熟しない（Oellerら, 1991）。また,エチ

レン合成が抑制される突然変異体（*rin* や *nor*）ではクライマクテリック上昇が認められず，カロテノイド合成の鍵酵素であるフィテン合成酵素遺伝子，細胞壁の分解に関わるポリガラクツロナーゼ遺伝子やエクスパンシン遺伝子の発現が低下し，（Hoogstrate ら，2014），受粉後 120 日経過してもエチレンの生成量は低く抑えられ，黄色にしか着色しない（Robinson と Tomes，1968）。*rin* や *nor* の芽生えにエチレンを作用させると芽生えはエチレンに特有の反応（暗黒下で育てた芽生え胚軸の伸長阻害，胚軸の肥厚，水平方向への屈曲）を示すので，*rin* や *nor* はエチレン感受性を持っていると考えられる。しかし，未熟な果実にエチレンを与えても成熟せず（Grierson と Kader，1986），また緑熟期の *rin* や *nor* トマトにエチレンを与えても自己触媒的なエチレン生成（ごく低濃度のエチレンを作用させると，それが引き金となってエチレン生成が加速度的に上昇する現象）が見られず，果実の成熟が正常に進行しない。そこで，トマトの成熟にはエチレン生成が関与する成熟経路の他にエチレンが関与しない成熟経路の進行が必要で，*rin* や *nor* ではエチレンが関与していない経路が阻害されると考えられている（Giovannoni，2007）。すなわち，成熟には *RIN* 遺伝子によってコードされている MADS RIN タンパクと *CNR* 遺伝子によって制御される（メチル化される）CNR-SPB（SQUAMOSA プロモーター結合タンパク）が必要で，これらは自己触媒的なエチレン生成を制御すると同時にエチレンとは独立に成熟を制御していると考えられている（Giovannoni，2007；Manning ら，2006）。

　rin や *nor* の他にも成熟に関連する遺伝子がある。有名なのは *Nr*（Never ripe）で，エチレンの生合成ではなく，エチレンの感受性（シグナル伝達）に関与している。*Nr* 突然変異体はエチレンの結合に関わる遺伝子に欠失があり，エチレンシグナルの伝達が阻害されるために，エチレンを処理しても成熟が進行しない（Lanahan ら，1994）。*rin*，*nor*，*Nr* 突然変異体では細胞壁成分の一つであるペクチンを分解するポリガラクツロナーゼの活性が著しく低下する（DellaPenna ら，1987）。このため，果実が軟化しにくく，対照区の果実が催色期になってから 10 日後でも *rin* 果実は緑色，*Nr* 果実はくすんだ橙黄色で（Giovannoni，2007），これらの果実を収穫し，貯蔵しても *rin*，*nor* 果実は黄色，*Nr* 果実はくすんだオレンジ色にしかならず，赤くはならない（Rick

とButler, 1956；RobinsonとTomes, 1968；Kopeliovitchら，1979）。なお，*rin*遺伝子をヘテロに持った品種〈赤くなる〉がイスラエルの種苗会社によって育成され，硬く，輸送性にすぐれていることからスペインなどで普及した（Rodríguez-Burruezoら，2005）。

VI. 追熟果実と植物体で成熟させた果実の品質に差はあるか？

既に述べたように，緑熟期に達したトマトは植物体から切り離しても成熟が進む〈追熟という〉。栽培種やピンピネリフォリウム（*S. pimpinellifolium*）では着色前の果実を切り離しても，植物体につけておいても，赤く熟するまでの日数にはほとんど差がない（Grumetら，1981）。一方，成熟しても赤く着色しない野生種トマトの中，ソラヌム・キレンセ（*S. chilense*）は植物体上ではエチレン生成のピークが見られず，軟化が起こる前に落果してしまうが，落果後，エチレン生成が急上昇して果実の軟化が進む（Grumetら，1981）。また，ソラヌム・ペルウィアヌム（*S. peruvianum*）は自然落果が起こる一日前には手で触れると簡単に落果するが，そのような果実ではエチレン生成が上昇し，落果後に軟化が進むことが知られている（Grumetら，1981）。切り離すことによって成熟が進行する現象はアボガドでもみられ，成熟を阻害する物質が植物から果実に供給されているためと考えられている。ところで，植物体上で成熟した果実（樹上成熟果）は品質，特に風味に優れると信じられており，これを支持する結果も多数得られている。すなわち，ビゾーニBisogniら（1976）は緑熟期に収穫して20℃で追熟させたトマトと樹上成熟果について化学分析と官能検査を実施し，品種や収穫時期によって差の見られない場合もあるが，全体としてみると樹上成熟果の方が追熟果よりもアスコルビン含量が有意に高く，官能検査の結果でも甘くて風味がよく，総合評価も高くなることを明らかにした。ケイダーKaderら（1977）も緑熟期に収穫して室温で追熟させたトマトと樹上成熟果とについて官能検査を実施し，樹上成熟果の方が風味や甘さなどで優れた評価が得られ，還元糖〈グルコースやフルクトースなど還元性を示す糖の総称〉やアスコルビン酸含量の点でも優れていることを確かめている。ベタンコートBetancourtら（1977）も同様

の結果を得,糖度や還元糖は緑熟期に収穫した果実では追熟中に低下するが,樹上成熟果では緑熟期以降も糖度や還元糖が増加することを明らかにしている。さらに,ワタダWatadaとオーレンバーチAulenbach(1979)も適熟期に収穫したトマトは未熟な時に収穫して追熟させたトマトに比べると甘く,しかもフルーティフローラル〈甘い果実の香りを指す言葉〉の香りが強いと述べている。また,稲葉ら(1980)は,緑熟期に植物体から切り離した果実では着色は進むものの,催色期以降に収穫したものに比べると呼吸量やエチレン生成量が低く,糖や酸の含量も少なく食味が劣ることを確かめている。一方,収穫した果実を植物体近傍において成熟させた場合と植物体上で成熟させた場合の比較実験を行ったアリアスAriasら(2000)は,果色に関係するリコペン,β-カロテン含量だけでなく,糖度や硬度にも差が見られるが,その差はあまり大きなものでなく,消費者は見た目から植物体上で成熟した果実を高く評価しているのではないかと結論している。ペックPékら(2010)も樹上成熟果と追熟果との間で色とアスコルビン酸含量を除き,有意な差がないと報告している。このように,同じ温度,光条件下に置いた果実を同一時期に比較すると,官能検査や成分濃度に大きな差がみられない場合があることから,樹上で成熟させた果実と追熟させた果実の成分や食味の差は追熟時の環境条件と樹上での環境条件の違いによる可能性がある。以上,樹上成熟果が優れているか,どうかはやや疑わしい点もあるが,仮に成分濃度や食味の点で樹上完熟果が優れていたとしても,完熟に近い段階で収穫したトマトは,収穫後高温にさらされると急速に軟化が進んでしまうため,予冷によって果実品温を低下させる施設がないと,樹上成熟果を出荷することは難しい(大久保,1982)。予冷とは,外気温が高い時期に収穫した野菜や果実を輸送あるいは貯蔵前に急速に冷却して品温を下げることをいう。

Ⅶ. 果実の熟期と輸送性

緑熟期に収穫しても,収穫後の取り扱いの過程で受ける衝撃によって果実内部に損傷を受け,成熟が進むと果肉や胎座部分が水浸状になったり,正常な着色が妨げられるなどの異常が見られることがある(MacLeodら,1976;

Sargent，1992）。収穫後の取り扱いの過程で発生する，このような異常は，収穫果実の成熟段階によって異なり，緑熟期の果実に比べると催色期の果実で影響が顕著である（Sargentら，1992）。成熟とともに果実は軟らかくなり，重りを落とした時に果実が受ける最大衝撃荷重は低下していくが，果実に損傷を起こすのに必要な力はそれ以上に低下するので，損傷を受けやすくなると考えられている（Fluck and Gull，1972）。イダーIdahら（2007）はターニング期〈催色期と桃熟期の間の段階，104ページ第2-4表参照〉と完熟期の小玉（1 -30g）と中玉（31-70g）のトマトを金属あるいは木製の板の上に一定の高さから落下させて損傷面積を調べ，中玉の場合，完熟果で損傷面積が大きくなることを明らかにした。さらに，赤く熟した果実は果皮が弱く，輸送中に物理的衝撃を受けた場合，果実が傷を受けやすくなる。このため，かつては遠隔地から果実を輸送する場合には，果実が追熟するという性質を利用して，緑熟期の果実を収穫するのが普通であり，近くの市場に出荷する場合でも催色期の果実を収穫することが多かった。

　輸送中も果実は呼吸しており，アスコルビン酸や糖などの成分を消耗する。したがって，箱詰め前に予冷によって果実の品温を下げ，その後も緑熟果は12-15℃，赤熟果は8-10℃の低温下に置いて，呼吸による消耗を抑えて品質維持を図る（Saltveit，2005）。緑熟果では20-25℃下で正常に成熟が進むとされ，温度が低すぎる（10℃以下）と，着色不良果〈果実の肩部が黄色または黄緑色となる〉が発生したり，風味が劣るなど，正常に成熟が進まない。このため，赤熟果は冷蔵庫に保存するが，緑色の残る果実は常温で貯蔵し，追熟させるのがよいとされる（江澤，2003）。

　果皮の硬さは長距離輸送に対する適性を決める重要な要因であり，多数の量的形質遺伝子の影響を受けていると考えられている（Al-Falluyiら，1982）。わが国の主要品種の一つである桃太郎は，フロリダ州で育成された果皮が硬く，小果柄に離層を形成しないフロリダ MH-1（Florida MH-1；Scott，1998）と愛知ファーストの交配後代を母親に用いて育成された品種で，完全に着色した果実を収穫しても輸送中に押し傷を受けることがない（日本園芸研究所，1985）。このため，完熟に近い状態で収穫，出荷でき，完熟志向の強い市場で人気を博している。

トマトの果皮は植物学的に言う外果皮（epicarp）に相当し，クチクラで覆われた1層の表皮細胞とその直下2-4層の扁平な細胞層（下皮）で構成されている（上村ら，1972；Ho and Hewitt, 1986）。表皮細胞を覆うクチクラ層と表皮細胞の細胞壁との境界は必ずしも明確ではない（Emmons と Scott, 1998）。クチクラを構成するポリマーの一つ，クチンは表皮細胞だけでなくその下2-3層の下皮細胞の細胞壁にも沈着する（Hankinson and Rao, 1979）。果実がまだ小さい間は果皮に亀裂は見られないが，開花後20日目頃から萼片と接する果実基部（小果柄側）の表面に楔形の小さな亀裂が表れ，表皮細胞が伸長を停止する緑熟期頃から少し離れた場所に紡錘型の小さな亀裂がみられるようになる（上村ら，1972）。その後，催色期から桃熟期に降雨や摘果などの影響で果実への水の流入量が急激に増えたりすると，果皮の強度が不足し，また果皮の伸びが果実の肥大に追い付かなくなり，この小亀裂を起点として萼から放射状，あるいは萼を中心に同心円状（輪環状）に裂果が起こる。裂果の発生には品種間差が認められるが，放射状裂果を起こしやすい品種と同心円状裂果を起こしやすい品種は必ずしも一致しない（Frazier, 1947；Hankinson と Rao, 1979）。裂果のしやすさは果皮の引張強さと伸び率〈果皮を引張試験機で引っ張った時に伸びる割合〉に関係しており，裂果抵抗性を持つ品種は引張強さ，伸び率のいずれか，あるいは両方が高い（上村ら，1972）。また，裂果と果皮の組織的特性との間には関連があり，扁平な表皮細胞を持つ品種の方が同心円状裂果しにくく，下皮細胞が小さい品種で放射状裂果しにくい傾向がある（Hankinson と Rao, 1979）。裂果には温度や光も関係し，高温，強日射条件ほど裂果しやすくなるが，高温下では果実内にガスが蓄積し，果皮にかかる力が大きくなること，強日射下では果実成長が早まることが原因と考えられている（Peet, 1992）。この他，果実の大きさ，果皮の厚さ，クチンの下皮細胞層への沈着度，個体あたりの果実数，草型なども裂果の発生に関係していると考えられている（Peet, 1992）。

Ⅷ. トマトの色

　トマト果実の色は通常，赤，桃，黄色の3種であるが，まれに紫や白の果

実もある。果実がどのような色を呈するかは，果皮と果肉の色によって決まる（LeLossenら，1941）。果皮は 1 層の表皮細胞とその下 2-4 層の下表皮細胞から構成される。表皮細胞層には黄色のものと無色のものとがあり，果肉には黄色のものと赤色のものがある。赤色の果実は果皮の表皮細胞層が黄色，果肉が赤，桃色の果実は果皮が無色，果肉が赤，黄色の果実は果皮が無色または黄色，果肉が黄色である（Piringer と Heinze，1954）。

トマト果皮の黄色は，表皮細胞のクチクラ層に蓄積したカルコノナリンゲニンというフラボノイドによるもので，無色の果皮ではカルコノナリンゲニンが蓄積しない（Hunt と Baker，1980）。これに対して，果肉の色はリコペン，カロテン，キサントフィルなどのカロテノイド〈炭素 40，水素 56 の基本構造をもつ化合物〉によるもので，リコペンは赤，β-カロテンやキサントフィルは黄色の色素である。トマトを除く多くの植物では葉，花，果実にリコペンではなく，β-カロテンやキサントフィルなどのカロテノイドを蓄積する。普通の赤色トマトの場合，リコペンがカロテノイドのおよそ 85-90% を占め，β-カロテンは 5-10% 程度である（Ronen ら，2000；Tadmor ら，2005）。

フレミング Fleming とマイヤーズ Myers（1938）は，果皮と果肉の色が異なる品種を交配し，その雑種第 2 代における分離比を調べている。彼らによれば，これらの形質の分離比は 3：1 から外れるので，果皮の色を決める遺伝子として Y〈黄色が優性，無色が劣性でフラボノイド含量に関与〉の他に二つの遺伝子，また果肉の色を決める遺伝子として T〈オレンジが優性，黄色が劣性でリコペン含量に関与〉と R〈黄色が優性，無色が劣性でカロテンやキサントフィルの含量に関与〉の他に四つの調節遺伝子の存在を推定している。その後，トマト果実の着色には他に多数の遺伝子が関与することが明らかにされ，2002 年の総説では 9 遺伝子座，15 対立遺伝子が関係しているとされる（Yeum と Russell，2002）。これらの遺伝子の中で最もよく利用されているのは og^c（*old gold-crimson*）遺伝子で，その他の着色関連の遺伝子は茎をもろくし，栄養成長や生殖成長を遅らせるなどの負の影響を及ぼすので（Kerr，1960；Jarret ら，1984），育種にはほとんど利用されていない（Thompson，1961；Sacks and Francis，2001）。

カロテノイドの合成系で重要な役割を果たしている酵素は，炭素 20 の化

合物（ゲラニルゲラニル二リン酸）を重合させて炭素40のフィトエンを合成するフィトエン合成酵素で，その発現が高まるとリコペンの含量も高くなる。フィトエンはフィトエン不飽和化酵素（フィトエンデサチュラーゼ）やζ-カロテン不飽和化酵素（カロテンデサチュラーゼ）の働きによってリコペンに変化する。また，リコペンはリコペンβ-シクラーゼの作用を受けてβ-カロテン，リコペンβ-シクラーゼとε-シクラーゼの作用を受けてα-カロテンに変化する（Giulianoら，2008）。果肉が黄色の品種や緑色の果実をつける野生種では色素体に含まれるフィトエン合成酵素をコードする遺伝子（$Psy1$）にヌル突然変異〈欠失や塩基置換によって遺伝子が機能を喪失する突然変異〉が起こり（FrayとGrierson，1993），オレンジ色に着色するソラヌム・ケエスマニアエ（$S.\ cheesmaniae$）や緑色果実を着けるその他の野生種ではリコペンをβ-カロテンに代謝するリコペンβ-シクラーゼをコードするB遺伝子を持っていることが明らかにされている（Ronenら，2000；Paranとvan der Knaap，2007）。トマト栽培種やピンピネリフォリウム（$S.\ pimpinellifolium$）の原種は進化の過程で果実におけるB遺伝子の発現量を低下させることによって赤い果実を着けるようになったと推論されている（Ronenら，2000）。リコペン含量を高めるog^c遺伝子はB遺伝子がヌル突然変異を起こしたもので（Ronenら，2000），劣性ホモで果実は深紅色（crimson）となる。しかし，og^c遺伝子は不完全優性で，ヘテロ型の場合にはog^c遺伝子を持たないものとの中間色となる（Thompsonら，1967）。

　カロテン合成に関わる遺伝子が単離され，また遺伝子工学が発達した結果，交雑育種に頼らなくても遺伝子組換えによってリコペン含量を高めることができるようになった。具体的には，①フィトエン合成酵素の発現を高める（Fraserら，2002），②リコペンシクラーゼの発現を抑える（Rosatiら，2000），③カロテノイド結合タンパクをコードする遺伝子を過剰発現させる方法がある。フィトエン合成酵素を過剰発現させても果実で発現させなければリコペン含量がかえって低下することがあり，フィトエン合成酵素遺伝子の挿入場所によってはコサプレッション〈co-suppresion；導入遺伝子だけでなく，同一の配列を持つ内在性の遺伝子の発現も抑制される現象のこと〉と呼ばれる現象によって元々あるフィトエン合成酵素の発現が抑えられる（FrayとGrierson，

1993)。ロザーティRosati ら（2000）はリコペンシクラーゼを遺伝子導入したトマトの果実は，総カロテノイドとリコペンの含量は減るものの，β-カロテン含量が高くなることを明らかにし，ビタミンAの前駆体であるβ-カロテンを高めることができることを明らかにした。

　トマトの成熟果実に蓄積されるカロテノイドの量や蓄積する速度は，様々な要因に影響されることが報告されている。トウムス Tomes（1963）は B 遺伝子を持たない赤色（対照），B 遺伝子と mo_B 遺伝子を持つオレンジ色の *High Beta*，*hp* 遺伝子を持つ赤色の *High Pigment*，*t* 遺伝子を持つオレンジ色の Tangerine 系統などの果実を植物体から切り離して 23.5℃と32℃の条件下においてカロテノイドの生成量を調べているが，いずれの系統でも32℃下ではリコペンの生成が抑えられることが確かめられている。高温下で着色不良となることは圃場でも観察される現象である（Denisen, 1948）。

第4章　トマトの栽培技術

珍しいものが喜ばれるのだ。林檎も初物ならいっそうよいし，冬の薔薇なぞ，そりゃあ高値を呼ぶ。
〈マルティリアス「エピグラム」第四巻 29.3，柳沼重剛編，岩波文庫『ギリシャ・ローマ名言集』(2003) より引用〉

I．トマトの成長と温度

　トマトは高温性の野菜で，温度が 6-8℃ 以下になると新たに葉が展開しなくなり，成長が停止する。しかし，温度を元に戻せば，再び新しい葉が展開するようになって成長が再開する（Brüggemann ら，1992）。さらに温度が低下して 0-4℃ になると，茎頂分裂組織が枯死し，やがて植物体全体が枯死する（Patterson ら，1978；Brüggemann ら，1992）。温度は花や果実の発達にも影響を及ぼす。Went（1944a）によれば，① 昼夜温が 5℃ 一定の条件下ではトマトの茎頂分裂組織は活性を示さず，成長は停止する，② 昼温 26.5℃，夜温 5℃ 下では開花は正常に行われるものの果実は発達しない，③ 夜温 10℃ では花房はよく発達するものの果実の成長は緩慢となる。このため，温帯地方では冬はハウスや温室などの施設でないと栽培することができない。一方，35℃ を超えるような高温下では成長が抑制されるだけでなく，花粉の稔性が劣り，結実不良となる。わが国の夏は暑く，ハウスの内部は天窓や側窓を開放しても 40℃ 近くにまで上昇する。このため，平地でのトマト栽培は難しく，標高の高い地域で屋根の部分だけを被覆したハウス内での栽培が増えている。長期多段どりの栽培でも，定植は 9 月になってから行い，夏前に収穫を終える場合が多い（青木，2009）。なお，ここで温室とハウスの違いについて触れておきたい。杉山（1966）の定義によれば，温室とは暖房設備を持つガラス室のことである。一方，ハウスの起源は二つある。一つは，昭和初期に温床

の上部を覆う油障子を組み合わせて温室のような形にして利用していたものが，昭和26年（1951）以降の塩化ビニールの普及によって，簡易な骨格にビニールフィルムを張った施設に発展し，ハウスと呼ばれるようになった。今一つは，アーチ状に曲げた骨材の上にフィルムを張った小型の施設〈トンネルという〉が大型化してハウスと呼ばれる施設になった（内海，1974）。現在では骨格もしっかりしたものになっており，またビニールフィルムの代わりに硬質プラスチック板が用いられる場合もあって温室とハウスの違いはそれほど明瞭ではなくなっているが，温室はハウスに比べると，しっかりした構造を持つ施設であると言うことができる。

トマトの栽培適温は17-27℃の範囲ではないかと考えられる。昼夜恒温の条件下でトマト幼植物を栽培した実験によると，25℃一定の場合に乾物生産量が最大になるが，昼夜の温度を変えた実験では，乾物生産量が最大になる昼温は夜温に関わらず25℃，夜温は昼温によって18-25℃の間で変化するが，昼夜の適温に大きな差が見られない（Hussey，1965）。これに対して，茎長40cm以上の植物を用い，茎の伸長成長に及ぼす昼夜温の影響を見たウエントWent（1944a）は，昼26.5℃，夜17-20℃と昼よりも夜温が低い場合に茎の伸長が優れていることを明らかにしている。ウエント（1944a）とハッセーHussey（1965）で結果が異なったのは，成長の指標として用いた特性が茎の伸長と乾物重の増加と異なっていたことの外に，成長に好適な夜温が齢の進行とともに低下していくためと考えられている（Went，1945；Hussey，1965）。

II. 育　苗

トマトは種子を直接畑に播種して栽培することもできるが，通常は苗を作り〈この作業を育苗という〉，生育のよく揃った苗を選んで畑に定植するのが普通である。これに対して，ニンジンやダイコンなどの肥大根を収穫する野菜では，移植すると岐根ができることが多いので，種子を直接畑に播種する〈直播という〉。発芽率は通常80-95%程度なので，発芽しないことを考え，直播では余分に〈例えば1箇所に2ないし3粒〉種子を播き，発芽後しばらく経ってから不必要な個体を間引く。

II. 育　　苗

　トマト，ナス，キュウリ，メロン，スイカなどの果菜類では，種子の価格が高いので，直播栽培では間引きによる損失が大きい。特に1970年代半ば以降F_1種子の利用が進むと種子の節約は重要な課題となった。また，トマトなどの高温性の野菜では春先，霜害を受けないように外気よりも温度の高い施設内で育苗すると，露地で栽培できるようになった時に直ちに大きな苗を植えつけることができるので，直播するよりも収穫時期を早めることが可能になる。そこで，ポットなどで育てた苗を定植するのが一般的である。春先に露地栽培に先立って育苗を行うために，かつては冷床や温床などの施設を利用した（第1章Ⅵ節1参照）が，現在ではハウスや環境を制御できる育苗専用の施設（人工光閉鎖型苗生産システム）を使うことが多い。人工光閉鎖型の施設を利用すると育苗期間が短縮されるだけでなく，一年中質の高い揃った苗を生産することができる。近年では育苗センターや種苗会社などから苗を購入することも増えており，トマトの場合，2001年の段階で用いられた苗の約半分は購入苗であると推定されている（板木，2009）。こうした育苗センターや種苗会社などでは，気象条件に左右されずに質の高い苗を作るため，人工光閉鎖型の施設を利用した育苗が増えている（古在，2012）。また，果菜類では接ぎ木苗の利用が一般的になりつつあり，板木（2009）によればトマトの場合，60%が接ぎ木苗と推定されている。接ぎ木苗を作るには多くの労力が必要なため，トマト生産者は自ら接ぎ木をするのを敬遠する傾向があり，このことが購入苗の利用に拍車をかけている。

　育苗用のポットは通常，直径9-12cm程度で，ポリエチレン製のものが多い。この大きさのポットで育苗した場合には，開花時またはその少し前に畑に移植するのが一般的である。購入苗を利用する場合には，苗の輸送が必要になるが，9-12cmのポットでは輸送コストが嵩んでしまう。そこで，小さな鉢を多数連結させたトレイ〈個々の鉢をセル，セルが集合したトレイをセルトレイという；トマトでは通常，1トレイ当たりのセル数72，128，または200のものを使う〉を利用して育苗することが一般的になっている。セルにはバーミキュライト，ピートモスなどの軽い材料から作成した培養土を詰めるので，持ち運びが楽である。セル育苗には，① 移植しやすく，作物の種類〈レタスやキャベツなど〉によっては機械を利用した移植が可能になる，② 均一な苗

を作ることができる，③ 無病の培地を使うので，病気の被害を受けにくい，といった利点がある（Cantliffe, 2009）。セルトレイで育苗した苗はプラグ苗，セル成型苗，セル苗などと呼ばれる。

Ⅲ．土壌消毒

　トマトはハウスや温室などの施設の中で繰り返し栽培されることが多い。このように同じ場所で繰り返し栽培を続ける〈連作という〉と，土壌伝染性の病害や線虫害がひどくなる。近年，耐病性育種が進み，病気にかかりにくい品種が育成されているが，青枯病や褐色根腐病のように現時点ではまだ十分に耐性を示す品種が育成されておらず，また優れた効果を示す薬剤も開発されていない病害がある。このため，古くから様々な方法で土壌伝染性の病害や線虫の防除が図られてきた。作付前に熱（蒸気）や薬剤を用いて土壌消毒するのもその方法の一つである。ホルムアルデヒドの毒性が問題になっている今日からすると奇異な感じがするが，1950 年代のイギリスの温室栽培では，ホルムアルデヒドの 2% 水溶液を土壌に灌注することが広く行われていた（Hitchins, 1952）。当時既に殺線虫剤として D-D（1,3-ジクロロプロペン）剤やクロルピクリンが知られていたが，価格の面からホルムアルデヒド水溶液の利用が推奨されたのである。その後，臭化メチルが線虫だけでなく，雑草や土壌伝染性のウイルス病を抑圧する効果を持つことが明らかとなり，多くの施設で臭化メチルによる消毒が行われるようになった。ところが，臭化メチルは温室効果ガスであることから 2005 年 1 月以降は国際環境計画オゾン事務局で許可された場合を除いて使用することができなくなった。そこで，現在，臭化メチルに代わる薬剤として D-D やクロルピクリンなどが利用されているが，土壌伝染性のウイルスに対して効果を示す薬剤はない（田代，2006）。クロルピクリンは刺激臭が強く，催涙性もあるので取り扱いが難しいが，近年ではクロルピクリンをガス不透過性の水溶性テープに封じ込めた製品やガス不透過性の水溶性のフィルムで密封した錠剤が市販されている（北，2003）。このテープを土壌表面に置くか，錠剤を 15 cm 程度の深さに埋めるかした後，ポリエチレンフィルムなどで土壌を被覆すると，テープやフィ

III. 土壌消毒

ルムが溶けて薬剤が土壌中に拡散していくので,安全に作業を行うことができる(田代,2006)。

多くの植物病原菌や線虫はある温度以上に一定時間置くと死滅する。例えば,トマト青枯病菌は52℃で10分間,かいよう病菌は53℃で10分間処理すると死滅する(松田,1979)。そこで,化学薬剤の代わりに熱水や蒸気熱などを利用した土壌消毒も試みられている。病原菌の死滅温度は,温度の持続時間に依存しており,温度が40℃程度と低くても長時間処理をすれば効果が得られる(Katan,1981)。そこで,土壌を透明のポリエチレンフィルムなどで覆い,太陽熱によって深さ10-25cmの地温を40℃以上に上昇させる処理を4-5週間行うことによってトマト半身萎凋病などの病害発生を低減させる方法(太陽熱消毒)がイスラエルで開発された(Katanら,1976;Katan,1980)。この方法によって,低緯度地帯では露地圃場でも種々の土壌病害を抑制できることが確かめられた(Katan,1980)。一方,北イタリアのような高緯度地帯の露地圃場では効果が見られないが,夏の密閉した温室で処理を行えばトマト褐色根腐病の被害が軽減されることが明らかにされた(GaribaldiとTamietti,1984)。わが国の場合も北イタリア同様,夏以外の季節や露地栽培では太陽熱消毒を実施しても思うように温度が上昇せず,十分な効果が期待できない。そこで,7-8月にハウスを密閉し,灌水を行った後にポリエチレンフィルムで土壌を覆い,20-30日間太陽熱消毒を行っている。

気温が20℃以下と低い場合でも土壌に有機物を多量に施用して十分に灌水すると,土壌が還元状態になるので,地温は十分高くならなくても好気性の病原菌が死滅する〈土壌還元消毒法と呼ばれる〉。還元処理の効果について,ふすま〈コムギ粒の外皮の部分で,製粉した後に残る部分〉を10a当たり2トンの割で土壌に混和し,灌水・被覆することによってトマト萎凋病菌の厚膜胞子の生存率が低下することが明らかにされ,これは地温の上昇ではなく,還元処理による細菌や放線菌密度の増加によって糸状菌やフザリウム菌が減少するためと考えられている(門馬ら,2005)。太陽熱消毒や土壌還元消毒に比べ,より安定的な効果が得られる消毒法は熱水を用いる方法である。ボイラーで作った熱水を土壌に1m^{2}当たり300リッター散布すれば,30cmの深さまでの土壌の温度を20時間以上55℃以上に維持することができる(北,

2003；北と岡本，2004）。この熱水消毒法は病害虫の防除効果が高く，また土壌に過剰に蓄積した，肥料由来の塩素などを除去する効果もあり，その面でのプラスの効果も期待できる。コスト面からみると，熱水を作るためには重油などを燃焼させるので，クロルピクリンなどに比べると費用は余計にかかるが，効果の持続期間が長いので3年に1回程度実施すればよく，数年間を平均してみると大差がないと言われている（北と岡本，2004；北，2006）。蒸気消毒は温室メロンの隔離床〈土壌伝染性病害を回避する目的で，土を入れた栽培用のベッドを土壌面から離して設置したもの〉栽培で広く利用されている方法で，一定の間隔で穴を開けたホースまたはパイプを土壌表面または地中に埋めた後，塩化ビニールなどで土壌を被覆し，蒸気を噴出させて土壌消毒を行うことができる。土壌温度が40℃以上になる範囲は地下15-30cm程度なので，30cm以下の土壌への効果はあまり期待できないが，ベッドの土壌容積が少ない隔離床栽培では効果的な土壌消毒法である（北，2006）。

IV．接ぎ木

野生種の中には土壌伝染性の病害に対して抵抗性の遺伝子を持っているものがあるので，これらの野生種を台木として接ぎ木を行うことにより，土壌伝染性の病害を軽減することができる。市販のトマト種子を購入すると，BKVNFなどの記号が記されているが，これは青枯病，半身萎凋病，褐色根腐病，線虫，萎凋病など土壌伝染性の病害虫に対する抵抗性を持っていることを示す記号である。山川 Yamakawa（1982）は，トマトの土壌伝染性の病害の中でも青枯病と褐色根腐病は防除が難しく，また強い耐病性を示す品種も育成されていないので，これらの病害の防除には強い抵抗性を示す台木に接ぎ木をすることが有効であると述べている。しかし，高温条件下で多発する青枯病と低温条件下で多発する褐色根腐病の両方に耐性を示す台木はないので，栽培時期によって台木を使い分ける必要があると指摘されている。このように接ぎ木は土壌伝染性の病害虫の防除に顕著な効果を発揮するが，接ぎ木操作の際に細菌やウイルスなどに汚染される危険性があること，また特定の台木に頼り過ぎることは新しい病原菌の出現や病原体集団の宿主特異性

に変化をもたらす危険性があることが指摘されている（Louwsら，2010）。ヴェルデホ-ルーカス Verdejo-Lucas ら（2009）も線虫抵抗性の台木に接ぎ木した苗を3年間，毎年同じ圃場で栽培すると，年数の経過とともに台木の根に産み付けられるジャワネコブセンチュウの卵数が増えていくことを明らかにしている。

　長年にわたって農家で受け継がれてきた伝統的な品種（エアルームトマト，Heirloom tomato）は，品質などが優れていることから市場において高値で取引されるが，耐病性などの点で問題がある。このため一度トマトを作付けた後，数年間はトマト以外の作物を栽培し，土壌伝染性病原菌の密度を下げることが必要になる。しかし，トマトに代わる有利な作物がなく，次のトマトを作付けるまで十分時間を空けられないことも多い。このような場合でも，耐病性台木に接ぎ木を行えば，土壌伝染性の病害虫の被害を回避できるので，エアルームトマトの栽培では接ぎ木は重要な技術の一つである（Rivardと Louws，2008）。また，病害防除のための農薬散布回数を減らすことも可能になる（Morra，2004）。今日では，トマトだけでなく，多くの果菜類で接ぎ木が行われている。前述したようにトマト生産者は業者が育成した苗を購入することが多くなっているが（第4章Ⅱ節参照），苗業者は接ぎ木苗も販売している。野菜茶業研究所（2011）の調査によると，業者が生産するトマト苗は斜め合わせ接ぎが多い。斜め合わせ接ぎとは，台と穂を斜めに切って切り口を合わせるもので，全農式など最近広く行われている方式では切れ込みの入ったチューブで接ぎ木部を固定する（板木，2009）。接ぎ木が成功するためには接ぎ木部にカルスが形成され，このカルスに新しい維管束が形成されることが必要なので，接ぎ木部が動いてしまうとカルス形成が妨げられる。チューブによる固定は接ぎ木部が動くのを抑えるためである。

　種子カタログには，接ぎ木を行う場合に台と穂のトマトモザイクウイルス（ToMV）抵抗性の種類が一致する品種を選ぶよう，注意喚起を促す記述がされている〈例えば，タキイ種苗，花と野菜ガイド 2011 年春 73 ページ〉。トマトモザイク病の抵抗性に関わる因子（遺伝子）としては，Tm-1，Tm-2，Tm-2^2 が知られている。Tm-1 にはウイルスの増殖を抑える働きはなく，罹病した場合に被害を現れにくくする働きがあるのに対し，Tm-2，Tm-2^2 は ToMV に

感染すると、過敏感反応を起こして感染細胞を壊死させるので、ウイルスが狭い領域に閉じ込められ、感染拡大が抑えられる（Hall, 1980）。しかし、Tm-2 や Tm-2^2 を持つ個体が ToMV に感染した場合、高温下では過敏感反応が顕著で葉に壊疽病斑が現れ、ひどい場合には全身壊死を引き起こす。これに対して、Tm-2 や Tm-2^2 遺伝子を持たない品種は ToMV に感染してもモザイク症状を示すものの、トマトの受ける被害は壊疽病斑に比べて軽微である。このように Tm-2 や Tm-2^2 は Tm-1 に比べて強い抵抗性を示すが、Tm-1 を持つ品種や抵抗性のない品種に Tm-2 や Tm-2^2 を持つ品種を接ぎ木した場合、前者が ToMV に感染すると Tm-2 や Tm-2^2 の過敏感反応によって後者に顕著な壊疽症状が出てしまうので、接ぎ木をしなかった場合よりも大きな被害を受けることになる（山川, 1978；Yamakawa, 1982；Morra, 2004；King ら, 2010）。

　接ぎ木には土壌伝染性の病害防除効果の他、収量や果実品質を向上させる利点もあるとされる。ファン Huang ら（2015）はナス科のクコを台木にしたトマトは自根トマトに比べると、果実が小さく収量が低下するが、果実の可溶性固形分含量や滴定酸度が高くなると報告している。小田 Oda ら（1996）もヒラナスを台木にしたトマトは共台（トマト台）に比べ、可溶性固形分含量やグルコース、フルクトース含量が高くなるが、栄養成長が抑えられ、収量が低下することを認めている。しかし、果実品質や収量に対する接ぎ木の影響は台木と穂木の組み合わせや環境条件によっても変化する。フローレス Flores ら（2010）は穂木と台木の組み合わせによっては収量を低下させることなく、可溶性固形分含量や滴定酸度を上昇させることができることを認めている。また、フェルナンデス-ガルシ Fernández-Garcí ら（2004）は 2 品種を穂木として用い、いずれの品種でも接ぎ木によってリコペンや $β$-カロテンの含量が高まり、果実収量も増加するが、可溶性固形分含量や滴定酸度には差がないと報告している。

V. 整枝と摘心

　葉腋にある芽（腋芽）は、伸長成長して側枝になる。ラトガーズ（Rutgers）

という品種では茎頂から数えて5番目の葉原基の腋部で細胞分裂活性が高まり，腋芽の原基が形成される（MalayerとGuard，1964）。しかし，形成された腋芽が伸長成長を開始するのは，通常，花芽分化後のことである。これは茎頂分裂組織が花芽を分化すると頂芽優勢が打破されるためである。頂芽優勢とは，主茎の頂部に芽（茎頂分裂組織）が存在すると，腋芽の発達が抑制されることで，ヒマワリなどでは頂芽優勢が強く，腋芽はほとんど発達しないが，トマトは頂芽優勢の程度が弱く，腋芽は側枝として発達する（Nagarathnaら，2010）。

腋芽の中では，花房直下の葉の腋部に形成されるものが勢いよく伸長成長をする（Heuvelink，2005）。通常の無限伸育型の品種では，花房直下以外の葉腋から発達する側枝を摘除しないと，茎同士が絡み合って管理しにくくなり，病害の発生も多くなる。そこで，伸長を始めたそれらの腋芽はすべて摘除するのが普通である。この作業を芽かき（摘芽）という。7-21日ごとに芽かきを行った実験によると，芽かきの間隔が長いと，茎が太く，伸長が旺盛となり，花数や収量が減る（NavarreteとJeannequin，2000）。このため，芽かきは通常1週間に1回程度行う（Voorenら，1986）。オランダでの調査によれば，栽培管理のうち約28%は側枝管理に費やされるので，腋芽発生の少ない品種の育成が望まれる。ブラウンBrown（1955）は，花房直下とその下の葉の腋芽のみが発達し，他の葉腋には腋芽を形成しない突然変異体（*lateral suppressor, ls*）を見出したが，この突然変異体には花弁がなく，また生成する花粉量が少なく，雌蕊の受精能力も劣り，結実率も低い。グルートGrootら（1994）もこの突然変異体はごく稀に花弁を形成することがあるが，花弁数は少なく，子室数も少ないこと，また，種子親，花粉親のいずれとして用いた場合も種子数が減少することを明らかにした。一般に，種子数は果実のシンク活性〈同化産物を引き付ける能力〉に影響を及ぼす重要な要因の一つなので（Heuvelink，2005），種子数が増えると果実重も大きくなる（Ohkawaら，2012）。*ls*突然変異体を片親にした場合，同じ種子数で比べると果実重がやや大きくなるが，種子数が大きく減少するため，結局，果実重は小さくなる（Grootら，1994）。このため，芽かき労力の節減のために，この突然変異体を利用することは難しい。

収穫を予定している花房の花が必要数開花したら,その花房の上の葉を2ないし3枚残し,主茎の先端を取り除く。この作業を摘心という。摘心と芽かきは果菜類の栽培で広く行われる操作であるが,これに誘引〈茎を支柱などに結び付けること〉などの操作を組み合わせて実施することで草姿を整えることができる。そこで,これらの作業を一括して整枝という。花房直下の葉腋からでる側枝は頂端に花芽を分化すると,再び直下の葉の腋芽が伸長を開始して側枝に発達する。しかし,見かけ上は1本の茎のように見えるので,これを主茎という。この主茎を紐で吊り下げるか,支柱に結束する。このように花房直下の葉腋からでる側枝を除き,他の側枝を摘除し,主茎だけを伸ばす方法を1本仕立てという。これに対し,個体あたりの着果数を増やすために,主茎以外に側枝を1本残すか,低節位で主茎を切断して葉腋から発生する側枝を伸ばして2本仕立てにすることがある。これは,種苗代の節約になるが,第1花房の果実を収穫するまでに日数が余分にかかることになる。また,低日照条件下では2本のシュートの成長を揃えることが難しい。

少ない花房で収穫を打ち切ると,栄養成長を続ける期間の割合が多く,生産性が劣る。このため,少ない場合でも6-8段,多い場合には20段を超える果房から長期間にわたって収穫を続ける(青木,2009)。収穫段数を増やした方が生産効率はよいが,植物体が大きくなるので,軒の高い大型ハウス(高軒高ハウス)を利用しないと栽培が難しい。一方,低段で摘心する場合には小型の植物体を栽培することになるので密植することができる。そこで,トマトを密植して低段(1-3果房)で摘心する栽培を1年間に3-4回繰り返して年間の収量を増加させる栽培方法(低段密植栽培)が実用化されている(渡辺,2006)。水分ストレスをかけて高糖度化を図る栽培では,水分ストレスによって草勢(栄養成長)が低下し過ぎないないように配慮しなければならず,高い技術力が要求されるが,一段密植栽培では第一果房のみを考えればよいので,高糖度栽培を容易に行うことができるとされる(渡辺,2006)。

VI. 支　　柱

トマトは放っておくと倒れて匍匐し,畑全面を覆うように成長する。その

VI. 支　柱

結果，茎葉は込み合って光を受けにくくなり，また葉周辺の湿度が高まって病害が発生しやすくなる。そこで，支柱を立てて植物体を支持し，それと同時に余分な茎葉を定期的に除去するのが普通である。支柱を立てることによって，散布した農薬が葉によくかかるようになり，果実が土で汚れにくくなり，収穫しやすくなる（Csizinszky, 2005）。また，支柱栽培をすることによって収量が増えると言われるが（杉山，1966；Olasantan, 1985），これは葉の重なりが少なくなって受光体制がよくなることや病害の発生が少なくなることが関連していると思われる。サントス Santos（2008）は無限伸育型と有限伸育型の品種を約3か月間栽培し，どちらの品種でも整枝をした区と放任区との間で収量に差がないことを明らかにしたが，整枝が遅れた場合や整枝を省いた場合には病害の発生リスクが高まる可能性があるので，必ずしも整枝が不必要だとは言えないと述べている。また，トマト10品種の倒伏性や収量を比較した研究において，側枝の発生や葉面積が多く，収量が高い品種ほど倒伏しやすいことが報告されているので（Adelana, 1980），多収品種の能力を十分に発揮させ，商品価値のある果実を多く生産するためには支柱の必要性が高いと考えられる。

ところで，無限伸育型のトマトは次々に花房を分化していき，花房着生位置は次第に高くなっていく。少数の花房で収穫を終える場合には問題ないが，長期間にわたって収穫を続ける場合には主茎は数 m の長さになるので，そのままではハウスの中に収まりきらなくなってしまう。そこで，下位の花房で収穫が終わると，収穫した花房よりも下の葉を摘除し，植物体全体を下にずらす。この作業をつる下ろしと呼ぶが，労力がかかることから，作業性を高める方法が考案されている。その一つが，近年，高軒高ハウスで採用されることが多くなっているハイワイヤー誘引で，茎の先端をワイヤーに結び付けておき，着果節位が上昇するにつれて茎を横方向にずらし，下方の茎を地面に横たえる。こうすることによって着果節位を一定の位置に保つことができる（第4-1図）。通常，1畦に2列植えとするが，その場合，畦の端で主茎を畦の反対側に回す。もう一つの方法は，連続摘心法と呼ばれるもので，第2果房の収穫が終わったら茎をねじって〈捻枝という〉下方に倒し，腋芽を発達させ，これに第3，第4果房を形成させるということを繰り返す方式

第4章　トマトの栽培技術

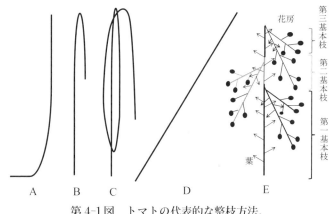

第4-1図　トマトの代表的な整枝方法．
A，ハイワイヤー誘引；B，Uターン整枝；C，Qターン整枝；D，斜め誘引整枝；E，連続摘心栽培（第2花房の上で摘心し、枝を捩って下に向け、第一花房下の側枝を伸ばして第二基本枝とする。第二基本枝の第二果房の上で摘心し、同様の操作を繰り返す）。
連続摘心を除き、主茎のみを示した。

である。これによって、着果節位の上昇を遅らせることが可能になる。このほか、主茎を斜めに伸ばす斜め誘引法、最上位のワイヤーに達した後は茎をワイヤーの反対側に下垂させるUターン整枝やQターン整枝が行われることもある（鈴木，2008）。つる下ろし栽培を含め、ハイワイヤー誘引，斜め誘引，Uターン整枝，Qターン整枝はいずれも主茎だけを伸ばす方式（1本仕立て）である。これに対して、連続摘心法は主茎を早い段階で摘心し、その後は茎をねじって下方に倒した部位の花房下の腋芽を利用する方法で、主茎をまっすぐ伸ばす主枝直立1本仕立てや斜め誘引に比べると草丈を低く抑えることができ、収量も増加させることができるとされる（青木，1983）。ピートPeetとウェルスWelles（2005）によれば、1970年代から1980年代初めにかけてオランダではUターン整枝が一般的であったが、茎の先端部を植物体の影の部分に下垂させるため収量に悪影響を及ぼすことが明らかにされ、ハイワイヤー誘引が採用されるようになった。

Ⅶ. マルハナバチによる受粉

　トマトは自家受粉作物で，無風，低温下でない限り，放任状態にしても受粉が起こる。欧米の温室栽培では，風による振動があまり期待できないので，1990年代に入るまで，週に2-3度，電動式のバイブレータを用いて数秒間，花を振動させて花粉の放出を促し，受粉させることが多かった。しかし，1985年にベルギーの獣医でアマチュアのマルハナバチ研究家（デ・ヨンゲ de Jonghe）は偶然，温室トマトの受粉にセイヨウオオマルハナバチ（別名ツチマルハナバチ，*Bombus terrestris*）が効果的であることを見出し，1987年には自らバイオベスト（Biobest）社を設立してマルハナバチの飼育，販売を始めた（Velthuis と van Doorn，2006）。翌1988年にはオランダのコパート社（Koppert Biological Systems）が，また1989年にはオランダのBBB社（Bunting Brinkman Bees）もマルハナバチの販売を開始した。現在，全世界で30社を超えるマルハナバチ取扱い業者が5種類のマルハナバチを販売しているが，上記3社が市場シェアの大半を占めている（Velthuis と van Doorn，2006）。わが国では1991年12月にベルギーからセイヨウオオマルハナバチ16コロニー（巣箱）が輸入され，翌年から実際栽培での利用が始まった〈小出と林，1993；岩崎，1995；なお，小出と林の文献では14箱が導入されたと記載されている〉。現在，わが国では施設栽培のトマトとナスでの利用が大部分で，2008年の調査ではミニトマトを含めたトマトが76％，ナスが20％を占める（光畑，2010）。世界的にみても，販売されたマルハナバチの約95％は施設栽培トマトで利用されており（Velthuis と van Doorn，2006），残りは他の果菜類の栽培や採種栽培での利用である。

　マルハナバチはハウスや温室内に放飼されるが，開口部（換気部など）をネットで塞いでおかないと，花蜜を出す花や花粉量の多い花を求めて施設外に逃げ出してしまう（光畑と和田，2005）。1996年には北海道日高地方で施設から逃げ出したセイヨウオオマルハナバチの女王蜂と働き蜂が春から秋にかけて野外で多数観察され，秋には巣も確認された（鷲谷，1998）。現在では，その生息域は北海道のほぼ全域に広がっている（Yokoyama と Inoue，2010）。

第4章　トマトの栽培技術

野生化したセイヨウオオマルハナバチは，① わが国在来のマルハナバチと営巣場所が競合し，時に在来種の巣を乗っ取ることがある，② 在来種との間で餌の獲得競争を起こし，在来種が巣へ搬入する餌の量を減少させる，③ セイヨウオオマルハナバチの雄と在来種の女王蜂との交尾が確認されており，在来種に遺伝的攪乱を起こす可能性がある，④ 輸入時にセイヨウオオマルハナバチと一緒に持ち込まれた寄生生物が在来種に蔓延する可能性がある，⑤ セイヨウオオマルハナバチは花弁にかみ傷をつけて蜜を吸う習性（盗蜜行動）があるが，盗蜜行動は植物の受粉には役立たたないため，在来種の受粉に依存している植物種の種子生産量を低下させる危険性があるなど，生態系への悪影響が導入当初から懸念されていた（米田ら，2008）。このため，2005年6月には「特定外来生物による生態系等に係る被害の防止に関する法律（外来生物法）」が施行された。しかし，セイヨウオオマルハナバチへの同法の適用は農業上影響が大きいとして適用に配慮を求める声が多かった。そこで，専門家による検討が重ねられたが，在来種に悪影響を及ぼす可能性があると判断され，2006年9月に特定外来生物に指定された。その結果，利用にあたっては環境大臣の許可が必要となり，また，開口部を塞ぎ，入り口を二重構造にするなど，マルハナバチがハウスから逃げ出さないような対策をとるとともに，使用後には巣箱を適正に処分することが求められている。わが国には16種6亜種の在来マルハナバチが生息しているが，在来種であれば環境大臣の許可を取る必要がない。そこで，セイヨウオオマルハナバチに代わる在来種の探索が行われ，クロマルハナバチ（*Bombus ignites*）とオオマルハナバチ（*Bombus hypocrita*）がセイヨウオオマルハナバチと同等の受粉効果を持つことが明らかにされた（AsadaとOno，1997）。わが国で採集したクロマルハナバチの女王蜂を使って，その商業的大量増殖に成功したオランダのコパート社は，わが国の業者を通じて日本向けにクロマルハナバチの販売を行っており（光畑，2010），現在，クロマルハナバチの導入地域は着実に増えている。

イギリスで二つの温室を用いてマルハナバチの有効性を調べた試験によると，受粉作業をしない場合の着果率は平均60％，ミツバチを放飼した場合には71％，振動受粉させた場合には88％，セイヨウオオマルハナバチを放飼した場合には95％で，セイヨウオオマルハナバチを放飼すれば，花を振

動させなくても受粉が起こること，また，果実重の点でもマルハナバチは振動受粉よりも優れていることが確かめられている（BandaとPaxton，1991）。マルハナバチがトマトの花を何回訪れたかは，葯筒に残された噛み傷によって推定することができるので，訪花回数と柱頭への花粉付着数，着果率，1果当たりの種子数の関連が調べられている（Morandinら，2001）。それによると，花粉付着数は訪花回数が多くなるほど増加したが，着果率は訪花回数0の場合を除いて差がなく，果実重は訪花回数1回よりも1-2回の場合の方が大きくなった。したがって，トマトの着果にはマルハナバチが何度も訪花する必要はなく，1-2回訪花すれば十分であることが分かった。ミツバチとの比較では，マルハナバチは花粉を集める能力に優れている。しかし，27℃を超えるような高温下では活動が鈍くなり，33℃ではほとんど活動を停止することが報告されている（小出と林，1993）。また，極端な温度条件下では，そもそも花粉形成能力が低下してしまい，例え花粉が形成されても，正常に発芽しない。そこで，極端な温度条件下では，合成オーキシンなどを散布して単為結果させるのが一般的である。マルハナバチで受粉させた果実と振動受粉させた果実に差は見られないが，合成オーキシン処理によって単為結果させた果実は，マルハナバチで受粉させた果実に比べるとゼリー部の割合が少なく，空洞果の発生が多くなる（AsadaとOno，1996）。

Ⅷ．収　穫

　トマトの小果柄には，2ヵ所〈果実と小果柄の接合部，ならびに小果柄の中央部〉に離層が形成される。完熟期になると果実が落果するが，これは果実が小果柄との接合部で脱離するためである。一方，実際の収穫時である緑熟期から催色期のトマト果実では，果実を指で挟んで小果柄と直角方向に動かすと，小果柄中央の離層の部分〈ジョイント（Joint）またはナックル（knuckle）と呼ばれる〉で果実を簡単にもぎ取ることができる。そのため，収穫した果実には通常，小果柄とへた〈植物学的には萼〉が着いている。外国では果実をバラ詰めして市場に運ぶことが多いが，小果柄をつけたままだと輸送中に果実が傷ついてしまうので，収穫したトマト果実は畑で小果柄とへたを取り

除く。この手間を省くために，ジョイントを形成しないトマト品種が育成されている。ジョイントレスと呼ばれる，ジョイントを形成しない品種では果実は小果柄との接合部で脱離させることができるので，へたや小果柄のついていない果実を収穫できる。カリフォルニア州で4年間にわたって実施された試験では，ジョイントレス品種はジョイントを形成する品種に比べると収穫時間が平均25%短くて済む（ZaharaとScheuerman，1988）。特に，機械収穫を行う場合には，植物体を振動することで簡単に果実を収穫することができるので，ジョイントレス品種の利用が前提となる。一方，生食用では小果柄やへたが付いた果実の方が新鮮な感じがするので，へた付きの果実を好む消費者も多い。そこで，わが国ではジョイントを形成する品種を使い，ジョイント部でもぎ取った後，小果柄を切り詰め〈鋏を使って果実を植物体から直接切り離す生産者もいる〉，ヘタを付けたまま出荷するのが一般的である。これに対して，ミニトマトの果皮は普通のトマトに比べて硬いので，長い小果柄が付いていても輸送中に果実を傷める心配がない。また，大玉や中玉に比べると，単位重量当たりの果実数が多く，小果柄を切り詰めるのに労力を要する。そのため，ミニトマトでは小果柄を切り詰めることなく出荷するのが一般的である。ただし，完熟が近づくと，果実と小果柄の間で果実が脱離しやすくなり，ジョイント部でのもぎ取りは丁寧に行う必要がある。そこで，収穫労力軽減のため，果実と小果柄の接合部で脱離させたヘタなしのミニトマトも一部で市販されている。

　1960年代に入ると，カリフォルニア州などでは収穫労力の軽減を目的に機械による一斉収穫が行われるようになった（Thompson and Blank，2000）。この時代にトマト収穫機の導入が急速に進んだのは，第2次大戦中の農業労働力の不足に対する対策として1942年にメキシコとの間で締結された農業労働者受け入れ計画（ブラセロ計画，Bracero Program）が1964年に廃止され（Jimenez，2002），加工用トマトの収穫労力が不足し，人件費が高騰したためである（ThompsonとBlank，2000；Mandeel，2014）。収穫機導入後の35年間で，1トン当たりの収穫時間は5.3時間から0.4時間へと大幅に減少した（ThompsonとBlank，2000）。加工用の品種では開花が集中し，一斉に収穫できることが望ましいが，収穫期に達した果実がすぐに品質低下を起こしたり，落果

したりすると，収穫期間が限られ，収穫機の利用効率が低くなる。このため，収穫機を利用した一斉収穫用品種としては，収穫適期になった果実を植物体に残しておいても落果や品質低下が起きにくいことが望ましく，短期間に集中的に開花，成熟する特性，裂果耐性，耐病性などとともに重要な育種目標となっている（GeorgeとBerry，1992）。また，カリフォルニアでは機械収穫が始まった1960年代以降，収量が増加したが，このような育種が増収の一因と考えられている（Barrios-MasiasとJackson，2014）。

アメリカの場合，近郊の市場に出荷する生食用の果実は，冷涼な季節には桃熟期か，それよりも熟度が進んだ果実，温暖な季節あるいは消費者に届くまでに2-3日かかる場合には催色期またはターニング期に収穫する。季節にもよるが，生産のピークの時期には過熟にならないよう，2日に1回は収穫する。遠隔地の市場に出荷する場合には緑熟期に収穫するが，冷涼な季節には1週間に1度，温暖な季節にはそれよりも高頻度で収穫を行う（United States Department of Agriculture，1959）。既に述べたように，近年，わが国では完熟志向が強く，遠隔地の市場へ出荷する場合でも催色期，あるいはさらに熟度の進んだ段階（完熟に近い段階）で収穫されるのが普通である。

IX．施設栽培

ピートPeetとウェルスWelles（2005）によれば，世界のトマトの栽培面積は2003年の時点で4,310,600ha，一方正確な調査年は記載されていないが，ガラス温室，ハウス，トンネルなどの施設での栽培面積は1,572,950haである。したがって，トマトのおよそ1/3以上が施設で栽培されていることになる。これに対し，2004年7月-2005年6月のわが国におけるトマトの施設栽培面積は7,551haで全栽培面積13,000haの58%を占め，生産量でみると2004年度には74%が施設栽培トマトと推定されている。また，ガラス温室やハウスなどの大型施設での栽培では土壌ではなく，ロックウール〈玄武岩や溶鉱炉スラグから作った人造鉱物繊維をマット状に固めたもの〉やパーライトなどの培地を用い，植物が必要とする無機養分を含む培養液を与えて栽培する方式（養液栽培）で栽培されることが多く，特にオランダやイギリスなどではほ

第4章　トマトの栽培技術

第4-2図　高軒高の連棟ハウス（フェンロー型）とその内部
右の写真のベッド中央に挿し込まれたチューブは培養液給液用，レールは，人が乗って収穫等の作業を行う上下可動式の作業車（裏表紙参照）用レール

とんどすべてが養液栽培による。これは，土耕で同じ作物を連作すると土壌伝染性の病害の被害が著しくなること，水耕栽培の方が施肥や灌水の労力が軽減できること，水耕栽培では植物体が養水分ストレスを受けにくく成長が促進されることなどによる。

　わが国のハウスは軒の低いものが多いが，近年では，わが国でもオランダ型の高軒高の連棟ハウスを導入し，ハイワイヤー仕立ての水耕栽培によって高収量を狙う大規模な施設が増えている（**第4-2図**）。そうした高軒高の連棟ハウスはフェンローVenlo型と呼ばれる。その由来についてセーレン Seelen（2011）は次のように述べている。オランダ西部では1890年代初めに加温温室が一般的になり，東部の都市フェンローでも1908年には加温温室が建設された。さらに，1920年代になると，間口が狭く，屋根勾配が緩く，構造部材が細い連棟型の温室（佐瀬，2003）が建設されるようになり，やがてこの温室がフェンロー型と呼ばれるようになった。前述のセーレン Seelen（2011）の本に掲載されている写真を見ると軒高は低いが，現在では間口 3.2-4m，軒高 4.0-4.5m〈1986年のボーレン Vooren とファン・ドールン van

Doornの文献によれば，間口3.2m，軒高は3-3.5mとやや低い)，棟高4.8-5.5mが標準的なサイズになっている（Von Elsnerら，2000）。鈴木（2006）によれば，5-6月の晴天日11-12時の地上2mにおける気温は高軒高（軒高4m）ハウスの方が普通軒高（2m）よりも1.6-3.2℃低く，さらに細霧冷房を用いると高軒高ハウスの気温は外気よりも3℃低くすることができるので，軒高を高くすることは夏の高温対策として有効である。なお，多くの大型連棟ハウスでは，畝の間にレールを敷いて作業車を走らせ，人はこの車の上下可動の作業台に乗って収穫等の作業を行い，作業の効率化を図っている（第4-2図，**裏表紙写真**)。

現在，シルバーリーフコナジラミ〈かつてタバコココナジラミのバイオタイプBとされた〉やタバコココナジラミのバイオタイプQによって媒介される黄化葉巻病が九州から東北南部までの広い地域に蔓延している。トマトが黄化葉巻病に感染すると，新葉は葉縁，葉脈間が黄化して葉巻や縮葉を起こし，最後は株全体が委縮してしまうので，収量は大きく低下する。黄化葉巻病の防除にはコナジラミのハウスへの侵入を抑えることが有効で，このため，ハウス開口部（側窓部や天窓部）を0.4mm以下の防虫ネットで覆うことが一般的に行われている。ネットの目合いを0.4mm以下にするのは，シルバーリーフコナジラミの体幅は雌成虫が0.31mm，雄成虫が0.25mmで，0.4mm以上の目合いでは多くのシルバーリーフコナジラミがネットを通過してしまうからである（松浦ら，2005）。侵入防止効果は0.4mmよりも0.4mm未満のネットの方が効果的であるが，細かな目合いのネットでもシルバーリーフコナジラミの侵入を完全に防ぐことはできない。そこで，① コナジラミ捕殺用の黄色粘着テープをハウス外部側面に張り，内部に黄色粘着板を設置する，② コナジラミの侵入防止に効果がある紫外線除去フィルムをハウスの被覆材として利用するなど，いくつかの方法と組み合わせる必要があるとされる（勝山ら，2005）。この他，コナジラミの天敵であるオンシツツヤコバチの放餌なども有効とされる（Csizinszkyら，2005；本多，2006）。

施設栽培は重油をたくさん燃焼させるので，1973年の石油危機以降，一部の人たちから石油多消費の生産方式として批判された。2008年の調査によると，農業分野におけるエネルギー消費量の約60％は重油であり，これ

第4章　トマトの栽培技術

は主にハウス暖房用として使用される（農業機械化研究所，2010）。そのため，農業分野のエネルギー消費量の 60-80% は施設園芸の暖房用に使用されていると推定されている。しかし，エネルギー消費量に占める農業分野の割合は 0.55% と少なく，また，重油消費量だけを見ても農業分野は全消費量の 5% を占めるに過ぎない。埼玉県農業試験場の調査によれば 11 月-翌年の 4 月の原油消費量は長期多段どり栽培で 10a 当たり 13,400 リッター(L)，半促成栽培でも 2,000L である（板木，2009）。また，高知県で園芸農家を対象に行われた省エネルギー対策についての聞き取り調査によれば，トマト栽培農家 4-7 軒の平成 21，22，23 年における A 重油の平均消費量は 10a 当たり 4,813，5,094，6,015L，最大消費量は 6,000，9,091，10,000L で，生育適温の高いメロン（平均 15,583-19,406L，最大 32,000-36,700L）やキュウリ（平均 4,245-14,029L，最大 8,333-20,000L）に比べ，かなり少ない（高知県農業振興部環境農業推進課，2009；2010；2011）。近年では重油の高騰を受けて，二重被覆やヒートポンプ，木質ペレットを使った暖房など，重油消費量を減らすための様々な試みがなされている。

　施設栽培において温度条件を調節することは比較的容易であるが，湿度の調節は必ずしも容易ではない。飽和湿度は温度に依存しているので，空気中に含まれる水の絶対量が同じでも，温度が低下すると相対湿度は高くなる。このため，密閉される夜間，特に気温の低下する時期の夜間には湿度はきわめて高くなるが，湿度が高くなると裂果が発生しやすくなる（太田ら，1991）。また，結露が発生して植物体が濡れると，葉かび病や灰色かび病などの発生が増えるので，湿度を上げすぎないよう管理する必要がある（斉藤，2014）。

　オランダのトマト収量は 1980 年には 10a 当たり 30 トンであったが，2005 年には 60 トンへと倍増した（Higashide と Heuvelink，2009）。これは，コンピュータを利用した環境制御技術の導入，光透過性を改良した温室の利用，ハイワイヤー方式の誘引など栽培技術の改善，品種改良などの結果である。品種についていえば，オランダでは葉面積当たりの光合成速度が高く，植物体の下方にまでよく光が透過するような草姿を持った品種が育成されてきた（Higashide と Heuvelink，2009）。これに対して，わが国では品質を重視した育種が行われ，収量性は問題とされてこなかった（Higashide ら，2012）。そのため，

わが国のトマト収量は1980年のオランダの水準にとどまっている。しかし，近年，わが国でも生産性が重視されるようになり，オランダの方式を取り入れた高軒高の温室で栽培を行う経営体も増えつつあり，多収性の育種も始められている。ところで，1 ha を超える大規模な高軒高温室でのトマト栽培には，補助金を利用しても1 ha 当たり1 億円以上の初期投資が必要であるが，それに見合った所得を挙げることができず，必ずしも十分な収益性を確保するに至っていない。このため，生産技術の改善によって生産量を上げて生産費を低下させると同時に，初期投資にかかる費用を軽減するために建設コストの安い施設の開発等が必要とされる（山田，2008a）。山田（2008b）は，販売単価が安く，収益性が悪化したため，高糖度トマトの栽培に切り替えた生産法人の例を紹介している。この例からも分かるように，通常のトマトの価格は安く，十分収益を上げられない場合も多い。このため，特に経営規模が小さな場合には，経営安定を目指して高付加価値トマト（有機栽培トマト，高糖度トマト，高機能性トマトなど）の生産に取り組む生産者が増えている。

X．トマトの品質

　可溶性固形分は糖や有機酸など，水溶性の化合物の総称で，トマトの品質を決定する重要な要因である。溶液の密度は，含まれる可溶性固形分の量によって変化するので，液体比重計（目盛りのついた浮き）を溶液に浮かべて可溶性固形分の量を推定することができる。溶液に含まれる物質（溶質）がショ糖（スクロース）やエチルアルコールのように単一な物質であれば，密度から濃度を求めることができるので，それらを測定するための液体比重計も市販されている。一方，コップの中にストローを入れると曲がって見えるが，これは光が屈折する性質を持っているためで，屈折の程度は溶液の密度によって左右される。そこで，この原理を利用して溶液の屈折率から溶液の密度を測定することができる。

　ブリックス値とは20℃の純水100 g に溶けているスクロースの量（g）のことで，糖度とも呼ばれ，パーセント（%）やブリックス度（° Brix）で表示される。実際には糖だけでなく，それ以外の成分が溶けていることが多いが，

そうした場合でも糖濃度の目安を示す値として，ブリックス値を利用する。果実など，少量の液体しか得られない場合には，液体比重計を利用するのが難しいので，通常は屈折計を利用してブリックス値を測定する。このため，屈折形示度ということもある。手持ちタイプの屈折計が市販されており，これを用いれば果実の可溶性固形分を簡単に測定できる

果実中の糖濃度は果実の風味や味を決める重要な要因の一つである。トマト栽培種に含まれる糖はグルコースとフルクトースで，スクロースはほとんど含まれていないが（Baldwinら，1991），野生種ソラヌム・ハブロカイテス（*S. habrochaites*）とソラヌム・ペルウィアヌム（*S. peruvianum*）ではスクロースが主な糖である（Davies，1966）。この他，ソラヌム・クミエレウスキイ（*S. chmielewskii*）（Chetelatら，1995），ソラヌム・ネオリッキイ（*S. neorickii*）（Schauerら，2005）も果肉中にスクロースを蓄積することが明らかにされている（Becklesら，2012）。栽培種，ピンピネリフォリウム（*S. pimpinellifolium*），ネオリッキイ，クミエレウスキイ，ハブロカイテス，ペンネリイ（*S. pennellii*）について組織内の代謝産物をできる限り同定，定量するメタボローム解析の結果，① ピンピネリフォリウム以外の野生種では果肉部のグルコースとフルクトース濃度が栽培種よりも低いこと，② ピンピネリフォリウムではグルコースとフルクトース濃度が，またネオリッキイ，クミエレウスキイ，ハブロカイテスではスクロース濃度が栽培種よりも高いことが明らかにされている。栽培種では，篩管を通って果実に運ばれたスクロースは酸性インベルターゼやスクロースシンターゼによってグルコースとフルクトースに分解されるが，クミエレウスキイではインベルターゼの活性が低く，スクロースが分解されないので果実中のスクロース濃度が高い（Yelleら，1991）。また，ハブロカイテスでは酸性インベルターゼ活性が低いだけでなく，スクロース合成酵素であるスクロースホスフェートシンターゼの活性も高いためにスクロース濃度が高くなる（MironとSchaffer，1991）。トマト果実中の糖濃度は緑熟期から催色期に徐々に上昇していくが，ターニング期以降はほとんど変化しないか，赤熟期にやや低下する（Baldwinら，1991）。

加工用のトマト栽培では，可溶性固形分の多いトマトを生産することが重要な目標の一つになっている。それは，原料の可溶性固形分が多いと，トマ

トピューレを作る際に加熱する時間が短くてすむので，トマトの風味が損なわれないためである。生食用のトマトでも，可溶性固形分の高いトマトは味が濃厚で糖，酸ともに高く，消費者からの強い需要がある。このため，可溶性固形分に影響を及ぼす要因については古くから多くの研究が行われてきた。栽培種の可溶性固形分含量は4.5-6%であるが，野生種には15%近い可溶性固形分を含むものもあるので，これらを交配して得た集団を用いて可溶性固形分や収量に影響を及ぼす量的形質遺伝子座（QTL）が調べられている。QTLとは，量的形質を決定している遺伝子のゲノムあるいは染色体上の位置（遺伝子座）のことで，可溶性固形分や収量のように連続変異を示す量的形質には多数のQTLが関与している。QTL解析では，多数のDNAマーカー〈染色体上の位置が分かっているDNA配列のこと〉について，集団を構成する各個体がそれぞれどちらの交配親に由来するマーカーを持っているかを明らかにしておき，これと各個体の表現型〈例えば，収量〉を比較し，QTLが存在する可能性の高い染色体上の位置を推定する（鵜飼，2000）。これまでの研究で，可溶性固形分にプラスの影響を及ぼすQTLの多くは，その近傍に果実の収量に負の影響を及ぼすQTLが存在していることが明らかにされている（Bernacchiら，1998；Prudentら，2009）。また，戻し交配とDNAマーカー選抜を利用して第3染色体の一部分だけをクミエレウスキイ（*S. chmielewskii*），残り部分をすべて栽培種の染色体にした系統（断片置換系統）を育成し，野生種断片がホモ〈2本1対の染色体の両方が野生種由来〉の系統はヘテロ〈片方が野生種由来〉の系統や栽培種に比べ，可溶性固形分含量が高まるが，収量や果実重は低下することが報告されている（Chetelatら，1995）。この結果は，クミエレウスキイ由来の第3染色体断片に存在する可溶性固形分含量を制御する遺伝子は劣性で，その近傍には収量，果実重を低下させる優性遺伝子〈ヘテロでもホモの場合と同様，栽培種に比べ，収量が低下する遺伝子〉が存在することを示しており，品質と収量を同時に改善することの難しさを示唆していると思われる。しかし，ソラヌム・ミヌトゥム〈*S. minutum*；ソラヌム・ネオリッキイ（*S. neorickii*）とソラヌム・クミエレウスキイ（*S. chmielewskii*）を別種とする前の種名〉を栽培種に交配後，栽培種を戻し交配すると，果実の大きさ，色，pH，収量に悪影響を及ぼすことなく，可溶性固形分含量を高めることがで

きるという報告がある (Rick, 1974)。また,第 7 染色体の一部だけをクミエレウスキイ,染色体の残りすべてを栽培種 VF145B の染色体に置換えた系統を育成したところ,野生種断片がホモであってもヘテロであっても可溶性固形分含量が高まり,ヘテロの場合には栽培種に比べ,果実の大きさや収量に差がない〈野生種ホモの場合には果実の大きさや収量が低下する〉ことが明らかにされている (Yousef と Juvik, 2001)。すなわち,高可溶性固形分含量は優性形質として F_1 でヘテロでも発現するので,クミエレウスキイの第 7 染色体断片は育種での利用価値が高い (Yousef と Juvik, 2001)。これらの結果から,可溶性固形分と収量あるいは果実の大きさを同時に改良することは難しいとされるが (Bai and Linhout, 2007),決して不可能なことではない。

　果実の可溶性固形分含量は栽培方法によっても変化する。近年では,土壌をやや乾燥気味に管理するか,培養液濃度を高めるなどして根部に強いストレスをかけ,果実の糖濃度を高める技術が確立している (Mizrahi, 1982; Mitchel ら, 1991; Cuartero と Fernández-Muñoz, 1998; Johkan ら, 2014)。しかし,この方法ではストレスのためにトマトの成長が抑制され,果実収量が 20-30% 程度減少するのが普通である (青木, 2009)。サランガ Saranga ら (1991) は第 1 花房の開花後から塩類濃度の異なる水を灌水してトマトを栽培した場合,土壌の電気伝導度 (EC) が 2-2.5dS m^{-1} を超えると,EC が 1dS m^{-1} 上昇するごとに収量がおよそ 10% 低下すると報告している。灌水に関して,加工用トマトの栽培では収穫の 2-4 週間前に灌水を打ち切ることが推奨されているが,これは,可溶性固形分含量を高め,果実腐敗の危険性を低下させると同時に,畑の水分含量を低下させて収穫機の作業を可能にするためである (Hartz ら, 2008)。

XI. トマトの旬

　栽培技術の進歩によって色々な野菜が年間を通じて食べられるようになったが,その結果,「旬がなくなり,季節感が失われてしまった」とか,「季節外れの野菜は不味い」という消費者の嘆きをよく耳にするようになった。旬とは,諸橋 (1958) によれば,禁中で行われた年中行事である「旬儀〈旬の

XI. トマトの旬

初めに行われる政務をいうが，ここでは4月1日の猛夏と10月1日の孟冬の旬のことを指すと思われる；甲田，1976）の賜物が季節に適ったものであったことから，野菜，魚鳥等の味の最もよい時期」をいう。『広辞苑』では「魚介，野菜，果物などがよくとれて味の最もよい時」，『日本国語大辞典』では「草木などの出盛りの時期。魚介，果物，野菜など，季節の食物が出盛りの時。物がよく熟し，最も味がよい季節。」と，その食材をもっとも美味しく食べることができる時期の他，その食材が市場に沢山出回る時期（出盛り期）の意が加えられている（北原ら，2001；新村，2008）。これに対し，日本ベジタブル＆フルーツマイスター協会（2003）の『野菜のソムリエ』では，「旬という言葉は食べ物が一番おいしい時期を指すだけでなく，じつは季節ごとの食べ物と，私たちの体のリズムとのつながりもあらわして」いるとし，旬の食べ物を摂取することが健康維持に繋がるという考え方が表明されている。神田（2009）は，「旬」をその地方のその季節ならではの「ことがら」で，主に食べ物を指す言葉であるとし，南北に長い日本列島では地域によって食材の出回る時期にずれが生じるため，われわれ日本人は元々「旬」を大雑把な捉え方で済ましてきたと述べている。特に，流通網や貯蔵技術が発達し，各地の産物が容易に入手できるようになったことに加え，「野菜のハウス栽培や魚の養殖で食材が通年的に流通するようになり，私たちの「旬」についての実感はますますあやふやなものになってきている」と論じている。西（1982）は「周年栽培が実現してもおおよその旬はあるが，旬の感じ方は人によって異なっており，必ずしも明確ではない」とし，施山（2013）も，「個々の野菜の旬とされている時期は，一番おいしい時期，栄養分の多い時期，生育適温の時期，あるいは露地栽培で取れる時期を指している場合が多いようである。しかしながら，厳密に考えてみるとこの4つの時期は常に一致するとは限らないし，地域によっても人によっても異なることがある。」と旬の概念の曖昧さを述べている。このように旬を決めることは簡単ではなく，また，その食材を最もおいしく食べられる時期と出盛り期が一致するか，どうかも明確ではない。

　秋永ら（2005）は，旬の野菜には① 栄養価が高い，② 健康によい，③ 味がよい，④ 安全性が高い，⑤ 価格が安いという利点だけでなく，これを利

用することは ⑥ 食生活に季節感を持たせ，生活全般に豊かさを与える，⑦ 環境保全に役立つという利点もあると考え，これを学校給食に取り入れるために旬暦を作成して献立作成に生かすことを提案している。このような旬の野菜の効用は，一般に広く信じられているようであるが，上記①-④についてはいずれも根拠に乏しいと言わざるを得ない。トマトの場合を例にとると，市場に多くのトマトが出回る時期は，かつては7-8月であったが，施設栽培が盛んになった今日では5-6月に早まっている。これは，盛夏のトマト栽培は病害虫の発生が多く，栽培しにくいために，ハウスやトンネルを利用して栽培時期の前進が図られた結果である。また，夜温が高いと果実の呼吸による消耗が大きく糖含量も低下するので，7-8月には高冷地で栽培が行われるようになっているが，必ずしも適温とはいえない。さらに，気温の高い時期には完熟に近い状態で収穫すると軟化が急速に進んでしまうので，春や秋に比べると，かなり早い段階で収穫することになる。そのため，盛夏のトマトに比べると春や秋のトマトの方がおいしいという人もいて，味と旬との関係も必ずしも明確ではない。森（1989）も，「栽培技術や品種改良が進んだ現在では，冬にじっくり育てたトマトも【旬のトマトに】ひけをとらずおいしい。」と述べている。

　前述した秋永ら（2005）は同じ文献で，① 夏野菜は体内の陽気を冷やす働きがあり，冬の野菜には生体防御能を高める働きがあるように旬の野菜はその時期に人間が必要とする成分を含んでいる，② その土地で適期に収穫されたものが健康に良い（身土不二），という東洋医学の見解を紹介している。このうち，① は「宇宙自然を陰陽二気あるいは木，火，土，金，水の五行に還元し」，これによって「自然や人間に関する諸現象」が説明できるという中国古来の考え（戸川，2014）に基づくものである。こうした考えは陰陽五行説と呼ばれ，紀元前3世紀頃に体系立てられ，漢代にかけて広く流行するようになった。飯島（1939）は陰陽とは日月，五行とは五つの惑星（木星，火星，土星，金星，水星）から導かれたもので，陰陽説と五行説とは不可分の関係にあり，五行説は陰陽説が発展したものと考えている。五行説では万物の持つ様々な特性が木，火，土，金，水の5要素（五行）に纏められるとする。例えば，「食物や薬物の作用や性質を担う成分であり，現代の栄養成

XI. トマトの旬

分に相当する概念」（真柳，2010）として酸，苦，甘，辛，鹹（塩からい）の五味，季節として春，夏，土用，秋，冬の五季が五要素に対応し，また，これら五つの要素は互いに相手を生み出していく関係（相生）や相手の効果を打ち消していく関係（相克）にあると考えられてきた（亀田，2009）。現存するわが国最古の医学書である『醫心方（医心方）』巻三十では，食品（穀類，果実，肉類，野菜）の性質について，五味を含めた説明がなされており，野菜の多くは甘，一部が苦や辛の性質を持つとされる（粟島，1997）。『医心方』には，六朝時代の人，崔禹錫が著わした佚書である『食経』が引用されているが，その引用の中に季節によって食べてよいものの記述がある。それによれば，春（立春から穀雨までの72日）には酸と鹹，夏（立夏から大暑までの72日）には甘と苦，秋（立秋から霜降までの72日）には辛と鹹，冬（立冬から大寒までの72日）には鹹と酸，立春，立夏，立秋，立冬前の18日間には辛，苦，甘味の食材を食べるのがよいとされている。これは季節の味（時味）に富んだ食べ物が健康によいとする立場を表明したものである。しかし，同じ『医心方』には唐代の医書『千金方』の引用として春には酸を省いて甘を増し，夏には苦を省いて辛を増し，秋には辛を省いて酸を増し，冬には鹹を省いて苦を増し，立春，立夏，立秋，立冬前の18日間には甘を省いて鹹を増すのがよいとの記述がある。これは時味に富んだものは身体に悪影響を及ぼすので避けるべきとする立場に立つものである。このように文献によって，相生の関係を利用して季節の気（時気）を増すことが健康にとってよいとする前提に立つものと，相克を利用して時気を減ずるのが健康によいとする前提に立つものとがあり（亀田，2009），五行説に基づく食と季節の関係についての見解は必ずしも統一がとれている訳ではない（中村，1973）。陰陽五行説を根拠に食物の機能を説明する問題点については，次節「四気説（食べ物の温と冷）とトマト」で考えてみたい。

大正中期から昭和初期の農山漁村地域では食生活改善の影響はまだ及ばず，食事は麦飯と「その時期その時期に採れる，限られた作物ばかりを食べる」食事だった。こうした単調な食事は「ばっかり食」と名付けられて，戦後になると「栄養的に偏りがあると否定的な扱いを受けることに」なった（矢野，2009）。しかし，麦飯と季節野菜の煮物が中心の食事ではあったが，地方によっ

ては限られた食材と調理法の中で単調な食事に変化をもたせる努力が精一杯の工夫のもとで行われたとされる（石川と江原，2002）。また，亀田（2010）は旬の野菜を使った給食メニューの作成にあたり，工夫によって変化に富んだメニューにすることが可能であると述べている。畝山（2009）は，食品の選択に当たって「小さなリスクでも許容できないとして排除してしまうと結果的に選択肢が減って全体のリスクが高くなる」と述べ，多様な選択をすることが，農薬や微生物汚染に対するリスクを減らす上でも重要であると指摘している。しかし同時に，端境期や天候不順で生鮮野菜や果物が不足しているような場合には，缶詰や冷凍品などを上手に組み合わせることによって，旬（出盛り期）の野菜や果物で安価にバラエティー豊かな食卓にすることができると述べている。

XII．四気説（食べ物の温と冷）とトマト

中国では，食材には五味とは別に寒，熱，温，冷の性質（四気）があるとされ，『医心方』巻三十には個々の食材の効能が四気を含めて記述されている（粟島，1997）。食材や薬剤の効能として五味の他に，寒，熱，温，涼の四気があるとする考えは元来，薬剤の効能を説明するものであったが（森，2011），食材にも拡大解釈されたようで，四気による医薬や食材の分類は『医心方』に限らず，『本草綱目』をはじめ，その後の多くの本草書にみられる。漢方で用いられる薬剤にはショウガやユリネのように食品として利用されるものも多いので，食材に何らかの薬効があるかも知れないが，その薬効を観念論的な四気や五味に結び付けることは，真柳（2010）の言うように「食効能の簡略化と記憶には便利であるが，それ以上の価値を持つものではない」。

古代ギリシャの哲学者，エンペドクリスは「【万物の】構成要素（ストイケイオン）は四つ，火と水と土と空気である。そしてそのほかに，それらの要素がそれによって結合される愛（ビリアー）と，それによって分離される争い（ネイコス）とがある。」と考えた（ディオゲネス・ラエルティオス，1994）。また，火は熱いもの，水は湿ったもの，空気は冷たいもの，土は乾いたものであると考え，これらの四要素間の相互変化を否定した。これに対して，ア

XII. 四気説（食べ物の温と冷）とトマト

リストテレス（2013）は物体の諸始原は触れることのできるもので，熱い・冷たい，乾いた・湿ったという反対的性質を持った四つが基本的性質であり，2×2の性質の組み合わせから火，水，土，空気ができるとした。すなわち，火は「熱い」と「乾いた」という二つの割符を持っているが，その割符の一つ，例えば「熱い」が反対的な性質である「冷たい」に変化すると火は空気に変化する。こうした四つの基本的な性質の組み合わせによって四要素が作られ，それらによってすべての物質が構成されているという概念はギリシャの人々の健康に対する考え方にも大きな影響を及ぼし，食材に身体を温める性質を持つものと冷やす性質を持つものがあると信じさせることになった。すなわち，古代ギリシャの人々は，① 人間をはじめとする様々な物質が四つの体液（粘液，血液，黄胆汁，黒胆汁）から構成されている，② 飲食物の中にこれら四つの体液と同じ性質，「湿で寒」，「湿で熱」，「乾で熱」，「乾で寒」，がある，③ 健康の維持のためには，これら四つの体液のバランス，あるいは熱い‐冷たい，湿った‐乾いたのバランスが重要で，これが崩れると病気になると考えた（インノチェンツォ・マンツイーニ，2006）。こうした思想はローマを経てアラブ世界やラテンアメリカ世界にも広まっていったが，その過程で湿‐乾のバランスの重要性は失われていった（Logan, 1978）。その結果，食べ物を熱い，冷たいに二分し，熱い時には冷たい食物で体のバランスを取るべきだといった健康観が広まった（Logan, 1978；McCullough, 1978；滝口, 1995）。しかし，古代ギリシャの医者であったヒポクラテスは，虚弱な「人に打穀場から取って来た，生のままの，調理しない小麦を，それから生肉を食べさせ，また水を飲ませ」たら消化不良を起こし，身体は衰弱するが，「小麦の代わりに小麦パンを，生肉の代わりには調理された肉を取り，これに加えて葡萄酒を飲む」ことによって健康になるという例を挙げ，食材そのものの持つ温，冷という性質よりもどのように調理するかが重要であると述べている（ヒポクラテス，1963）。

　トマトが体を冷す食べ物であるという説は広く世に流布しているが，これは，例えば『本草綱目』のナスの項に「茄子（気味）甘寒無毒」との記述があることから，同じナス科のトマトも冷の野菜に分類されたものと推察される。いずれにしろ，食材そのものを温と冷に分ける考え方は洋の東西を問わ

ず一部の人々の間で今も信じられているが，このような科学的根拠のない説にとらわれることは，「多種多様な食品をバランスよく食べる」という健康的な食生活（畝山，2009）を送る上で，かえってマイナスに作用する危険性がある。

第5章　トマトと健康

　現在では，トマトは健康食品と考えられている。トマトと健康との関わりについて，外国では「トマトが赤くなると医者が青くなる」という諺のあることがよく引き合いに出される（森，1989）。この諺がどこの国の諺であるかは不明であるが，「A tomato a day keeps away doctor」という英語がこの諺に近いものと考えられる。これはマザーグース（河野，1998）にも出てくる「An apple a day keeps away doctor」をもじったもので，トマトだけでなく，バナナやその他の食品に置き換えられて使われている。

Ⅰ．機 能 性

　食品には，炭水化物，タンパク，脂肪，ビタミン，ミネラルなど栄養成分としての働き（一次機能），味，色，香り，食感などを通じて人間の嗜好を満足させる働き（二次機能）の他，体の働きを調節し，病気の予防に役立つ働き（三次機能）がある（瀬川，2002）。三次機能を効果的に発現するように設計した食品は機能性食品と呼ばれる（荒井と清水，2007）。機能性食品という語は1970年代にわが国の研究者達によって提唱され，80年代にヨーロッパ，90年代にはアメリカでも用いられるようになったが，そのルーツは中国の薬食同源思想にある（Guo，2009）。現在，アメリカでは90%以上の人が食品には栄養分の摂取という目的以外に健康効果があると信じており，機能性食品に対して興味を持つ人が増加している。

　機能性食品は時に健康食品とも呼ばれる。これまで法律的には特定保健用食品（トクホ），栄養機能食品の二つであったが，2015年4月に新たに「機能性表示食品」というカテゴリーが設けられた（高橋，2016）。トクホとは健康増進法で人間に効果を持つことが「科学的に」確かめられたものに対して表示することが認められており，そのためには臨床試験を行って被験者群と

対照群との間に有意な差があることを確かめ，消費者庁長官の許可を受けなければならない。また，栄養機能食品とは人間の健康に必要であることが認められている成分で，時に不足しがちな成分を錠剤等の形で補給するもので，国の規格基準に合致しているものをいう。栄養機能食品は国への届け出や審査を受けなくても販売することができる。これに対して「機能性表示食品」は販売前に安全性及び機能性の根拠に関する情報（過去に行われた研究の総括，レビュー）などを消費者庁長官へ届ければ，個別の許可を受けなくても事業者の責任において機能性を表示することができるというものである（高橋，2016）。届けられた情報は消費者庁のウェブサイトに公開されるが，「研究論文の質は千差万別で，果たして適切な評価がされるのかまず疑問が残る」（毎日新聞社説，2015年4月5日）と指摘されている。この社説は「消費者の自覚も問われる。そもそも機能性食品を多く摂取しても病気が治るわけではない。健康についての常識を身に着け，事業者の説明をじっくり検討し上手に利用したい。」と結んでいる。トマト関連では，現在，機能性表示食品としてトマトジュース3種類とリコペン由来の錠剤1種類がHDLコレステロール（高密度リポタンパクコレステロール）を高める効果があるとして届けられている（消費者庁，2016）。届け出に当たって消費者庁に提出した書類（機能性情報A106-A109）に関しては，本節のメタ・アナリシスについて説明した部分でもう一度話題としたいが，「トクホといえども効果は限定的である。どのような使い方で「効果」がありなのかを確認してから利用するか，否かを決めた方がよい。」という高橋（2007）の指摘を踏まえれば，特保に比べて科学的根拠に劣る機能性表示食品には，より慎重な態度が求められるべきである。

　ところで，医薬品や食品などの効果を科学的に調べる方法の一つに比較対照試験がある。船乗りたちを苦しめていた壊血病の治療法を模索していたイギリスの船医，ジェームズ・リンド James Lind（1757）は1747年5月20日に艦船ソールズベリー（Salisbury）で歯肉の腐敗，倦怠感，膝の異常など典型的な壊血病の症状を示す患者12名を6グループに分け，それぞれに次のような処置を施した：①1クオート（約1.14リッター）のリンゴ酒（cider）を与える，②1日に3回，空腹時に25滴の硫酸塩エリキシル〈エタノール，

Ⅰ．機能性

糖を含む希硫酸溶液で，香味料を添加して飲みやすくしたもの；Davies ら（1991）〉を投与し，うがいによって口中を酸性にする，③ 1 日に 3 回，空腹時にスプーン 2 杯の酢を与え，薄い粥やその他の食事を酸性化するとともに酢でうがいさせる，④ 膝の裏が硬直した最も重症の患者 2 名には弱い下剤としての効果を期待して 1 日に 1/2 パイント（約 0.28 リッター）の海水を与える，⑤ 6 日間だけ 1 日にオレンジ 2 個，レモン 1 個を与え，空腹時に食べさせる，⑥ ニンニク，カラシナの種子，ダイコンの根，ペルーバルサム，没薬樹脂から作ったナツメグ大の舐剤〈しざい〉〈この舐剤は船医によって推奨されていた〉を 1 日 3 回，オオムギの煮出し汁（期間中 3，4 回，酒石英を添加）と一緒に与える区。その結果，オレンジとレモンを与えた 2 名は症状が急速に改善され，うち 1 名は 6 日目に職務に復帰できた。オレンジに次いで有望だったのはリンゴ酒で，2 週間後には歯肉の症状や倦怠感が改善された。硫酸塩エリキシルのうがいは口中を清潔にし，良好な状態に保つ上では効果があったが，その他の点では酢を与えた区や舐剤を与えた区と差が見られなかった。これらの事実から，リンドはオレンジとレモンの投与が壊血病の治療に最も効果的であると結論した。リンドの研究は比較対照試験の先駆けとなるものであったが，重症の患者を海水処方区に割り当てており，患者の分類が無作為に行われたとは言い難い。比較対照試験では患者のグループを病状，年齢，発症前の状況が同じになるように揃えなければならず，こうしたランダム化（無作為化）ができていない実験では正しい結果が得られないとされる（佐藤，2005）。フィッシャー（1971）は，1935 年に出版した著書の中で，ミルクを先に入れたミルクティーと紅茶を先に入れたミルクティーでは味に差があり，自分はその違いを識別できると言う夫人の言説の真偽を確かめるために，ミルクを先に入れたミルクティーと紅茶を先に入れたミルクティーを 4 杯ずつ被験者にランダムに飲ませ，違いが分かるか，どうかを検証した実験を例に，ランダム化の重要性を説明している。すなわち，ミルクを先に入れるカップに砂糖を加え，紅茶を先に入れるカップに砂糖を入れなければ，両者の風味の違いは歴然で，初めの 1 杯を偶然当てることができれば，他のカップの判別ができるので，紅茶の種類を言い当てる確率は 1/2 になってしまうと述べ，実験条件をランダム化することの重要性を指摘するとともに，紅茶の濃さや温度など，

第 5 章　トマトと健康

被験者が飲む紅茶の条件を揃えることの難しさを指摘している。

　ところで，新薬の効能を調べる試験のような場合，薬に効果がない場合でも，本物の薬として服用してもらうと，効果が現れることがある。この効果は心理的なもので，プラセボ（偽薬）効果と呼ばれているものである。18 世紀末に特殊合金でできた 2 本の金属棒で痛む部分をこすることによって痛みを除くことができるとした治療法の真偽を確かめるため，ヘイガース Haygarth（1801）が友人の医師に本物と偽の材料で作った棒で治療効果を比較する実験を提案，試験した結果，偽の棒でも本物同様の効果が現れることを見出し，心理的な効果が大きいことを明かにした（シンとエルンスト，2010）。そのため，被験者に本物の薬に似せたプラセボを与え，本物の薬か，プラセボかが分からない状況にして試験を行う必要があるとされる。また，医師が被験者に与える薬が本物か，プラセボかを知っていると，それが無意識のうちに被験者に伝わってしまう可能性があるので，現在では医師，被験者の双方に本物か，プラセボかが分からない状況にして試験が行われる。こうした試験方法は二重目隠し法と呼ばれるが，元々有害と分かっている物質について二重目隠し法で試験を行うことは倫理的に問題がある。また，薬なら見た目も味も同じプラセボを使うことができるが，食事ではプラセボを使えば被験者に簡単に見破られてしまうので，食品の効能を確認するために二重目隠し法を用いることは困難である（佐々木，2015）。疫学調査は，二重目隠し法に代わる方法として今日広く用いられている方法である。「これは人間を実験の対象には原則できないという倫理的な問題と，人間の寿命が実験動物よりもずっと長いので待っていられない」という理由から，観察を基にする疫学研究が有効な研究方法と認識されているからである（津田，2011）。

　疫学調査の例を挙げると，トマトおよびトマト加工品の摂取と発がんとの関係についてジョバヌッチ Giovannucci ら（1995）は 1986 年に 40-75 歳のアメリカの歯科医，整骨医，薬剤師，獣医など医療関係者 51,529 人に質問票を送り，年齢，身長，体重，投薬，病歴，身体運動の有無，飲食の状況などについて調査した。また，飲食状況の調査は 131 の食品について食べる量と頻度を調べ，これを基にビタミン A，カロテノイド，カロリー摂取量を推定した。対象者のうち，既にがんを患っている者，1 日当たりの栄養摂取量が

4,200 キロカロリー以上あるいは 800 キロカロリー以下の者を除いた 47,894 名について，その後 1994 年まで 2 年ごとに前立腺がんの発症について追跡調査を行ったところ，リコペン，トマト，トマトソース，ピザの摂取量と前立腺がんの発症リスクの間には高い負の相関が見られたが，トマトジュース，他の果実や野菜，カロテノイドの摂取量との間には関連が見られなかった。ギャン Gann ら（1999）も 40-82 歳の 22,071 名のアメリカの医師を対象に 1982 年から 1995 年まで天然 β-カロテンを 1 日おきに 50 mg を投与するグループと投与しないグループに分け，試験開始前に血液検査を実施し，その後毎年 1 回健康記録の提出を求める調査を実施した。1995 年までの前立腺がん患者数は 578 名で，これらと年齢，喫煙歴などがほぼ一致する被験者 1,294 名を選んだ。これらの計 1,872 名の血漿〈血液を遠心分離した時の上澄み部分，血液の血球以外の部分〉中のカロテノイドの各成分について，濃度別に 5 段階に類別し，がんを発症した人数と発症しなかった人数を比較したところ，β-カロテンを投与しなかったグループでは測定したカロテノイド成分のうち，血漿中のリコペン濃度が高くなるとがんの発症が有意に低下することが認められた。これに対して，クリスタル Kristal ら（2011）は，直腸指診で異常がなく，前立腺がんの病歴がない被験者の中から前立腺マーカー（PSA）値 3 ng ml^{-1} 以下の 18,880 名を選び，前立腺肥大を抑制する働きのあるフィナステリドを 1 日 5 mg またはプラセボを投与する試験を 7 年間にわたって実施した。この間毎年，直腸指診あるいはマーカー検査を行い，指診で異常が認められた場合，あるいは PSA 値が 4 ng ml^{-1} を超えた場合に針生検〈針を刺して病理検査用の組織を採取すること〉を受けるよう勧め，7 年目には異常が認められなかった者にも針生検を受けることを求めた。針生検の結果は，グリソン・スコア〈がんの悪性度を 2-9 で指標化したもの〉で表示した。そして，スコアが 2 以上の被験者 1,683 名と，これと年齢，人種構成，喫煙歴，家族の前立腺がんの病歴などがほぼ同じになるように選んだ対照群 1,751 名について，試験開始 1 年目と 4 年目の血清〈血液を放置しておいた時の上澄み部分，血球とフィブリノーゲン以外の血液部分〉中の平均リコペン濃度別に，スコア 2 以上の被験者数と対照被験者数の比を求めた〈この比が大きいほど，前立腺がんのリスクが高いことになる〉。その結果，全体としてみると血清中

第5章 トマトと健康

リコペン濃度と前立腺がんのリスクとの間に関係は見いだせなかったため,血清中リコペン濃度を高めることががんの防止に役立つとは言えないと結論した。

ところで,臨床試験や疫学調査の中には多数の被験者を対象に注意深く行われたもののあれば,少数の被験者を対象にずさんな計画の下に行われたものもある。したがって,1度きりの臨床試験や疫学調査で,ある治療法に効果が認められたからといって,その治療法に本当に効果があると信じるのは早計に過ぎる。サイモン・シンとエツァート・エルンスト(2010)は,不妊治療(体外受精・胚移植)を受けている患者に対して患者と直接的な関係のない人たちの祈りによって,妊娠率が対照群に比べて倍になったという研究例(Chaら,2001)を紹介し,多数の研究例をもとに研究の質を十分見極めた上で効果を判定する,いわゆる系統的レビューを行うことの重要性を指摘している。ところで,前述した前立腺がんの他,冠動脈性心疾患などに対してもリコペンによる発症リスク低減効果が認められたとする疫学的研究がある(Kunら,2006)。しかし,バートン-フリーマン Burton-Freeman とライマース Reimers(2011)は,発がん抑制,循環器疾患,皮膚・骨・脳の健康という観点から,トマトおよびトマトに含まれるリコペンが健康に及ぼす影響を調べた研究の系統的レビューを行い,前立腺がんの発症リスクを低下させる効果以外には明確な証拠がないとした。一方,系統的レビューの中で,特に全体の結果を数量的に纏める作業をメタ・アナリシス(メタ解析)というが(佐々木,2015),リード Ried とファクラー Fakler(2011)は2週間以上リコピンを供与した14研究を精査し,リコペンが血中脂質濃度や血圧に及ぼす効果についてメタ・アナリシスを行った。それによると,リコペンを1日に25 mg以上摂取させた実験についてリコペン供与区と対照区を比較すると,リコペン摂取は全コレステロールとLDLコレステロール〈低密度リポタンパクコレステロール:高いと動脈硬化の危険が高まると言われる〉を低下させる効果があった。しかし,25 mg以下しか摂取させなかった実験ではリコペン摂取の効果がなく,またHDLコレステロール〈高密度リポタンパクコレステロール:低いと動脈硬化の危険が高まると言われる〉やトリグリセリドに対してはリコペン摂取量の多少に関わらず,有意な効果が認められなかった。血圧に

ついては4研究しか解析に用いることができず、結論を得るにはさらに研究の必要があるが、収縮期血圧を低くする効果が認められたと述べている。同様のメタ・アナリシスは、前述の機能性表示食品（トマトジュースなど）の申請に際しても 1,318 編の論文からスクリーニングした3編の論文を対象に行われている（消費者庁, 2016）。得られた結果は、リコペン摂取には血中 HDL コレステロールの濃度を維持させる働きがあるが、LDL コレステロールやトリグリセリド濃度には効果を示さないというもので、リード Ried とファクラー Fakler（2011）とは異なる結果であった。これは研究例の少なさ、メタ・アナリシスに用いた研究に違いがあったことに加え、申請書で考察しているように「食品が示す機能性は医薬品と比較すると非常に微弱であり、その効果は個人や試験方法によって結果に大きな違いが生じる可能性を示している」からだと考えられる。さらに、佐々木（2015）はメタ・アナリシスの結果が研究費の出所先によって影響を受ける可能性があることを指摘しており、メタ・アナリシスであっても批判的な眼で見ることが必要だと思われる。

Ⅱ．フードファディズム

　フードファディズムとは栄養成分が健康や病気に及ぼす影響に対して過度に信頼を置くことと定義される（Kanarek と Marks-Kaufman, 1991）。特定の食品（例えば, 有機食品, 栄養成分のロスを避けるため生に近い状態で食べるローフード, 全粒粉など）の有効性を過大に評価し、逆に特定の食品（砂糖, 精白粉など）を過度に批判することはフードファディズムの典型例である。フードファディズムの弊害として、① 親が厳格なベジタリアンのために子供が栄養不良に陥る場合があり、逆にビタミンなどの過剰摂取から健康被害が起こることがある、② 少量販売で輸送費もかさみ、高価で取引されるなど、経済性が劣る、③ フードファディズムを信奉する偽医者によって効果が認められていない食事療法が行われ、かなりの額の施療料を要求されることなどが指摘されている（Kanarek と Marks-Kaufman, 1991）。高橋（2007）は、フードファディズムが蔓延する原因として、① 市場に食品が溢れており、自由に選択

第 5 章　トマトと健康

できる，② 健康志向が強い，③ 時に食品の偽装や汚染などが起こり，食品の生産，製造，流通に不安がある，④ 誤った情報を含め，過剰な情報が提供されるが，多くの人は情報の真偽を見抜くメディアリテラシーに不慣れなことを挙げ，食品成分の機能性情報に振り回されることなく，食生活全体を俯瞰して多くの食品をバランスよく食べることの重要性を指摘している。

　しかし，2005 年の寒天・トコロテン品切れ騒動や 2007 年の納豆品切れ騒動など，テレビで放映された「健康情報番組」によって特定商品の品切れ騒動が起こり，時に健康被害がもたらされるなど，フードファディズムに起因する社会的，経済的混乱は今もしばしば発生している（高橋，2007）。これらテレビ番組は科学的な根拠に乏しい学術論文などを引用して，信頼出来る情報のように装って結果の一部のみを強調する手法によって構成されており，こうした情報を流すマスメディアの責任は大きい。しかし，次に紹介するトマトの例はマスメディアの責任というよりは，健康を求める消費者の過剰な反応によるものである。キム Kim ら（2012）はトマトジュースに 13-オキソ-9, 11-オクタデカジエン酸（13-oxo-ODA）という炭素数 18 の不飽和脂肪酸が含まれていることを明らかにし，この不飽和脂肪酸が脂質代謝に及ぼす影響を調べるため，高頻度で安定的に糖尿病を起こすマウスの系統（KK-Ay マウス）（西村，2002）に 13-oxo-ODA を 0.02% あるいは 0.05% 含む高脂肪食を与えて 4 週間飼育した。その結果，13-oxo-ODA を与えた区では血中および肝臓中の中性脂肪の上昇が抑制されること，また 0.05% 13-oxo-ODA 区では直腸温度が 0.67℃上昇することを明らかにし，13-oxo-ODA によって脂肪代謝が促進されている可能性があると発表した（Kim ら，2012）。この報告は，新聞紙上でも大きく取り上げられたが，研究に携わった研究者が記者会見において，この成果は直ちに人間には当てはまらないと述べたことも記事の中で触れられている。それにもかかわらず，この記事が掲載されると，消費者の間にトマトブームが起こり，2008 年以降 25 万 2 千トンから 27 万 1 千トンの間で低迷していたトマト加工品の生産量は 31 万 5 千トンに増大し（全国トマト工業会，2014），トマト産地はもとよりカゴメも創業以来の最高益を挙げた（朝日新聞 2013 年 4 月 25 日）。また，2012 年の卸売市場へのトマト出荷量は例年と変わりがなかったが，価格は例年よりも高値に推移した。しか

し，そのブームも長くは続かず，翌年にはトマトの市場価格は以前の水準に戻ってしまった。このような一過性のブームは消費者に何らメリットをもたらさないだけでなく，機能性の追求こそが高い価格での販売を可能にし，売り上げを伸ばす鍵であるという誤ったメッセージを生産者や製造者に発信することになる。しかし既に述べたように，機能性を検証するためには大規模な疫学調査が必要であり，疫学調査を行ったとしても，明確な効果が認められるか，どうか判然としないことも多い。このため，生産者，製造者が過度に機能性を追求すれば，科学的根拠が不十分なままに機能性を謳う商品を次々に世に送り出すことになりかねず，消費者はより一層フードファディズムに踊らされる可能性が高まる。

Ⅲ．残留農薬をめぐる問題

農薬は病害虫や雑草に影響を及ぼすだけでなく，防除対象以外の作物，人間や動物，環境にも影響を及ぼす可能性がある。したがって，その影響を科学的に評価し，悪影響が起こらないように使用することが重要であり，食品添加物などの化学物質と同様，製造，販売をするためには事前に安全性を評価し，登録申請しなければならない。安全性の評価は短期間に多量の農薬を摂取した場合の急性毒性と，長期間にわたって微量の農薬を摂取し続けた場合の長期毒性（慢性毒性）の両面から調べられる。急性毒性は農薬の使用者，長期毒性は農薬が使用された農産物を利用する消費者に対する影響を調べることを目的にしている。長期毒性試験は長期にわたって農薬を投与したときに毒性が見られない最高投与量（NOAEL）を明らかにするため，以下の項目について実験が行われる（日本植物防疫協会，2014）。

① げっ歯類（通常はラット，雌雄各20匹以上）と非げっ歯類（通常はイヌ，雌雄各4匹以上）に1年間餌または水に混ぜて投与し，体重増加抑制，嘔吐，運動障害の有無などを調べる。

② 2種類のげっ歯類（通常，ラットおよびマウス，雌雄各20匹以上）について，ラットは24-30か月，マウスは18-24か月，餌または水に混ぜて投与し，発がんを調べる。

③ げっ歯類（通常，妊娠ラット20匹以上）に2世代にわたって餌または水に混ぜて投与し，生殖機能および出生児の発育に及ぼす影響を調べる。

④ げっ歯類（通常はラット）と非げっ歯類（通常はウサギ）について，着床から分娩予定日の2日前まで経口投与し，胎児の発生，発育，特に催奇性について影響を調べる。

⑤ 細菌，哺乳類の培養細胞等を用いて遺伝子や染色体の異常（変異原性）を調べる。

これらの試験で，いずれの項目についても害が認められない農薬量の最大値を体重1kg当たり，1日当たりのmgに換算したものを無毒性量（NOAEL）といい，これに不確実係数100〈動物と人間との差，個人差の不確実係数を各10とする〉で割ってADI（一日許容摂取量）を算出する。ADIに日本人の平均体重53.3kgを掛けたものが一日に許容可能な摂取量である。一般の化学物質の場合には，一日に許容可能な摂取量をその化学物質を含む食品の摂取量で割った後，その食品の摂取寄与率〈その食品からその化学物質を摂取する割合〉を掛けて基準値を求める（村上ら，2014）。これに対して，農薬の場合には作物残留試験を行い，認められた使用法に従って適正に施用した場合に農産物に残留する農薬の最大量を明らかにし，これを基に残留基準（最大残留基準値，MRL）を決める。例えば，ある農薬の使用が作物A，B，C，D，Eについて認められている場合，残留試験によって明らかになった各作物の最大農薬残留量から仮に農薬の暫定基準値を決める。次に国民栄養調査の結果から各作物の1日当たりの平均的な摂取量を調べ，これら二つのデータから日本人の平均的な農薬摂取量を推定する（**第5-1表**）（農薬工業会，2009）。この推定値がADIの80％を超えなければ，この仮の値が基準値となる。ADIの80％とするのは，作物以外に飲料水などから摂取する量を考慮してのことである。基準値は最大農薬残留量よりも高く設定されていること，また，すべての作物に基準値ぎりぎりの量が含まれていることはありえないと思われるので，実際に私達が摂取する農薬の量は，正しい方法で農薬が使われている限りは一日に許容可能な量を大幅に下回るはずである。実際，食品購入量を基に85食品を購入し，必要に応じて調理した後，13群に分けた食品グループについて農薬検査を行い，1日当たりの摂取量を計算してみると，

III. 残留農薬をめぐる問題

第5-1表　農薬の推定摂取量の計算例（残留基準の求め方）

作物	最大作物残留量 (ppm)	仮の基準値 (ppm)	フード ファクター[1](g)	推定摂取量[2] (mg)
A	0.65	2	60	0.12
B	0.75	2	55	0.11
C	0.45	1	30	0.03
D	0.30	1	20	0.02
E	0.90	2	10	0.02
合計				0.30

[1] フードファクターとは，その食品群の一人一日当たりの平均摂取量。
[2] 推定摂取量（ここでは0.30mg）がADI×53.3（例えば3mg）の80％以下であれば，この仮基準値を正式な基準値とする。もし，作物Eの仮基準値を倍の4ppmにした場合でも，推定摂取量は0.32mgでADI×53.3の80％以下なので，これが正式な基準値になる。

ADI×53.3の数％に過ぎない（佐々木，2002）。また，2007年の中国製冷凍餃子のメタミドホス〈有機リン殺虫剤の一種〉混入事件を受けて，食品安全委員会は短期間に多量の農薬を摂取した場合の健康影響の有無を判断する基準として急性参照用量〈ARfD；人が24時間あるいはそれより短時間に経口摂取した場合に健康に悪影響がでないと推定される1日当たりの摂取量〉を設定した（畝山，2009；厚生労働省医薬食品局食品安全部基準審査課，2014）。このように農薬残留基準値の安全性はADIとARfDによって担保されてはいるが，基準値はあくまで「農薬が適正に施用されたか，どうか」を判定するためのものである（厚生労働省医薬食品局食品安全部基準審査課，2014）。また，すべての農薬について農薬残留試験が行われているわけではないので，試験が行われていない農薬については一律0.01ppmを基準値として用いることになっている〈この制度をポジティブリスト制度という〉。

椛島ら（2008）は2001年4月から2006年3月まで愛知県内で市販された野菜と果実，計822検体（国産600検体，輸入品222検体），222種類の農薬について残留調査を行った結果を纏めているが，これによれば603検体から延べ1,833農薬が検出されており，うち12検体〈検査当時の基準で822検体

中1.5%，ポジティブリスト施行後の基準で見ると42検体5.1%）で残留濃度が基準値を超えたことを報告している。トマトの場合，32検体中31検体から計22種類の農薬が検出されており，年々検出される検体数は減少する傾向にあるものの，かなりのサンプルに農薬が残っている。福井ら（2010）も2007年2月から2009年11月まで大阪府内で流通する野菜と果実，計529検体について131の農薬について分析を行い，26%の検体から農薬を検出している。しかし，基準値を超えた検体は2検体（0.4%）で，検出された農薬の90%以上が基準値の10%未満であったことを報告している。トマトの場合，基準値を超えるものはなかったが，35検体中51%に相当する18検体で農薬を検出しており，キュウリとともに他の野菜〈根菜類や結球性の野菜など〉に比べると農薬の検出割合が高く，これは愛知県での結果（椛島ら，2008）とも一致している。また，基準値を超えた2検体（コマツナとシュンギク）から検出された農薬は，これらの野菜に使用が認められていない農薬で，同じハウス内で栽培されていたホウレンソウやトマトに散布された農薬が飛散し，意図せず混入，残留したと推定されている。シュンギクの例では，0.02 ppmの殺菌剤メパニピリムの残留が認められたが，これはトマトでの基準値5 ppmに比べて十分に低い値であり，シュンギクの消費機会から考えても，それから摂取するメパニピリムの量は少なく，健康に対するリスクも少ない筈である。しかし，残留試験が実施されていないため一律基準値である0.01 ppmが適用され，回収措置が取られた。このように，農薬の残留基準値は農薬が適正に使用されたか，どうかを基準に設定されているため，健康リスクがあるか，どうかの判断には全く役に立たない（村上ら，2014）。にもかかわらず，リスクが低い場合にも残留基準値を超えたものは市場から回収しなければならないなど，その矛盾や弊害が指摘されている（畝山，2009；村上ら，2014）。

　アメリカやヨーロッパでは，基準値を超えても直ちに回収ということにはならない（村上ら，2014）。アメリカでは基準値を超えた農産物の出荷者にはFDA（連邦食品医薬局）に基準値超えの原因調査とその対策について報告することが義務づけられているが，市場流通を止める権限が与えられているFDAが回収を命ずることは少ない。2014年に農務省（USDA）の農業マーケ

ティングサービスが全米 10 州の市場に出回っている国産と輸入物の食品について調査した結果によると，果物と野菜およびその加工品 8,582 サンプルのうち国産 19，輸入物 19 の計 38 点が残留基準値〈tolerance level，MRL のこと〉を超えていることが明らかになった（Agricultural Marketing Service, 2016）。そのうちトマトはメキシコ産の 3 点で，いずれも殺虫剤マラチオンと殺菌剤キャプタンの代謝産物であるテトラヒドロフタルイミドの基準値超えであった。これら二成分はアメリカ産およびメキシコ産のトマトから高頻度で検出されたが，アメリカ産とメキシコ産の比較ではアメリカ産の方が検出頻度は高かった〈マラチオンは 22.0% と 10.7%，テトラヒドロフラルイミドは 35.3% と 20.4%〉。環境保護庁（EPA）は農薬調査の結果と食品摂取量のデータを基に農薬に対する暴露量を計算し，安全性の評価を行っている。

Ⅳ．有機栽培

　レーチェール・カーソン（1974）は『沈黙の春（Silent Spring）』の中で，有機合成農薬の乱用の結果，食物連鎖によって鳥類の体内に高濃度の農薬が残留し，その生存が脅かされていることを指摘したが，その結果，多くの人々が農薬の安全性に疑念を抱くようになった。その後，農薬の安全性や必要性を説く人々と環境や健康に対する懸念を抱く人々の間で大きな議論が起こり，未だその懸念が完全に払拭されたとは言えない状況にある。また，農薬や化学肥料を使用しない有機農産物の方が一般の農産物よりも健康に良く，栄養成分にも富んでいると考えている人も多く，有機農産物の需要はわが国だけでなく，世界的にも増加しつつある（Williamson, 2007）。世界的な動きとして，1990 年代に入ると，EU やアメリカでは独自の基準を作って有機農産物を認証する制度が整備され始めた。また FAO と WHO の下に設置された CODEX 委員会（食品の表示に関する委員会）で有機野菜をはじめとする農産物の表示についての議論が行われていたが，ここでも有機食品の表示の統一が話題となり，1999 年に統一基準が作成された。この動きを受けて，わが国でも同年に日本農林規格（JAS）が改正されて有機農産物の生産方法が定められ，また生産者は認定機関から認定を受けた場合に限り有機 JAS マークをつけ

第5章　トマトと健康

て販売できることになった。

　アメリカ農務省が1994年から1999年に実施した果物と野菜の残留農薬検査（農薬データプログラム）によれば，有機野菜と果物127点中，残留農薬が検出されたものは29点（23%）であったのに対し，IPM農産物は195点中91点（47%），普通農産物では26,571点中19,485点（73%）で農薬が検出されている（Bakerら，2002）。検出された農薬のうち，1970年代から禁止されている毒性が高く，難分解性の有機塩素系の農薬〈BHCやDDTなど〉を除くと，有機農産物での検出割合は23%から13%へ大きく低下したが，IPMでは1%，普通農産物では2%の低下に過ぎなかった。IPM（総合的病害虫管理，Integrated Pest Mangement）とは化学農薬だけに頼るのではなく，生物農薬〈天敵や昆虫に病気を引き起こす微生物など〉，抵抗性品種の利用，熱水や蒸気による土壌消毒，輪作などの技術を総合的に組み合わせて病害虫の防除を行う方法である。農務省の調査では有機農産物からもかなりの頻度で農薬が検出されたのに対し，カリフォルニア州の農薬規制局が1989年から1998年にかけて実施した調査では，普通栽培の果物と野菜，合計66,057点中20,410点（30.9%）で1種類以上の農薬が検出されたが，有機栽培の果物と野菜で農薬が検出されたものは1,097点中71点（6.5%）に過ぎなかった（Bakerら，2002）。さらに，消費者連盟の市場で販売されているものを調査した結果によると，調査したトマト，ピーマン，リンゴ，モモのいずれにおいても，農薬が検出された果物と野菜の割合は，普通栽培品に比べ，有機栽培品で低く，トマトとピーマンではIPM栽培のものも普通栽培品に比べて低かった（Bakerら，2002）。これら三つの調査について，同一の果物または野菜から検出された同一成分の農薬について有機農産物と普通農産物で残留濃度を比較したところ，有機農産物のうち，それぞれ68%，69%，60%は普通農産物よりも濃度が低かった〈有意確率は0.067，0.002，0.059で有意差があったのはカリフォルニア州での調査のみ〉。このように，全体としてみると，有機農産物は普通栽培した農産物に比べて農薬が検出される割合が低く，また，農薬が検出される場合もその濃度が低い傾向にある。なお，有機農産物から残留農薬が検出される例は多くの調査で報告されているが，その原因として，長年にわたって土壌中に蓄積した難分解性の農薬，隣接した圃場で散布した

農薬の飛散,あるいは表示の誤りによるものであると考えられている（Baker ら,2002）。これに関連して,マグコス Magkos ら（2006）は,有機農産物は一定の基準に従って生産,輸送,加工,販売された農産物を指す言葉であって,有機農産物が普通栽培の農産物に比べて安全な野菜を指す言葉ではない点に注意すべきであると述べている。

　ウインター Winter とデービス Davis（2006）は,有機農産物は普通栽培の農産物に比べ,検出される農薬数が少なく,場合によってはアスコルビン酸（ビタミンC）やポリフェノール含量が高いが,微生物汚染の危険性が高まる可能性があると述べている。ミネソタ州の有機野菜と果樹の生産者32名と普通農産物の生産者8名の協力を得て収穫物の微生物汚染度を調べた研究によると,13種の生産物を込みにした場合,有機農産物は普通農産物に比べ,大腸菌が検出される割合が約6倍高かった〈普通農産物1.6%,有機農産物9.7%〉（Mukherjeeら,2004）。しかし,有機認証を得た生産者の有機農産物と,認証を持たず,直接消費者と取引している生産者の有機農産物とに分けてみると,認証を得た生産者の農産物における大腸菌検出割合は4.3%で普通農産物と有意な差がなかった。また,病原性大腸菌O157H7はいずれの栽培でも検出されず,サルモネラ菌も476サンプル中レタスとピーマンで各1サンプル検出されたに過ぎなかった。これらの結果から,この研究を行った研究者たちは,有機農産物の方が病原微生物に汚染されている可能性が高いとは言えないと結論している。これに対し,パールバーグ Paarberg（2010）は2006年にカリフォルニア州産の袋詰めされた,有機栽培転換中のホウレンソウが病原性大腸菌に汚染され,少なくとも3人が死亡した例を紹介している。

　品質成分に関しては,ダンゴア Dangour ら（2009）が過去50年間に発表された有機農産物と普通農産物の品質を比較した162編の査読付き論文の中から,① 認定機関によって有機農産物と認定されている,② 品種や系統名が特定されている,③ 統計的方法や成分分析法が明記されている論文55編（うち46編が農作物,9編が畜産物）を選んで系統的レビューを実施している。農作物について,10編以上の論文で調べられている11カテゴリーの成分について有機農産物と普通農産物を比較した結果,窒素〈タンパク,全窒素などを同一カテゴリーとして比較〉濃度は普通農産物で高く,リンと滴定酸度は

有機農産物で高かったが，ビタミンC〈アスコルビン酸，デヒドロアスコルビン酸，総アスコルビン酸などを同一カテゴリーとして比較〉，可溶性固形分含量など他の栄養成分には有意差が認められないことを明らかにしている。以上の点からすると，現時点では，「有機農産物だから健康によい（あるいは，よくない）」とは必ずしも言えないと考えた方がよさそうである。

おわりに

　2011年3月11日の福島第一原子力発電所の事故とその後の低線量被ばくをめぐる混乱は、原発は絶対安全であり、また科学には正解があると信じていた私にとって、大変ショックな出来事であった。自然環境の破壊、さらにチェルノブイリ原発事故（1986年）に衝撃を受けたウルリヒ・ベック（1998）は、20世紀の科学技術の目覚ましい発展はその副作用として多くの危険〈例えば、大気汚染、食品汚染、放射能汚染など〉を生み出し、ひとたび危険（リスク）が顕在化すると、全人類の生存が脅かされるような危機的状況に陥るが、その危険は万人に公平に分配されるのではなく、下層階級や途上国に集中すると考え、近代の「産業社会」は「危険社会」に移行したとの見方を提唱した。そして、① 放射能や化学物質による汚染のように私たちの目に見えない危険を明確化し、防止するためには、科学の合理性とともに、技術のあり方そのものを問う、社会の合理性〈どのように生きるかという価値観や倫理観〉が必要である、② 科学的合理性による危険の把握が不十分なのは、科学が推測と仮定に基づいていることが一因であると述べている。

　科学の合理性と社会の合理性の両方が必要とされるのは、単に原発の安全性評価や低線量被ばくの基準策定の問題だけでなく、本書で取り上げた遺伝子組換え、残留農薬基準、機能性食品の評価などもこれに該当する。ところで、科学が進歩するにつれて、その影響は副作用を含めて極めて大きくなる。危険社会におけるリスク分配に階層間で差があるとすれば、科学だけでは答えられない問題に対して科学の合理性と社会の合理性のどちらが妥当するのかを利害関係の異なる人々が議論することは、社会的公平性を維持していく上から重要なことである。そのような議論の基礎となるのはリスクの評価であり、評価結果が公開された上で科学的な議論が行われるなら、それを基に人々はリスクと利点を勘案し、どのような解決策を採用するのが最善かを判断することができる。これに対して、危険社会に生きる不安を一時的にやり過ごす安易な方法は、社会の合理性から目をそらし、あるいは意図的に不都合な情報に耳を塞ぎ、自分だけは安全であると信じることである。これこそ

おわりに

正に 2011 年 3 月 11 日以前の私そのものであった。しかし，事実に耳を塞ぎ，自分だけは安全であるという信念が揺らいだ時の挫折感や喪失感は二度と味わいたくないものである。本書では遺伝子組換えや機能性食品の問題などにかなりのページを割くことになったが，これは 3.11 以降，私自身の関心が変化したことの反映である。東日本大震災とそれに伴う原発事故がなければ，本書は少し違った形になっていたと思う。本書ではトマトに関する重要な点が抜け落ちている，あるいは取り上げ方が不十分であるという指摘を受けると思うが，本書は私自身の関心に基づく「知の探検」の記録であるとご容赦頂きたい。また，トマトに関しては今も日々多くの研究結果が発表され続けており，本書で取り上げた論文あるいは書籍はその極々一部に過ぎない。研究成果，特に最新の研究成果を十分にカバーできなかったのは私自身の能力不足によるものである。もし，本書を読んで，その後の研究の発展を知りたいと思った皆さんが自ら「知の探検」へと出発して頂けるなら，著者としてこの上ない喜びである。

本書の書名についても一言，触れておきたい。「知性」，あるいは「知性をひけらかす」ことが憎悪される風潮がある中，敢えて『トマトをめぐる知の探検』という書名にした。「反知性主義」は，知的権威や特権階級への批判として生まれたラディカルな平等主義で，「知性」そのものを否定するものではない（森本，2015）。しかし，現在の日本を席捲するのは歴史的事実や科学的思考を無視し，また無視することを恥じない風潮である（香山，2015）。こうした「嫌知性主義」ともいうべき知性敵視の行きつく先は，一方的な自説の主張，対話の拒否であるが，冷静な議論ができない社会には衰退の道しか残されていないと思うからである。

最後に，本書の執筆にあたり，東京農業大学農学部野菜園芸学研究室峯洋子教授，大学院生の中野玄君には原稿を読んで頂き，誤りを訂正頂くとともに貴重なご意見を頂いた。ここに深謝したい。また，初心者レベルではあるが，イタリア語の知識は本書を執筆する上で大いに役立った。私がほんの少しイタリア語を読むことができるようになったのは，1 年間のボローニャ大学留学中にダビデ・ガルディーニ Davide Gardini，マリア・フッシ Maria Fussi 夫妻が親身にイタリア語を個人教授してくれたからで，お二人にも深謝したい。

おわりに

さらに，東京農業大学農学部園芸バイテク学研究室の雨木若慶教授，野口有里紗博士，野菜園芸学研究室の高畑健博士にはこの間，園芸学に関する刺激を与え続けて頂き，農学部図書館の方々には文献の取り寄せ等で大変お世話になった。この場をお借りして，これらの方々にも感謝したい。

引用文献

欧文

Abad, M. and A. A. Monteiro. 1989. The use of auxins for the production of greenhouse tomatoes in mild-winter conditions: A review. Scientia Horticulturae 38: 167-192.

Abdul, K.S. and G.P. Harris. 1978. Control of flower number in the first inflorescence of tomato (*Lycopersicon esculentum* Mill.): The role of gibberellins. Annals of Botany 42: 1361-1367.

Abdul-Baki, A.A. and J.R. Stommel. 1995. Pollen viability and fruit set of tomato genotypes under optimum- and high-temperature regimes. HortScience 30: 115-117.

Adams, S.R., K.E. Cockshull and C.R.J. Cave. 2001. Effect of temperature on the growth and development of tomato fruits. Annals of Botany 88: 869-877.

Adelana, B.O. 1980. Relationship between lodging, morphological characters and yield of tomato cultivars. Scientia Horticulturae 13: 143-148.

Agricultural Marketing Service. 2016. Pesticide Data Program. Annual Summary Calender Year 2014. United States Department of Agriculture. 23 p.

Alcock, R. 1863a. The Capital of the Tycoon: A Narrative of a Three Years Residence in Japan. Vol. 1. Bradley, New York. p. 285-286.（オールコック著，山口光朔訳．1962．大君の都——幕末日本滞在記——中．岩波文庫 6503-6506．岩波書店．p. 51-52．）

Alcock, R. 1863b. The Capital of the Tycoon: A Narrative of a Three Years Residence in Japan. Vol. 2. Bradley, New York. p. 397-406.

Alexander, J.H. 1850. Universal Dictionary of Weights and Measures, Ancient and Modern; Reduced to the Standards of the United States of America. WM Minifie and Co., Baltimore. p. 74.

Al-Falluyi, R.D., D.H. Trinklein and V.N. Lambeth. 1982. Inheritance of pericarp firmness in tomato by generation means analysis. HortScience 17: 763-764.

Anguillara, M.L. 1561. Semplici dell'eccellente, Liquali in Più Pareri a Diversi Nobili Nomini Scritti Appajano, et Nuovamente da M. Giovanni Marinello Mandati in Luce. Appresso Vincenzo Valgrisi, Venegia. p. 217.

Appert, N. 1811. The Art of Preserving All Kinds of Animal and Vegetable Substances for Several Years. Black, Parry and Kingsbury, London. 164 p.

Arano, L.C. 1976. The Medieval Health Handbook. Tacuinum Sanitatis. George Braziller, New York. 153 p.

Arias, R., T.-C. Lee, D. Specca and H. Janes. 2000. Quality comparison of hydroponic tomatoes (*Lycopersicon esculentum*) ripened on and off vine. Journal of Food Science 65: 545-548.

Asada, S. and M. Ono. 1996. Crop pollination by Japanese bumblebees, *Bombus* spp.（Hymenoptera: Apidae）: Tomato foraging behavior and pollination efficiency. Applied En-

tomology and Zoology 31: 581-586.
Asada, S. and M. Ono. 1997. Tomato pollination with Japanese native bumblebees (*Bombus* spp.). Acta Horticulturae 437: 289-292.
Atanassova, B. and H. Georgiev. 2007. Expression of heterosis by hybridization. In: Razdan, M.K. and A.K. Mattoo (eds.). Genetic Improvement of Solanaceous Crops. Vol. 2: Tomato. Scientific Publishers, New Hampshire. p. 113-151.
Bai, Y. and P. Lindhout. 2007. Domestication and breeding of tomatoes: what have we gained and what can we gain in the future? Annals of Botany 100: 1085-1094.
Baker, B.P., C.M. Benbrook, E. Groth III and K. Lutz Benbrook. 2002. Pesticide residues in conventional, integrated pest management (IPM)-grown and organic foods: insights from three US data sets. Food Additives and Contaminants 19: 427-446.
Baldwin, E.A., M.O. Nisperos-Carriedo and M.G. Moshonas. 1991. Quantitative analysis of flavor and other volatiles and for certain constituents of two tomato cultivars during ripening. Journal of American Society for Horticultural Science 116: 265-269.
Banda, H.J. and R.J. Paxon. 1991. Pollination of greenhouse tomatoes by bees. Acta Horticulturae 288: 194-198.
Barry, C.S., M.I. Llop-Tous and D. Grierson. 2000. The Regulation of 1-aminocyclopropane-1-carboxylic acid synthase gene expression during the transition from system-1 to system-2 ethylene synthesis in tomato. Plant Physiology 123: 979-986.
Barrios-Masias, F.H. and L.E. Jackson. 2014. California processing tomatoes: Morphological, physiological and phenological traits associated with crop improvement during the last 80 years. European Journal of Agronomy 53: 45-55.
Bauhin, C. 1623. Pinax Theatri Botanici. Ludovici Regis. Basileae Helvet. p. 167.
Beckles, D.M., N. Hong, L. Stamova and K. Luengwilai. 2012. Biochemical factors contributing to tomato fruit sugar content: a review. Fruits 67: 49-64.
Bennett, J.C. 1842. The History of the Saints, or an Expose of Joe Smith and Mormonism. Leland & Whiting, New York. p. 31.
Benton, J.J. 2007. Tomato Plant Culture. Second edition. CRC Press, Boca Raton, Florida. 420 p.
Bernacchi, D., T. Beck-Bunn, Y. Eshed, J. Lopez, V. Petiard, J. Uhlig, D. Zamir and S. Tanksley. 1998. Advanced backcross QTL analysis in tomato. I. Identification of QTLs for traits of agronomic importance from *Lycopersicon hirsutum*. Theoretical and Applied Genetics 97: 381-397.
Bertin, N. 2005. Analysis of the tomato fruit growth response to temperature and plant fruit load in relation to cell division, cell expansion and DNA endoreduplication. Annals of Botany 95: 439-447.
Betancourt, L.A., M.A. Stevens and A.A. Kader. 1977. Accumulation and loss of sugars and reduced ascorbic acid in attached and detached tomato fruits. Journal of the American Society for Horticultural Science 102: 721-723.
Bisogni, C.A., G. Armbruster and P.E. Brecht. 1976. Quality comparison of room ripened

and field ripened tomato fruits. Journal of Food Science 41: 333-338.

Bohs, L. 2005. Major clades in *Solanum* based on ndhF sequence data. In: Croat, T.B., V.C. Hollowell and R.C. Keating (eds.). A Festchrift for William G. D'Arcy. Missouri Botanical Garden Press, Missouri. p. 27-49.

Borlaug, N.E. 2000. Ending world hunger. The promise of biotechnology and the threat of antiscience zealotry. Plant Physiology 124: 487-490.

Bridgeman, 1858. Kitchen Gardener's Instructor: Containing a Catalogue of Garden and Herb Seeds, with Practical Directions under Each Head, for the Cultivation of Culinary Vegetables and Herbs. A New and Improved Edition. A.O. Moore, Agricultural Book Publisher, New York. p.101-102.

Brown, A.G. 1955. A mutant with suppressed lateral shoots (introduced by D. Lewis). Report of the Tomato Genetics Cooperative 5: 6-7.

Bruening, G. and J.M. Lyons. 2000. The case of the FLAVR SAVR tomato. California Agriculture 54(4): 6-7.

Brüggemann, W., T.A.W. van der Kooji and P.R. van Hasselt. 1992. Long-term chilling of young tomato plants under low light and subsequent recovery. Planta 186: 172-178.

Brukhin, V., M. Hernould, N. Gonzalez, C. Chevalier and A. Mouras. 2003. Flower development schedule in tomato *Lycopersicon esculentum* cv. sweet cherry. Sex Plant Reproduction 15: 311-320.

Buist, R. 1847. The Family Kitchen Gardener; Containing Plain and Accurate Descriptions of All the Different Species and Varieties of Culinary Vegetables. J.C. Ricker, New York. p. 125-128.

Bünger-Kibler, S. and F. Bangerth. 1982. Relationship between cell number, cell size and fruit size of seeded fruits of tomato (*Lycopersicon esculentum* Mill.), and those induced parthenocarpically by the application of plant growth regulators. Plant Growth Regulation 1: 143-154.

Burkill, I.H. 1935. A Dictionary of the Economic Products of the Malay Peninsula. Vol. 2. Crown Agents for the Colonies, London. p. 1375-1376.

Burton, R. 2003. Prague: a Cultural and Literary History. Signal Book, Oxford, UK. p. 52-54.

Burton-Freeman, B. and K. Reimers. 2011. Tomato consumption and health: Emerging benefits. American Journal of Lifestyle and Medicine 5: 182-191.

Butler, L. 1952. The linkage map of the tomato. Journal of Heredity 43: 25-36.

Buttery, R.G., R. Teranishi and L.C. Ling. 1987. Fresh tomato aroma volatiles: a quantitative study. Journal of Agricultural and Food Chemistry 35: 540-544.

Campbell, C.G. and I.L. Nonnecke. 1974. Inheritance of an enhanced branching character in the tomato (*Lycopersicon esculentum* Mill.). Journal of the American Society for Horticultural Science 99: 358-360.

Cantliffe, D.J. 2009. Plug transplant technology. Horticultural Review 35: 397-436.

Cardarelli, F. 2012. Encyclopaedia of Scientific Units, Weights and Measures: Their SI

Equivalences and Origins. Vol. 1. Springer, London. p. 87-88.

Casselman, B. 1997. Canadian Garden Word. McArthur, Toronto. 356 p.

Cavalcanti, I. 1839. Cucina Teorico-Pratica: col Corrispondente Riposto ed Apparecchio di Pranzi e Cene, con Quattro Analoghi Disegni, Metodo Pratico per Scalcare, e Far Servire in Tavola, Lista di Quattro Piatti al Giorno per un Anno Intero, e Finalmente Una Cucina Casareccia in Dialetto Napoletano con Altra Lista Analoga. Seconda Edizione. Dalla Tipografia di G. Palma, Napoli. p. 57-58.

Cayen, M.N. 1971. Effects of dietary tomatine on cholesterol metabolism in the rat. The Journal of Lipid Research 12: 482-490.

Cha, K.Y., D.P.Wirth and R.A. Lobo. 2001. Does prayer influence the success of *in vitro* fertilization-embryo transfer? The Journal of Reproductive Medicine 46: 781-787.

Chalmers, J. 1862. An English and Cantonese Pocket Dictionary, for the Use of Those Who Wish to Learn Spoken Language of Canton Province. London Missionary Society's Press, Hong Kong. p. 146.

Chandra Sekhar, K.N. and V.K. Sawhney. 1984. A scanning electron microscope study of the development and surface features of floral organs of tomato (*Lycopersicon esculentum*). Canadian Journal of Botany 62: 2403-2413.

Chetelat, R.T., J.W. DeVerna and A.B. Bennett. 1995. Efffects of the *Lycopersicon chmielewskii* sucrose accumulator gene (*sucr*) on fruit yield and quality parameters following introgression into tomato. Theoretical and Applied Genetics 91: 334-339.

Child, A. 1990. A synopsis of *Solanum* subgenus Potatoe (G. Don) (D'Arcy) (*Tuberarium* (Dun.) Bitter (s.l.)). Feddes Repertorium 101: 209-235.

Civitello, L. 2008. Cuisine and Culture: A History of Food and People (2nd edition). John Wiley & Sons, New Jersey. p. 139-140.

Coleman, W.K. and R.I. Greyson. 1976. The growth and development of the leaf in tomato (*Lycopersicon esculentum*). I. The plastochron index, a suitable basis for description. Canadian Journal of Botany 54: 2421-2428.

Condit, I.M. 1882. English and Chinese Dictionary. American Tract Society, New York. p. 121.

Corrado, V. 1773. Il Cuoco Galante. Nella Stamperia Raindiana, Napoli. p. 137-138.

Costa, J.M. and E. Heuvelink. 2005. Introduction: The tomato crop industry. In: Heuvelink, E.(ed). Tomatoes. CABI Publishing, Oxford. p. 1-19.

Covington, M.A. 2010. Latin pronunciation demystified. http://www.covingtoninnovations.com/mc/latinpro.pdf

Crow, J.F. 1998. 90 years ago: The beginning of hybrid maize. Genetics 148: 923-928.

Csizinszky, A.A. 2005. Production in the open field. In: Heuvelink, E. (ed.). Tomatoes. CABI Publishing, Oxford, UK. p. 237-256.

Csizinszky, A.A., D.J. Schuster, J.B. Jones and J.C. van Lenteren. 2005. Crop protection. In: Heuvelink, E. (ed.). Tomatoes. CABI Publishing, Oxford, UK. p. 199-235.

Cuartero, J. and R. Fernández-Muñoz. 1998. Tomato and salinity. Scientia Horticulturae 78:

83-125.

Dane, F., A.G. Hunter, and O.L. Chambliss. 1991. Fruit set, pollen fertility, and combining ability of selected tomato genotypes under high-temperature field conditions. Journal of the American Society for Horticultural Science 116: 906-910.

Dangour, A.D., S.K. Dodhia, A. Hayter, E. Allen, K. Lock and R. Uauy. 2009. Nutritional quality of organic foods: a systemic review. The Americal Journal of Clinical Nutrition 90: 680-685.

Danneyrolles, J.-L. 2004. Il Pomodoro. Pisani, Isola del Liri. p. 15-17.

D'Arcy, W.G. 1972. Solanaceae studies II: typification of subdivisions of *Solanum*. Annals of the Missouri Botanical Garden 59: 262-278.

Daskaloff, Chr. 1937. Beitrag zum Studium der Heterosis bei den Tomaten in Bezug auf die Herstellung von Heterosis Sorten für die Praxis. Die Gartenbauwissenschaft 11: 129-143.

Daunay, M.-C. and H. Laterrot. 2008. Iconography and history of Solanaceae: Antiquity to the 17th century. Horticultural Review 34: 1-111.

Daunay, M.-C. and J. Janick. 2012. Early history and iconography of Solanaceae: 3. Tomato. SOL Newsletter 34: 7-11.

Davies, J.N. 1966. Occurrence of sucrose in the fruit of some species of *Lycopersicon*. Nature 209: 640-641.

Davies, M.B., J. Austin and D.A. Partridge. 1991. Vitamin C. Its Chemistry and Biochemistry. Royal Society of Chemistry, Cambridge. p. 14.

De Candolle, A. 1886. Origin of Cultivated Plants. Second edition. Kegan Paul, Trench & Co., London. p. 290-292.

De Jong, M., C. Mariani and W.H. Vriezen. 2009. The role of auxin and gibberellin in tomato fruit set. Journal of Experimental Botany 60: 1523-1532.

De Koning, A.N.M. 1996. Quantifying the responses to temperature of different plant processes involved in growth and development of glasshouse tomato. Acta Horticulturae 406: 99-104.

De Lacouperie, T. 1889. Ketchup, catchup, catsup. Babylonian and Oriental Records 3: 284-285.

DellaPenna, D., D.S. Kates and A.B. Bennett. 1987. Polygalacturonase gene expression in Rutgers, *rin, nor,* and *Nr* tomato fruits. Plant Physiology 85: 502-507.

Dempsey, W.H. 1970. Effects of temperature on pollen germination and tube growth. Report of the Tomato Genetics Cooperative 20: 15-16.

Denisen, E.L. 1948. Tomato color as influenced by variety and environment. Proceedings of the American Society for Horticultural Science 51: 349-356.

De Tournefort, J.P. 1694a. Elemens de Botanique ou Method pour Connoître les Plantes. Vol. 1. De L'imprimerie Royale, Paris. p. 125.

De Tournefort, J.P. 1694b. Elemens de Botanique ou Method pour Connoître les Plantes. Vol. 2. De L'imprimerie Royale, Paris. pl. 63.

引用文献

Dibble, C.E. and A.J.O. Anderson. 1981. Florentine Codex. General History of the Things of New Spain. Book 10. The People（Translated from the Aztec book written by F. B. de Sahagún）. The University of Utah Press, Salt Lake City, Utah. p. 68.

Diderot, D. and J.L.R. d'Alembert（editors）. 1765. L'Encyclopédie, ou Dictionnaire Raisonné des Sciences, des Arts et des Métiers, par une Société de Gens de Lettres, Paris. 16: 396.（阪南大学貴重書アーカイブ）（「ディドロ，ダランベール編．桑原武夫訳編．1971．百科全書．岩波文庫33-624-1．岩波書店．」で序論と代表的項目を読むことができるが，トマトは含まれていない）

Dioscorides, P. 1547. Dioscoride Anazarbeo della Materia Medicinale, Tradotto per M. Marcantonio Montigiano da S. Gimignano Medico in Lingo Fiorentiana. Appresso Bernardo di Giunti, Firenze. p. 194.

Diretto, G., S. Al-Babili, R. Tavazza, V. Papacchioli, P. Beyer and G. Giuliano. 2007. Metabolic engineering of potato carotenoid content through tuber-specific overexpression of a bacterial mini-pathway. PLoS ONE 2: e350.

Dodonaeus, R.（Dodoens, R.）1554. Cruÿdeboeck uit. p. 473.

Dumas, A. 1873. Le Grand Dictionnaire de Cuiaine. Alphonse Lemerre. Paris. p. 1030.（「アレクサンドル・デュマ（辻静雄訳）．2002年．デュマの大料理事典 特装版．岩波書店」ではグリモ・デラ・ニエール風の部分が略されている）

Durkin, P. 2009. The Oxford Guide to Etymology. Oxford University Press, New York. p. 145-148.

Editor-in-Chief of Food and Chemical Toxicology. 2014. Retraction notice to "long term toxicity of a Roundup herbicide and a Roundup-tolerant genetically modified maize" [Food Chem. Toxicol. 50（2012）4221-4231]. Food Chemical Toxicology 63: 244.

Elia, A. 2015. Coltivazione in Sud Italia. In: Magnifica, V. Il Pomodoro. HRE Edizioni, Cesena. p. 291-303.

Eltayeb, E.A. and J.G. Roddick. 1984. Changes in the alkaloid content of developing fruits of tomato（*Lycopersicon esculentum* Mill.）. Journal of Experimental Botany 151: 252-260.

Emmons, C.L.W. and J.W. Scott. 1998. Ultrastructural and anatomical factors associated with resistance to cuticle cracking in tomato（*Lycopersicon esculentum* Mill.）. International Journal of Plant Sciences 159: 14-22.

European Food Safety Authority. 2012. Final review of the Séralini *et al.*（2012a）publication on a 2-year rodent feeding study with glyphosate formulations and GM maize NK603 as published online on 19 September 2012 in Food and Chemical Toxicology. EFSA Journal 10（11）: 2986. doi:10.2903/j.efsa.2012.2986.

FAO/WHO. 2000. Safety Aspects of Genetically Modified Foods of Plant Origin. Report of a Joint FAO/WHO Expert Consultation on Foods Derived from Biotechnology. World Health Organization, Geneva. 29 May-2 June 2000.

Fernández-Garcí, N., V. Martínez, A. Cerdá and M. Carvajal. 2004. Fruit quality of grafted tomato plants grown under saline conditions. Journal of Horticultural Science & Biotechnology 79: 995-1001.

Filderman, R.B. and B.A. Kovacs. 1969. Anti-inflammatory activity of the steroid alkaloid glycoside, tomatine. Journal of Pharmacology 37: 748-755.

Fleming, H.K. and C.E. Myers. 1938. Tomato inheritance, with special reference to skin and flesh color in the orange variety. Proceedings of the American Society for Horticultural Science 35: 609-624.

Fletcher, J.T. 1992. Disease resistance in protected crops and mushrooms. *Euphytica* 63: 33-49.

Flores, F.B., P. Sanchez-Bel, M.T. Estañ, M.M. Martinez-Rodriguez, E. Moyano, B. Morales, J.F. Campos, J.O. Garcia-Abellán, M.I. Egea, N. Fernández-Garcia, F. Romojaro and M.C. Bolarín. 2010. The effectiveness of grafting to improve tomato fruit quality. Scientia Horticulturae 125: 211-217.

Fluck, R.C. and D.D. Gull. 1972. Mechanical properties of tomatoes affecting harvesting and handling damage. Proceedings of the Florida State Horticultural Society 85: 160-165.

Foolad, M.R. and D.R. Panthee. 2012. Marker-assisted selection in tomato breeding. Critical Reviews in Plant Sciences 31: 93-123.

Fraser, P.D., S. Romer, C.A. Shipton, P.B. Mills, J.W. Kiano, N. Misawa, R.G. Drake, W. Schuch and P.M. Bramley. 2002. Evaluation of transgenic tomato plants expressing an additional phytoene synthase in a fruit-specific manner. Proceedings of the National Academy of Sciences of the United States of America 99: 1092-1097.

Fray, A. and S. Doğanlar. 2003. Comparative genetics and crop plant domestication and evolution. Turkish Journal of Agriculture and Forestry 27: 59-69.

Fray, R.G. and Grierson, D. 1993. Identification and genetic analysis of normal and mutant phytoene synthase genes of tomato by sequencing, complementation and co-suppression. Plant Molecular Biology 22: 589-602.

Frazer, J.W. 1919. Folk-lore in the Old Testament. Studies in Comparative Religion, Legend and Law. Vol. 2. Macmillan, London. p. 372-397.

Frazier, W.A. 1947. A final report on studies of tomato fruit cracking in Maryland. Proceedings of the American Society for Horticultural Science 49: 241-255.

Friedman, M. 2002. Tomato glycoalkaloids: Role in the plant and in the diet. Journal of Agricultural and Food Chemistry 50: 5751-5780.

Friedman, M. and C.E. Levin. 1995. α-tomatine content in tomato and tomato products determined by HPLC with pulsed amperometric detection. Journal of Agricultural Food and Chemistry 43: 1507-1511.

Friedman, M. and C.E. Levin. 1998. Dehydrotomatine content in tomatoes. Journal of Agricultural Food and Chemistry 46: 4571-4576.

Friedman, M., C.E. Levin and G.M. McDonald. 1994. α-tomatine determination in tomatoes by HPLC using pulsed amperometric detection. Journal of Agricultural Food and Chemistry 42: 1959-1964.

引用文献

Gann, P.H., J. Ma, E. Giovannucci, W. Willett, F.M. Sacks, C.H. Hennekens, and M.J. Stampfer. 1999. Lower prostate cancer risk in men with elevated plasma lycopene levels: Results of a prospective analysis. Cancer Research 59: 1225-1230.

Garande, V.K. and R.S. Patil. 2014. Orange fruited tomato cultivars: rich source of beta carotene. Journal of Horticulture 1: 108.

Garibaldi, A. and G. Tamietti. 1984. Attempts to use soil solarization in closed glasshouses in northern Italy for controlling corky root of tomato. Acta Horticulturae 152: 237-243.

Gearing, M.E. 2015. Good as Gold: Can Golden Rice and Other Biofortified Crops Prevent Malnutrition? Special edition – Genetically Modified Organisms and Our Food. Harvard University. http://sitn.hms.harvard.edu/flash/2015/good-as-gold-can-golden-rice-and-other-biofortified-crops-prevent-malnutrition/

Gentilcore, D. 2010. Pomodoro!: A History of the Tomato in Italy. Columbia University Press, New York. p. 45-68.

George, R.A.T. 1985. Vegetable Seed Production. Longman. New York. p. 208-238.

George, W.L., Jr., and S.A. Berry. 1992. Genetics in breeding of processing tomatoes. In: Gould, W.A. (ed.). Tomato Production, Processing and Technology. Third Edition. CTI publications, Maryland. p. 83-101.

Georgiady, M.S. and M.E. Lord. 2002. Evolution of the inbred form in the currant tomato, *Lycopersicon pimpinellifolium*. International Journal of Plant Science 163: 531-541.

Gerarde, J. 1597. The Herball or Generall Historie of Plantes. John Norton, London. p. 275-276.（Gerard は Gerarde と綴られることがある）

Gillaspy, G., H. Ben-David and W. Gruissem. 1993. Fruits: A developmental perspective. The Plant Cell 5: 1439-1451.

Ginzberg, L. 1909. The Legends of the Jews. I. Bible Times and Characters from the Creation to Yacob. The Jewish Publication Society of America, Philadelphia. p. 361-369.

Giovannoni, J.J. 2004. Genetic regulation of fruit development and ripening. The Plant Cell 16: S170-S180.

Giovannoni, J.J. 2007. Fruit ripening mutants yield insights into ripening control. Current Opinion in Plant Biology 10: 283-289.

Giovannucci, E., A. Ascherio, E.B. Rimm, M.J. Stampfer, G.A. Colditz and W.C. Willett. 1995. Intake of carotenoids and retinol in relation to risk of prostate cancer. Journal of the National Cancer Institute 87: 1767-1776.

Giuliano, G., R. Tavazza, G. Diretto, P. Beyer and M.A. Taylor. 2008. Metabolic engineering of carotenoid biosynthesis in plants. Trends in Biotechnology 26: 139-145.

Glas, J.J., B.C.J. Schimmel, J.M. Alba, R. Escobar-Bravo, R.C. Schuurink and M.R. Kant. 2012. Plant glandular trichomes as targets for breeding or engineering of resistance to herbivores. International Journal of Molecular Sciences 13: 17077-17103.

Goffreda, J.C., M.A. Mutschler and W.A. Tingey. 1988. Feeding behavior of potato aphid affected by glandular trichomes of wild tomato. Entomologia Experimentalis et Applicata 48: 101-107.

Gonsalves, D., C. Gonsalves, S. Ferreira, K. Pitz, M. Fitch, R. Manshardt and J. Slightom. 2007. Transgenic virus resistant papaya: From hope to reality for controlling papaya ringspot virus in Hawaii. APSnet Future Story July 2007. American Phytopathological Society.

Gorguet, B., A.W. van Heusden and P. Lindhout. 2005. Parthenoarpic fruit development in tomato. Plant Biology 7: 131–139.

Gould, W.A. 1992. Tomato Production, Processing and Technology. Third Edition. CTI Publications, Maryland. 536 p.

Grandillo, S., D. Zamir and S.D. Tanksley. 1999. Genetic improvement of processing tomatoes: A 20 years perspective. Euphytica 110: 85–97.

Grierson, D. and A.A. Kader. 1986. Fruit ripening and quality. In: Atherton, J.G. and J. Rudich (eds.). The Tomato Crop. Chapman and Hall, New York. p. 241–280.

Grierson, D., G.A. Tucker, J. Keen, J. Ray, C.R. Bird and W. Schuch. 1986. Sequencing and identification of a cDNA clone for tomato polygalacturonase. Nucleic Acids Research 14: 8595–8602.

Grimod de La Reynière, L.A.B. 1804. Almanach des Gourmands: Servant de Guide dans les Moyens de Faire Excellente Chere, par un Vieil Amateur. Troisieme edition. Revue, Corrigée et Considérablement Augmentée. Premiér Année, Contenant la Calendrier Nutritif et L'itinéraire d'un Gourmand dans Divers Quatriers de Paris. Chez Maradan, Liberaire, Paris. p.162–165.

Groot, S.P.C., L.C.P. Keizer, W. de Ruiter, and J.J.M. Dons. 1994. Seed and fruit set of the lateral suppressor mutant of tomato. Scientia Horticulturae 59: 157–162.

Grubben, G., W. Klaver, R. Nono-Womdim, A. Everaarts, L. Fondio, J.A. Nugteren and M. Corrado. 2014. Vegetables to combat the hidden hunger in Africa. Chronica Horticulturae 54: 24–32.

Grumet, R., J.F. Forbes, R.C. Herner. 1981. Ripening behavior of wild tomato species. Plant Physiology 68: 1428–1432.

Guilandini, M. 1572. Papyrus: hoc est Commentarius in Tria C. Plinii Maioris de Papyro Capita. Apud M. Antonium Vlmum, Venetii. p. 90–91.

Guo, M. 2009. Functional Foods: Principles and Technology. Woodhead Publishing, Cambridge. p. 358.

Gustafson, F.G. 1936. Inducement of fruit development by growth-promoting chemicals. Proceedings of the National Academy of Sciences of the United States of America 22: 628–636.

Hall, T.J. 1980. Resistance at the *TM-2* locus in the tomato to tomato mosaic virus. Euphytica 29: 189–197.

Hankinson, B. and V.N.M. Rao. 1979. Histological and physical behavior of tomato skins susceptible to cracking. Journal of the American Society for Horticultural Science 104: 577–581.

Hardon, J.J. 1967. Unilateral incompatibility between *Solanum pennellii and Lycopersicon esculentum.* Genetics 57: 795-808.

Harlan, J.R. 1971. Agricultural origins: centers and noncenters. Science 174: 468-474.

Harlan, J.R. 1992. Crops & Man. Second edition. American Society of Agronomy-Crop Science Society. Wisconsin, USA. p. 63-81, p. 217-235.

Harland, G. and S. Larrinua-Craxton. 2009. The Tomato Book. Dorling Kindersley Ltd., London. 192 p.

Harrison, R.K. 1956. The mandrake and the ancient world. The Evangelical Quarterly 28(2): 87-92.

Hartz, T., G. Miyao, J. Mickler, M. Lestrange, S. Stoddard, J. Nuñez and B. Aegerter. 2008. Processing tomato production in California. University of California, Division of Agriculture and Natural Resources. Publication 7228.

Harvey, M., S. Quilley and H. Beynon. 2002. Exploring the Tomato. Transformations of Nature, Society and Economy. Edward Elgar, Massachusetts. p. 25-43.

Hayata, Y., C. Maneerat, H. Kozuka, K. Sakamoto and Y. Ozajima. 2002. Flavor volatile analysis of 'House Momotaro' tomato fruit extracts at different ripening stages by Porapak Q column. Journal of the Japanese Society for Horticultural Science 71: 473-479.

Haygarth, J. 1801. Of the Imagination, as a Cause and as a Cure of Disorders of the Body: Exemplified by Fictitious Tractors, and Epidemical Convulsions. R. Crutwell, Bath. 58 p.

Hedrick, U.P. (ed.). 1919. Sturtevant's Notes on Edible Plants. J.B. Lyon Company, Albany. p. 343-348.

Henderson, P. 1874. Gardening for Profit; A Guide to the Successful Cultivation of the Market and Family Garden. New and Enlarged Edition. Orange Judd Co, New York. p. 249-255.

Herrnández Bermejo, J.E. and A.L. González. 1994. Processes and causes of marginalization: the introduction of American flora in Spain. In: Herrnandez Bermejo, J.E. and J. Leon (eds.). Neglected Crops: 1492 form a Different Perspective. Plant Production and Protection Series No. 26. FAO, Rome, Italy. p. 261-272.

Hetherington, S.E., R.M. Smillie and W.J. Davies. 1998. Photosynthetic activities of vegetative and fruiting tissues of tomato. Journal of Experimental Botany 49: 1173-1181.

Heuvelink, E. 2005. Developmental process. In: Heuvelink, E. (ed.). Tomatoes. CABI Publishing, Oxford. p. 53-83.

Higashide, T. and E. Heuvelink. 2009. Physiological and morphological changes over the past 50 years in yield components in tomato. Journal of the American Society for Horticultural Science 134: 460-465.

Higashide, T., K. Yasuba, K. Suzuki, A. Nakano and H. Ohmori. 2012. Yield of Japanese tomato cultivars has been hampered by a breeding focus on flavor. HortScience 47: 1408-1411.

Hitchins, P.E.N. 1952. Production of Tomatoes under Glass. The Garden Book Club, London. 179 p.

Ho, L.C. and J.D. Hewitt. 1986. Fruit development. In: Atherton, J.G. and J. Rudich (eds.). The Tomato Crop. Chapman and Hall, New York. p. 201-240.

Hobson, G.E. 1965. The firmness of tomato fruit in relation to polygalacturonase activity. Journal of Horticultural Science 40: 66-72.

Hoogstrate, S.W., L.J.A. van Bussel, S.M. Cristescu, E. Cator, C. Mariani, W.H. Vriezen and I. Rieu. 2014. Tomato *ACS4* is necessary for timely start of and progression through the climacteric phase of fruit ripening. Frontiers in Plant Science 5: 466.

Horkheimer, H. 1973. Alimentación y obtención de alimentos en el Perú prehispúnico. Istituto Nacional de Cultra del Peru, Lima. p. 116.

Houghtaling, H.B. 1935. A developmental analysis of size and shape in tomato fruits. Bulletin of the Torrey Botanical Club 62: 243-252.

Huang, W., S. Liao, H. Lv, A.B.M. Khaldun and Y. Wang. 2015. Characterization of the growth and fruit quality of tomato grafted on a woody medicinal plant, *Lycium chinense*. Scientia Horticulturae 197: 447-453.

Hunt, G.M. and E.A. Baker. 1980. Phenolic constituents of tomato fruit cuticules. Phytochemistry 19: 1415-1419.

Hussey, G. 1963. Growth and development in the young tomato. I. The effect of temperature and light intensity on growth of the shoot apex and leaf primordia. Journal of Experimental Botany 14: 316-325.

Hussey, G. 1965. Growth and development in the young tomato. III. The effect of night and day temperatures on vegetative growth. Journal of Experimental Botany 16: 373-385.

Idah, P.A., E.S.A. Ajisegiri and M.G. Yisa. 2007. An assessment of impact damage to fresh tomato fruits. AU Journal of Technology 10: 271-274.

Iwahori, S. 1966. High temperature injuries in the tomato. V. Fertilization and development of embryo with special reference to the abnormalities caused by high temperature. Journal of the Japanese Society for Horticultural Science 35: 379-386.

James, C. 2010. Global Status of Commercialized Biotech/GM Crops: 2010. ISAAA Brief No. 42. International Service for the Acquisition Agri-biotech Applications. 279 p.

Janick, J., M.C. Daunay and H. Paris. 2010. Horticulture and health in the middle ages: Images from the *Tacuinum Sanitatis*. HortScience 45: 1592-1596.

Jarret, R.L., H. Sayama and E.C. Tigchelaar. 1984. Pleiotropic effects associated with the chlorophyll intensifier mutations *high pigment* and *dark green* in tomato. Journal of the American Society for Horticultural Science 109: 873-878.

Jenkins, J.A. 1948. The origin of the cultivated tomato. Economic Botany 2: 379-392.

Jimenez, M. 2002. Bracero program. In: Stacy, L. (ed.). Mexico and the United States. Vol. 1. Marshall Cavendish, New York. p. 102-106.

Johkan, M., T. Chiba, K. Mitsukuri, S. Yamasaki, H. Tanaka, K. Mishiba, T. Morikawa and M. Oda. 2010. Seed production enhanced by antiauxin in the *pat-2* parthenocarpic tomato mutant. Journal of the American Society for Horticultural Science 135: 3-8.

Johkan, M., A. Nagatsuka, A. Yoshitomi, T. Nakagawa, T. Maruo, S. Tsukagoshi, M. Hohjo,

引用文献

N. Lu, A. Nakaminami, K. Tsuchiya and Y. Shinohara. 2014. Effect of moderate salinity stress on the sugar concentration and fruit yield in single-truss, high-density tomato production system. Journal of the Japanese Society for Horticultural Science 83: 229–234.

Johnson, S.P. and W.C. Hall. 1953. Vegetative and fruiting responses of tomatoes to high temperature and light intensity. Botanical Gazette 114: 449–460.

Jones, D.F. 1916. Natural cross-pollination in the tomato. Science 43: 509–510.

Kader, A.A., M.A. Stevens, M. Albright-Holton, L.L. Morris and M. Algazi. 1977. Effect of fruit ripeness when picked on flavor and composition in fresh market tomatoes. Journal of the American Society for Horticultural Science 102: 724–731.

Kanarek, R.B. and R. Marks-Kaufman. 1991. Nutrition and Behavior. New Perspectives. Springer, New York. p. 1–9.（「高橋久仁子，2007年，フードファディズム‐メディアに惑わされない食生活」に主要部分の訳が紹介されている）

Karapanos, I.C., S. Mahmood and C. Thanopoulos. 2008. Fruit set in Solanaceous vegetable crops as affected by floral and environmental factors. The European Journal of Plant Science and Biotechnology 2（Special Issue 1）: 88–105.

Katan, J. 1980. Solar pasteurization of soils for disease. Plant Disease 64: 450–454.

Katan, J. 1981. Solar heating（solarization）of soil for control of soilborne pests. Annual Review of Plantpathology 19: 211–236.

Katan, J., A. Greenberger, H. Alon and A. Grinstein. 1976. Solar heating by polyethylene mulching for the control of diseases caused by soil-borne pathogens. Phytopathology 66: 683–688.

Kepcka, A.K. 1966. The use of auxin sprays or artificial pollination in order to improve fruit-setting of tomatoes grown under glass. Acta Horticulturae 4: 55–62.

Kerr, E.A. 1960. High pigment ratios. Report of the Tomato Genetics Cooperative 10: 18–19.

Kerr, E.A. 1982. Single flower truss 'sft' appears to be on chromosome 3. Report of the Tomato Genetics Cooperative 32: 31.

Kidd, F. and C. West. 1945. Respiratory activity and duration of life of apples gathered at different stages of development and subsequently maintained at a constant temperature. Plant Physiology 20: 467–504.

Kim, Y.-L., S. Hirai, T. Goto, C. Ohyane, H. Takahashi, T. Tsugane, C. Konishi, T. Fujii, S. Inai, Y. Iijima, K. Aoki, D. Shibata, N. Takahashi and T. Kawada. 2012. Potent PPAR α activator derived from tomato juice, 13-oxo-9, 11-octadecadienoic acid, decreases plasma and hepatic triglyceride in obese diabetic mice. PLoS ONE 7: e31317. doi:10.1371/journal.pone.0031317

King, S.P., A.R. Davis, X. Zhang and K. Crosby. 2010. Genetics, breeding and selection of rootstocks for Solanaceae and Cucurbitaceae. Scientia Horticulturae 127: 106–111.

Klemettilä, H. 2012. The Medieval Kitchen. A Social History with Recipes. Reaktion Books, London. p. 51–59.

Kleter, G.A., R. Bhula, K. Bodnaruk, E. Carazo, A.S. Felsot, C.A. Harris, A. Katayama, H.A. Kuiper, K.D. Racke, B. Rubin, Y. Shevah, G.R. Stephenson, K. Tanaka, J. Unsworth, R.D. Wauchope and S.S. Wong. 2007. Altered pesticide use on transgenic crops and the associated general impact from an environmental perspective. Pest Management Science 63: 1107–1115.

Kopeliovitch, E., H.D. Rabinowitch, Y. Mizrahi and N. Kedar. 1979. The potential of ripening mutants for extending the storage life of the tomato fruit. Euphytica 28: 99–104.

Kozukue, N. and M. Friedman. 2003. Tomatine, chlorophyll, β-carotene and lycopene content in tomatoes during growth and maturation. Journal of the Science of Food and Agriculture 83: 195–200.

Kramer, M.G. and K. Redenbaugh. 1994. Commercialization of a tomato with an antisense polygalacturonase gene: The FLAVER SAVR™ tomato story. Euphytica 79: 293–297.

Kramer, M., R. Sanders, H. Bolkan, C. Waters, R.E. Sheeny and W.R. Hiatt. 1992. Postharvest evaluation of transgenic tomatoes with reduced levels of polygalacturonase: processing, firmness and disease resistance. Postharvest Biology and Technology 1: 241–255.

Krieger, E.K., E. Allen, L.A. Gilbertson, J.K. Roberts, W. Hiatt and R.A. Sanders. 2008. The Flavr Savr tomato, an early example of RNAi technology. HortScience 43: 962–964.

Kristal, A.R., C. Till, E.A. Platz, X. Song, I.B. King, M.L. Neuhouser, C.B. Ambrosone and I.M. Thompson. 2011. Serum lycopene concentration and prostate cancer risk: Results from the prostate cancer prevention trial. Cancer Epidemiology, Biomarkers & Prevention 20: 638–646.

Kuiper, H.A., G.A. Kleter, H.P.J.M. Noteborn an E.J. Kok. 2001. Assessment of the food safety issues related to genetically modified foods. The Plant Journal 27: 503–528.

Kumar, S. and P.K. Singh. 2004. Mechanisms for hybrid development in vegetables. Journal of New Seeds 6: 381–405.

Kun, Y., U.S. Lule and D. Xiao-Lin. 2006. Lycopene: Its properties and relationship to human health. Food Reviews International 22: 309–333.

Lanahan, M.B., H.C. Yen, J.J. Giovannoni and H.J. Klee. 1994. The *Never ripe* mutation blocks ethylene perception in tomato. The Plant Cell 6: 521–530.

Latini, A. 1692. Lo Scalco alla Moderna, overo L'Arte di Ben Disporre i Conviti, con le Regole piu Scelte di Scalcheria. Dom. Ant. Parrino, e Michele Luigi Mutii, Napoli. p. 390, p. 444.（Bibliotheca Culinaria, Lodi; Appunti di Gastronomia, Milano による復刻版，1993）

Leary, W. 1994. F.D.A. approves altered tomato that will remain fresh longer. The New York Times. May 19, 1994.

Le Bon Jardinier, Almanach pour L'annee. 1833. Audot Fils Libraire, Paris. p. 283–284.

Legel, E. 1853. Gartenflora. Monatsschrift für Deutsche und Schweizerische Garten- und Blumenkunde Herausgegeben unter Mitwirkung der Tüchtigsten Gärtner, Gartenfreunde und Botaniker. Zweiter Jahrgang. Verlag von Ferdinand Ende, Erlangen. p. 248–249.

LeLossen, A.L., F.W. Went and L. Zechmeister. 1941. Relation between genes and carotenoids of the tomato. Proceedings of the National Academy of Sciences of the United States of America 27: 236-242.

Lemaux, P.G. 2008. Genetically engineered plants and foods: A scientist's analysis of the issues (Part I). Annual Review of Plant Biology 59: 771-812.

Leonard, S. 1971. Tomato juice and tomato juice blends. In: Tressler, D.K. and M.A. Joslyn (ed.). Fruit and Vegetable Juice Processing Technology. Avi Publishing Co., Westport, Connecticut. p. 438-460.

Lesley, J.W. 1924. Cross pollination of tomatoes. Journal of Heredity 15: 233-235.

Leslie, F. 1879. Frank Leslie's Popular Monthly. Vol. VII. Frank Leslie's Publishing House, New York. p. 223.

Lifschitz, E. and Y. Eshed. 2006. Universal florigenic signals triggered by *FT* homologous regulate growth and flowering cycles in perennial day-neutral tomato. Journal of Experimental Botany 57: 3405-3414.

Lifschitz, E., B.G. Ayre and Y. Eshed. 2014. Florigen and anti-florigen – a systemic mechanism for coordinating growth and termination in flowering plants. Frontiers in Plant Science 5: 1-14.

Lind, J. 1757. A Treatise on the Scurvy. In Three Parts, Containing an Inquiry into the Nature, Causes, and Cure, of that Disease: Together with a Critical and Chronological View of What Has Been Published on the Subject. Second edition. Miller in the Strand, London. p. 139-193.

Linné, C. von. 1753. Species Plantarum. Exhibentes Plantas Cognitas ad Genera Relatas. Tomus 1. Impensis Laurentii Salvii, Holmia. p.185.

Livingston, A.W. 1998. Livingston and the Tomato with a Foreward and Appendix by Andrew F. Smith. Ohio State University Press, Columbus, Ohio. 234 p. (originally published in 1883 by A.W. Livingston's Son)

Lobscheid, W. 1869. English and Chinese Dictionary, with Punti and Mandarin Pronunciation. Part IV. Daily Press, Hong Kong. p. 1802.

Logan, M.H. 1978. Humoral medicine in Guatemala and peasant acceptance of modern medicine. In: Logan, M.H. and E.E. Hunt, Jr. (eds.). Health and the Human Condition. Perspective on Medical Anthropology. Duxburry Press, North Scituate, Massachusetts. p. 363-375.

Loudon, J.C. 1825. An Encyclopaedia of Gardening; Comprising the Theory and Practice of Horticulture, Floriculture, Arboriculture, and Landscape-gardening, Including All the Latest Improvements; a General History of Gardening in All Countries; and a Statistical View of its Present State, with Suggestions for its Future Progress in the British Isles. Longman, Hurst, Rees, Orme, Brown and Green, London. p. 679.

Louws, F.J., C.L. Rivard and C. Kubota. 2010. Grafting fruiting vegetables to manage soilborne pathogens, foliar pathogens, arthropods and weeds. Scientia Horticulturae 127: 127-146.

Luckwill, L.C. 1943. The Genus *Lycopersicon*; An Historical, Biological, and Taxonomic Survey of the Wild and Cultivated Tomatoes. Aberdeen University Studies No. 120. 44 p.

Luh, B.S. and H.N. Daoud. 1971. Effect of break temperature and holding time on pectin and pectic enzymes in tomato pulp. Journal of Food Science 36: 1039-1043.

MacGowan, J. 1883. English and Chinese Dictionary of the Amoy Dialect. A.A. Marcal, Amoy. p. 539.

MacLeod, R.F., A.A. Kader and L.L. Morris. 1976. Damage to fresh tomatoes can be reduced. California Agriculture 30(12): 10-12.

Magkos, F., F. Arvaniti and A. Zampelas. 2006. Organic food: Buying more safety or just peace of mind? A critical review of the literature. Critical Reviews in Food Science and Nutrition 46: 23-56.

Malayer, J.C. and A.T. Guard. 1964. A comparative developmental study of the mutant sideshootless and normal tomato plants. American Journal of Botany 51: 140-143.

Mandeel, E.W. 2014. The Bracero Program 1942-1964. American International Journal of Contemporary Research 4: 171-184.

Manning, K., M. Tör, M. Poole, Y. Hong, A.J. Thompson, G.J. King, J.J. Giovannoni and G.B. Seymour. 2006. A naturally occurring epigenetic mutation in a gene encoding an SBP-box transcription factor inhibits tomato fruit ripening. Nature Genetics 38: 948-952.

Marshall, A. 2007. GM soybeans and health safety – a controversy reexamined. Nature Biotechnology 25: 981-987.

Martineau, B. 2001. First Fruit: The Creation of the Flavr Savr Tomato and the Birth of Biotech Foods. McGraw-Hill, New York. 269 p.

Matthioli, P.A. 1554. Medici Senensis Commentarii, in Libros Sex Pedacii Dioscorides Anazarbei, de Medica Materia. Apud Vincentium Valgrisium, Venecis. p. 477-479. （Mattioli は Matthioli と表記されることもある）

Matthioli, P.A. 1563. I Discorsi di M. Pietro Andrea Matthiloi Sanese, Medico del Serenifs. Principe Ferdinando Arhiduca d'Austria & c. Ne i Sei Libri di Pedacio Dioscoride Anazarbeo della Materia Medicinale. Appresso Vincenzo Valgrisi, Venetia. p. 549-551.

Mazzucato, A., A.R. Taddei and G.P. Soressi. 1998. The *parthenocarpic fruit* (*pat*) mutant of tomato (*Lycopersicon esculentum* Mill.) sets seedless fruits and has aberrant anther and ovule development. Development 125: 107-114.

McCormick, S., J. Niedermeyer, J. Fry, A. Barnason, R. Horsch and R. Fraley. 1986. Leaf disc transformation of cultivated tomato (*L. esculentum*) using *Agrobacterium tumefaciens*. Plant Cell Reports 5: 81-84.

McCullough, J.M. 1978. Human ecology, heat adaptation, and belief systems: the hot-cold syndrome of Yucatan. In: Logan, M.H. and E.E. Hunt, Jr. (eds.). Health and the Human Condition. Perspective on Medical Anthropology. Duxburry Press, North Scituate, Massachusetts. p. 241-245.

引用文献

McCue, G.A. 1952. The history of the use of the tomato: an annotated bibliography. Annals of the Missouri Botanical Garden 39: 289-348.

McDowell, E.T., J. Kapteyn, A. Schmidt, C. Li, J.-H. Kang, A. Descour, F. Shi, M. Larson, A. Schilmiller, L. An, A.D. Jones, E. Pichersky, C.A. Soderlund and D.R. Gang. 2011. Comparative functional genomic analysis of *Solanum* glandular trichome types. Plant Physiology 155: 524-539.

McGee, H. 2009. Accused, yes, but probably not a killer. The New York Times. July 28, 2009.

McGuire, D.C. and C.M. Rick. 1954. Self-incompatibility in species of *Lycopersicon* sect. Eriopersicon and with *L. esculentum*. Hilgardia 23: 101-124.

Medhurst, W.H. 1848. English and Chinese Dictionary. Vol. 2. Shanghae. p. 1304.

Miller P. 1754. The Gardeners Dictionary, Containing the Methods of Cultivating and Improving All Sorts of Trees, Plants, and Flowers for the Kitchen, Fruit, and Pleasure Gardens; as also Those Which Are Used for Medicine: with Directions for the Culture of Vineyards, and Making of Wine, in England. Abridge from the last folio edition. John and Francis Rivington, London.（ページの記載なし，LYCOPERSICON の項）

Miller P. 1768. The Gardeners Dictionary, Containing the Best and Newest Methods of Cultivating and Improving the Kitchen, Fruit, Flower Garden, and Nursery. Eighth edition. John and Francis Rivington, London.（ページの記載なし，LYCOPERSICON の項）

Miron, D. and A.A. Schaffer. 1991. Sucrose phosphate synthase, sucrose synthase, and invertase activities in developing fruit of *Lycopersicon esculentum* Mill. and the sucrose accumulating *Lycopersicon hirsutum* Humb. and Bonpl. Plant Physiology 95: 623-627.

Mirondo, R. and S. Barringer. 2015. Improvement of flavor and viscosity in hot and cold break tomato juice and sauce by peel removal. Journal of Food Science 80: S171-S179.

Mitchell, J.P., C. Shennan, S.R. Grattan and D.M. May. 1991. Tomato fruit yields and quality under water deficit and salinity. Journal of the American Society for Horticultural Science 116: 215-221.

Mizrahi, Y. 1982. Effect of salinity on tomato fruit ripening. Plant Physiology 69: 966-970.

Molinero-Rosales, N., A. Latorre, M. Jamilena, and R. Lozano, 2004. *SINGLE FLOWER TRUSS* regulates the transition and maintenance of flowering in tomato. Planta 218: 427-434.

Morandin, L.A., T.M. Laverty and P.G. Keven. 2001. Effect of bumble bee (*Hymenoptera*: Apidae) pollination intensity on the quality of greenhouse tomatoes. Journal of Economic Entomology 94: 172-179.

Morra, L. 2004. Grafting in vegetable crops. In: Tognoni, F., A. Pardossi, A. Mensuali-Sodi and B. Dimauro (eds.). The Production in the Greenhouse after the Era of the Methyl Bromide, Comiso, Italy. 1-3 April, 2004. p. 147-154.

Morris, E. 1864. Ten Acres Enough: A Practical Experience, Showing How a Very Small Farm May Be Made to Keep a Very Large Family. With Extensive and Profitable Expe-

rience in the Cultivation of the Smaller Fruits. James Miller, New York. p. 148-166.
Morrison, R. 1822. A Dictionary of the Chinese Language, in Three Parts. Part III. Honorable East India Company's Press, Macao. 480 p.
Mukherjee, A., D. Speh, E. Dyck and F. Diez-Gonzalez. 2004. Preharvest evaluation of coliforms, *Escherichia coli, Salmonella*, and *Escherichia coli* O157:H7 in organic and conventional produce grown by Minnesota farmers. Journal of Food Protection 67: 894-900.
Müller, C.H. 1940. A Revision of the Genus *Lycopersicon*. U.S. Department of Agriculture. Miscellaneous Publication 382. 29 p.
Murneek, A.E., S.H. Wittwer and D.D. Hemphill. 1944. Supplementary "hormone" sprays for greenhouse-grown tomatoes. Proceedings of the American Society for Horticultural Science 45: 371-381.
Nagarathna, T.K., Y.G. Shadakshari, K.S. Jagadish and M.T. Sanjay. 2010. Interactions of auxin and cytokinins in regulating axillary bud formation in sunflower (*Helianthus annuus* L.). Helia 33: 85-94.
National Research Council. 1989. Lost Crops of the Incas: Little-known Plants of the Andes with the Promise for Worldwide Cultivation. National Academy Press, Washington D.C. p. 191-193.
Navarrete, M. and B. Jeannequin. 2000. Effect of frequency of axillary bud pruning on vegetative growth and fruit yield in greenhouse tomato crops. Scientia Horticulturae 86: 197-210.
Nogué S., L. Pujol, P. Sanz and R. de la Torre. 1995. *Datura stramonium* poisoning. Identification of tropane alkaloids in urine by gas chromatography – Mass spectrometry. The Journal of International Medical Research 23: 132-137.
Non Solo Arance. 2015. SCHEDEBOTANICHE32x45.pdf. http://www.nonsoloarance.net/app/ download/5795292266/SCHEDEBOTANICHE32X45.pdf
North, M. 2016. Research reborn: Dioscorides and Mattioli. Circulating Now on January 6, 2016. https://circulatingnow.nlm.nih.gov/2016/01/06/research-reborn-dioscorides-and-mattioli/
Nuffield Council on Bioethics. 2004. The Use of Genetically Modified Crops in Developing Countries. A follow-up Discussion Paper. Nuffield Council on Bioethics, London. 122 p.
Ochse, J.J. and R.C. Bakhuizen van den Brink.1977. Vegetables of the Dutch East Indies. English Edition of Indische Groenten. (published in 1931). A. Asher & Co. B.V., Amsterdam. p. 675-678.
Oda, M, M. Nagata, K. Tsuji and H. Sasaki. 1996. Effects of scarlet eggplant rootstock on growth, yield and sugar content of grafted fruits. Journal of the Japanese Society for Horticultural Science 65: 531-536.
Oda, M., K. Kitada, T. Ozawa and H. Ikeda. 2005. Initiation and development of flower truss in 'Momotaro' tomato plants associated with night temperature, and decrease in

the number of leaves under the first truss by raising plug seedlings at a cool highland. Journal of the Japanese Society for Horticultural Science 74: 42–46.

Oeller P.W., M.W. Lu, L.P. Taylor, D.A. Pike and A. Theologis. 1991. Reversible inhibition of tomato fruit senescence by antisense RNA. Science 254: 437–439.

Ogilvie, B.W. 2006. The Science of Describing. Natural History in Renaissance Europe. The University of Chicago Press, Chicago. p. 25–84.

Ohkawa, H., S. Sugahara and M. Oda. 2012. Seed formation promoted by paclobutrazol, a gibberellin biosynthesis inhibitor, in *pat-2* parthenocarpic tomatoes. Journal of the Japanese Society for Horticultural Science 81: 177–183.

Olasantan, F.O. 1985. Effects of intercropping, mulching and staking on growth and yield of tomatoes. Experimental Agriculture 21: 135–144.

Opeña, R.T. and H.A.M. van den Vossen. 1994. *Lycopersicon esculentum* Miller. In: Siemonsma, J.S. and K. Piluek (eds.). 1994. Plant Resources of South-East Asia. No. 8. Vegetables. Prosea Foundation, Bogor. p. 199–205.

Ozminkowski, Jr., R.H., R.G. Gardner, R.H. Moll and W.R. Henderson. 1990. Inheritance of prostrate growth habit in tomato. Journal of the American Society for Horticultural Science 115: 674–677.

Ozores-Hampton, M. 2015. Hand pollination of tomato for breeding and seed production. University of Florida, IFAS extension HS1248.

Paarlberg, R. 2010. Food Politics. What Everyone Needs to Know. Oxford University Press, New York. p. 139–154.

Paine, J.A., C.A. Shipton, S. Chaggar, R.M. Howells, M.J. Kennedy, G. Vernon, S.Y. Wright, E. Hinchliffe, J.L. Adams, A.L. Silverstone and R. Drake. 2005. Improving the nutritional value of Golden Rice through increased pro-vitamin A content. Nature Biotechnology 23: 482–487.

Palmer, J.D. and D. Zamir. 1982. Chloroplast DNA evolution and phylogenetic relationships in *Lycopersicon*. Proceedings of the National Academy of Sciences of the United States of America 79: 5006–5010.

Paran, I. and van der Knaap, E. 2007. Genetic and molecular regulation of fruit and plant domestication traits in tomato and pepper. Journal of Experimental Botany 58: 3841–3852.

Parkinson, J. 1635. Paradisi in Sole, Paradises Terrestris. Humfrey Lownes and Robert Young, London. p. 379–381.

Patterson, B.D., R. Paull and R.M. Smillie. 1978. Chilling resistance in *Lycopersicon hirsutum* Humb. & Bonpl., a wild tomato with wide altitudinal distribution. Australian Journal of Plant Physiology 5: 609–617.

Peet, M.M. 1992. Fruit cracking in tomato. HortTechnology 2: 216–223.

Peet, M.M. and G.W.H. Welles. 2005. Greenhouse production. In: Heuvelink, E. (ed.). Tomatoes. p. 257–304. CABI Publishing, Oxford, UK.

Pék, Z. and L. Helyes. 2002. The effect of daily temperature on truss flowering rate of tomato. Journal of the Science of Food and Agriculture 84: 1671-1674.

Pék, Z., L. Helyes and A. Lugasi. 2010. Color changes and antioxidant content of vine and postharvest ripened tomato fruits. HortScience 45: 466-468.

Peralta, I.E. and D.M. Spooner. 2005. Morphological characterization and relationships of wild tomatoes (*Solanum* L. sect. *Lycopersicon*). In: Croat, T.B., V.C. Hollowell and R.C. Keating (eds.). A Festschrift for William G. D'Arcy. Missouri Botanical Garden Press, Missouri. p. 227-257.

Peralta, I.E. and D.M. Spooner. 2007. History, origin and early cultivation of tomato (Solanaceae). In: Razdan, M.K. and A.K. Mattoo (eds.). Genetic Improvement of Solanaceous Crops. Science Publishers, New Hampshire. p. 1-24.

Peralta, I.E., D.M. Spooner and S. Knapp. 2008. Taxonomy of wild tomatoes and their relatives (*Solanum* sect. *Lycopersicoides*, sect. *Juglandifolia*, sect. *Lycopersicon*; Solanaceae). Systematic Botany Monographs 84: 1-186.

Petro-Truza, M. 1986. Flavor of tomato and tomato products. Food Review International 2: 309-351.

Phillips, H. 1820. Pomarium Britannicum: An Historical and Botanical Account of Fruits, known in Great Britain. Henry Colburn and Co. Public Liberty, London. p. 237-240.

Philouze, J. and B. Maisonneuve. 1978. Heredity of the natural ability to set parthenocarpic fruits in the soviet variety Severianin. Report of the Tomato Genetics Cooperative 28: 12-13.

Piringer, A.A. and P.H. Heinze. 1954. Effect of light on the formation of a pigment in the tomato fruit cuticle. Plant Physiology 29: 467-472.

Pnueli, L., L. Carmel-Goren, D. Hareven, T. Gutfinger, J. Alvarez, M. Ganal, D. Zamir, E. Lifschitz. 1998. The *SELF-PRUNING* gene of tomato regulates vegetative to reproductive switching of sympodial meristems and is the ortholog of *CEN* and *TFL1*. Development 125: 1979-1989.

Potrykus, I. 2001. Golden rice and beyond. Plant Physiology 125: 1157-1161.

Powell, A.L.T., C.V. Nguyen, T. Hill, K.L. Cheng, R. Figueroa-Balderas, H. Aktas, H. Ashrafi, C. Pons, R. Fernández-Muñoz, A. Vicente, J. Lopez-Baltazar, C.S. Barry, Y. Liu, R. Chetalat, A. Granell, A. van Deynze, J.J. Giovannoni and A.B. Benett. 2012. Uniform ripening encodes a Golden 2-like transcription factor regulating tomato fruit chloroplast development. Science 336: 1711-1715.

Pravda. 2005. People eating genetically modified food may have rat-short lifespan. Oct. 27, 2005. http://www.pravdareport.com/science/tech/27-10-2005/9136-gmf-0/#

Prudent, M., M. Causse, M. Génard, P. Tripodi, S. Grandillo and N. Bertin. 2009. Genetic and physiological analysis of tomato fruit weight and composition: influence of carbon availability on QTL detection. Journal of Experimental Botany 60: 923-937.

Qaim, M. and D. Zilberman. 2003. Yield effects of genetically modified crops in developing countries. Science 299: 900-902.

Quinet, M. and J.-M. Kinet. 2007. Transition to flowering and morphogenesis of reproductive structures in tomato. International Journal of Plant Developmental Biology 11: 64-74.

Quinet, M., C. Dubois, M.-C. Goffin, J. Chao, V. Dielen, H. Batoko, M. Boutry and J.-M. Kinet. 2006. Characterization of tomato (*Solanum lycopersicum* L.) mutants affected in their flowering time and in the morphogenesis of their reproductive structure. Journal of Experimental Botany 57: 1381-1390.

Re, P. 1811. L'ortolano Dirozzato di Filippo Re Cavaliere dell'Ordine della Corona Ferrea, P. Professore di Agraria nella R. Universitá di Bologna ecc. ecc. Volume Secondo. Presso Giovanni Silvestri, Milano. p. 271.

Rea, J. 1665. Flora: seu de Florum Cultura, or A Complete Florilege: furnished with all the requisites belonging to a Florists. J.G. for Richard Marriott, London. p. 188.

Redenbaugh, K., W. Hiatt, B. Martineau, M. Kramer, R. Sheehy, R. Sanders, C. Houck and D. Emlay. 1992. Safety Assessment of Genetically Engineered Fruit and Vegetables. A Case Study of the Flavr Savr™ Tomato. CRC Press. Boca Raton, Florida. 288 p.

Regione Campania. 2015. Prodotti Tipici della Campania. http://www.agricoltura.regione.campania.it/ tipici/piennolo.html

Reinhardt, D. 2005. Regulation of phyllotaxis. International Journal of Developmental Biology 49: 539-544.

Resnik, D.B. 2015. Retracting inconclusive research: lessons from the Séralini GM maize feeding study. Journal of Agricultural and Environmental Ethics 28: 621-633.

Rick, C.M. 1958. The role of natural hybridization in the derivation of cultivated tomatoes of western south America. Economic Botany 12: 346-367.

Rick, C.M. 1974. High soluble-solids content in large-fruited tomato lines derived from a wild green-fruited species. Hilgardia 42: 493-510.

Rick, C.M. 1978. The Tomato. Scientific American 239: 67-76.

Rick, C.M. 1979. Biosystematic studies in *Lycopersicon* and closely related species of *Solanum*. In: Hawkes, J.G., R.N. Lester, and A.D. Skelding (eds.). The Biology and Taxonomy of Solanaceae. Academic Press, New York. p. 667-677.

Rick, C.M. 1995. Tomato. In: Smart, J. and N.W. Simmonds (ed.). Evolution of Crop Plants. Second edition. Longman Scientific & Technical, England. p. 452-457.

Rick, C.M. and Butler, L. 1956. Phytogenetics of the tomato. Advances in Genetics 8: 267-382.

Rick, C.M. and J. F. Fobes. 1975. Allozyme variation in the cultivated tomato and closely related species. Bulletin of the Torrey Botanical Club 102: 376-384.

Rick, C.M. and M. Holle. 1990. Andean *Lycopersicon esculentum* var. *cerasiforme*: Genetic variation and its evolutionary significance. Economic Botany 44 (Supplement): 69-78.

Rick, C.M., R.W. Zobel and J.F. Fobes. 1974. Four peroxidase loci in red-fruited tomato species: genetics and geographic distribution. Proceedings of the National Academy of Sciences of the United States of America 71: 835-839.

Rick, C.M., E. Kesicki, J.F. Fobes and M. Holle. 1976. Genetic and biosystematic studies on two new sibling species of *Lycopersicon* from interandean Peru. Theoretical and Applied Genetics 47: 55–68.

Rick, C.M., J.F. Fobes and M. Holle. 1977. Genetic variation in *Lycopersicon pimpinellifolium*: Evidence of evolutionary change in mating systems. Plant Systematics and Evolution 127: 139–170.

Rick, C.M., M. Holle and R.W. Thorp.1978. Rates of cross-pollination in *Lycopersicon pimpinellifolium*: Impact of genetic variation in floral characters. Plant Systematics and Evolution 129: 31–44.

Rick, C.M., J.W. Uhlig and A.D. Jones. 1994. High α-tomatine content in ripe fruit of Andean *Lycopersicon esculentum* var. *cerasiforme*: Developmental and genetic aspects. Proceedings of the National Academy of Sciences of the United States of America 91: 12877–12881.

Ried, K. and P. Fakler. 2011. Protective effect of lycopene on serum cholesterol and blood pressure: Meta-analyses of intervention trials. Maturitas 68: 299–310.

Riley, G. 2007. The Oxford Companion to Italian Food. Oxford University Press, New York. p. 84–85, p. 529–530.

Riley, K.F. 2010. The Pine Barrens of New Jersey. Academia Publishing, San Francisco. p. 14.

Rivard, C.L. and F.J. Louws. 2008. Grafting to manage soilborne diseases in heirloom tomato production. HortScience 43: 2104–2111.

Roberts, P. 2014. In Ely a world record tomato. Dan MacCoy grows massive 8.41 pound vegetable. The Ely Echo. August 30, 2014. p. 1, p. 7.

Robinson, R.W. and M.L. Tomes. 1968. Ripening inhibitor: A gene with multiple effects on ripening. Report of the Tomato Genetics Cooperative 18: 36–37.

Rodríguez-Burruezo, A., J. Prohens, S. Roselló and F. Nuez. 2005. "Heirloom" varieties as sources of variation for the improvement of fruit quality in greenhouse-grown tomatoes. Journal of Horticultural Science & Biotechnology 80: 453–460.

Römer, S., P.D. Fraser, J.W. Kiano, C.A. Shipton, N. Misawa, W. Schuch and P.M. Bramley. 2000. Elevation of the provitamin A content of transgenic tomato plants. Nature Biotechnology 18: 666–669.

Ronen, G., L. Carmel-Goren, D. Zamir and J. Hirschberg. 2000. An alternative pathway to β-carotene formation in plant chromoplasts discovered by map-based cloning of *Beta* and *old-gold* color mutations in tomato. Proceedings of the National Academy of Sciences of the United States of America 97: 11102–11107.

Rosati, C., R. Aquilani, S. Dharmapuri, P. Pallara, C. Marusic, R. Tavazza, F. Bouvier, B. Camara and G. Giuliano. 2000. Metabolic engineering of beta-carotene and lycopene content in tomato fruit. The Plant Journal 24: 413–419.

Royal Botanic Gardens, Kew. 2016. *Solanum melongena*（aubergine）. http://www.kew.org/science-conservation/plants-fungi/solanum-melongena-aubergine

引用文献

Rumphius, G.E. 1741. Herbarium Amboinense. Pars Quinta. Apud Fransicum Changuion, Joannem Catuffe, Hermannum Uytwerf, Amstelaedami. p. 416. http://www.botanicus.org/item/31753000819455#

Sabine, J. 1820. On the love apple or tomato and an account of its cultivation; with a description of several varieties, and some observations on the different species of the genus *Lycopersicum*. Transactions of Horticultural Society of London 3: 342-354.

Sacks, E.J. and D.M. Francis. 2001. Genetic and environmental variation for tomato flesh color in a population of modern breeding lines. Journal of the American Society for Horticultural Science 126: 221-226.

Sakasegawa, S. 2011. William Curtis −A Victorian Englishman who introduced western vegetables and ham into Japan. Research Bulletin of the Faculty of Humanities, Shigakukan University 32: 35-58.

Salmon, W. 1710. Botanologia. The English Herbal, or History of Plants. Printed by Dawks, I. for Rhodes, H. and J. Taylor, London. p. 29.

Saltveit, M.E. 2005. Postharvest biology and handling. In: Heuvelink, E. (ed.). Tomatoes. CABI Publishing, Oxford, UK. p. 305-324.

Samach, A. and H. Lotan. 2007. The transition to flowering in tomato. Plant Biotechnology 24: 71-82.

Sanchez, P.A. 2002. Soil fertility and hunger in Africa. Science 295: 2019-2020.

Santos, B.M. 2008. Early pruning effects on 'Florida-47' and 'Sungard' tomato. HortTechnology 18: 467-470.

Saranga, Y., D. Zamir, A. Marani and J. Rudich. 1991. Breeding tomatoes for salt tolerance: field evaluation of *Lycopersicon* germplasm for yield and dry-matter production. Journal of the American Society for Horticultural Science 116: 1067-1071.

Sargent, S.A., J.K. Brecht and J.J. Zoellner. 1992. Sensitivity of tomatoes at mature-green and breaker ripeness stages to internal bruising. Journal of the American Society for Horticultural Science 117: 119-123.

Sasaki, H., T. Yano and A. Yamasaki. 2005. Reduction of high temperature inhibition in tomato fruit set by plant growth regulators. Japan Agricultural Research Quarterly 39: 135-138.

Sawhney, V.K. and R.I. Greyson. 1972. On the initiation of the inflorescence and floral organs in tomato (*Lycopersicon esculentum*). Canadian Journal of Botany 50: 1493-1495.

Schamilpglu, U. 2004. The New World and its Impact on Turkic Lexicon and Culture. Tyurkskaya i Smejnaya Leksikologiya i Leksikografiya (Sbornik k 70-letiyu Kenesbaya Musaeva). Institut Yazikoznaniya. Rossiyskaya Akademiya Nauk, Moscow. p. 231-250.

Schauer, N., D. Zamir and A.R. Fernie. 2005. Metabolic profiling of leaves and fruit of wild species tomato: a survey of the *Solanum lycopersicum* complex. Journal of Experimental Botany 56: 297-307.

Schuch, W., J. Kanczler, D. Robertson, G. Hobson, G. Tucker, D. Grierson, S. Bright and C.

Bird. 1991. Fruit quality characteristics of transgenic tomato fruit with altered polygalacturonase activity. HortScience 26: 1517–1520.
Scott, J.W. 1998. University of Florida tomato breeding accomplishments and future directions. Proceedings – Soil and Crop Sciences Society of Florida 58: 16–18.
Scott, J.W. and R.G. Gardner. 2007. Breeding for resistance to fungal pathogens. In: Razdan, M.K. and A.K. Mattoo (eds.). Genetic Improvement of Solanaceous Crops. Scientific Publishers, New Hampshire. p. 421–456.
Seelen, P. 2011. Kusters One Hundred Years of Balance 1911–2011. Paul Seelen Productions. p. 17–18.
Sen, A. 2005. Academic Dictionary of Cooking. Isha Books, New Delhi. p. 191.
Séralini, G.-E., R. Mesnage, N. Defarge, S. Gress, D. Hennequin, E. Clair, M. Malatesta and J.S. de Vendômois. 2013. Answers to critics: Why there is a long term toxicity due to a Roundup-tolerant genetically modified maize and to a Roundup herbicide. Food and Chemical Toxicology 53: 476–483.
Séralini, G.-E., E. Clair, R. Mesnage, S. Gress, N. Defarge, M. Malatesta, D. Hennequin and J.S. de Vendômois. 2014. Republished study: long-term toxicity of a Roundup herbicide and a Roundup-tolerant genetically modified maize. Environmental Sciences Europe 26: 14. DOI: 10.1186/s12302-014-0014-5
Serrani, J.C., M. Fos, A. Atarés and J.L. García-Martínez. 2007. Effect of gibberellin and auxin on parthenocarpic fruit growth induction in the cv Micro-Tom of tomato. Journal of Plant Growth Regulation 26: 211–221.
Shalit, A., A. Rozman, A. Goldshmidt, J.P. Alvarez, J.L. Bowman, Y. Eshed and E. Lifschitz. 2009. The flowering hormone florigen functions as a general systemic regulator of growth and termination. Proceedings of the National Academy of Sciences of the United States of America 106: 8392–8397.
Shewmaker, C.K., J.A. Sheehy, M. Daley, S. Colburn and D.Y. Ke. 1999. Seed-specific overexpression of phytoene synthase: increase in carotenoids and other metabolic effects. The Plant Journal 20: 401–412.
Sheehy, R.E., J. Pearson, C.J. Brady and W.R. Hiatt. 1987. Molecular characterization of tomato fruit polygalacturonase. Molecular and General Genetics 208: 30–36.
Sheehy, R.E., M. Kramer and W.R. Hiatt. 1988. Reduction of polygalacturonase activity in tomato fruit by antisense RNA. Proceedings of the National Academy of Sciences of the United States of America 85: 8805–8809.
Shull, G.H. 1908. The composition of a field of maize. American Breeders' Association 4: 296–301.
Shull, G.H. 1909a. A pure-line method in corn breeding. American Breedeers' Association 5: 51–59.
Shull, G.H. 1909b. Corn breeding. Botanical Gazette 48: 396–398.
Shull, G.H., 1948. What is "heterosis"? Genetics 33: 439–446.
Simoons, F. J. 1998. Plants of Life, Plants of Death. The University of Wisconsin Press,

Wisconsin. p. 101-135.

Smith, A.F. 1998. Foreword. In: Livingston, A.W. Livingston and the Tomato. Ohio State University Press, Columbus, Ohio. p. vi-xxxiii.

Smith, A.F. 2001. The Tomato in America. Early History, Culture, and Cookery. University of Illinois Press. Urbana and Chicago, Illinois. (originally published in 1994 by the University of South Carolina) 224 p.

Steeves, T.A. and I.M. Sussex.1989. Patterns in Plant Development. Second edition. Cambridge University Press, New York. p. 109-123.

Stent, G.C. 1874. A Chinese and English Pocket Dictionary. Kelly, Shanghai. p. 100.

Stephens, H.M. 1891. A History of the French Revolution. Vol. II. Charles Scribner's Sons, New York. p. 353-356.

Stevens, M.A. 1972. Citrate and malate concentrations in tomato fruits: Genetic control and maturational effects. Journal of the American Society for Horticultural Science 97: 655-658.

Stevens, M.A. and C.M. Rick. 1986. Genetics and breeding. In: Atherton, J. and G. Rudlich (eds.). The Tomato Crop. A Scientific Basis for Improvement. Chapman & Hall, New York. p. 35-109.

Stieger, P.A., D. Reinhardt and C. Kuhlemeier. 2002. The auxin influx carrier is essential for correct leaf positioning. The Plant Journal 32: 509-517.

Stommel, J.R. 2001. USDA 97L63, 97L66, and 97L97: Tomato breeding lines with high fruit beta-carotene content. HortScience 36: 387-388.

Strauss, S.H. 2003. Genomics, genetic engineering, and domestication of crops. Science 300: 61-62.

Sutarno, H., S. Danimihardja and G.J.H. Grubben. 1994. *Solanum melongena* L. In: Siemonsma, J.S. and K. Piluek (eds.). 1994. Plant Resources of South-East Asia. No. 8. Vegetables. Prosea Foundation, Bogor. p. 255-258.

Tadmor, Y., S. King, A. Levi, A. Davis, A. Meir, B. Wasserman, J. Hirschberg and E. Lewinsohn. 2005. Comparative fruit colouration in watermelon and tomato. Food Research International 38: 837-841.

Tamaro, D. 1892. Orticoltura. Ulrico Hoepli, Milano. p. 344-351.

Taylor, I.B. 1986. Biosystematics of the tomato. In: Atherton, J. and G. Rudlich (eds.). The Tomato Crop. A Scientific Basis for Improvement. Chapman & Hall, New York. p. 1-34.

Theophratus. 1916. Enquiry into Plants and Minor Works on Odors and Weather Signs with an English translation by Sir Arthur Hort. Volume 2. William Heinemann, London. p. 261-265.

Thompson, A.E. 1961. A comparison of fruit quality constituents of normal and high pigment tomatoes. Proceedings of the American Society for Horticultural Science 78: 464-473.

Thompson, A.E., M.L. Tomes, H.T. Erickson, E.V. Wann and R.J. Armstrong. 1967. Inheritance of crimson fruit color in tomatoes. Proceedings of the American Society for Horticultural Science 91: 495-504.

Thompson, J.F. and S.C. Blank. 2000. Harvest mechanization helps agriculture remain competitive. California Agriculture 54(3): 51-56.

Tomes, M.L. 1963. Temperature inhibition of carotene synthesis in tomato. Botanical Gazette 124: 180-185.

Tournefort, J.P. 1694a. Elemens de Botanique: ou Methode pour Connoître les Plantes. Tome 1. De L'imperimerie Royale, Paris. p. 125.

Tournefort, J.P. 1694b. Elemens de Botanique. Tome 2. De L'imprimerie Royale, Paris. Plate 63.

Tracy, W.W. 1907. Tomato Culture. A Practical Treaties on the Tomato. Applewood Books. Massachusetts. p. 14-19.

Tressler, D.K. 1971. Historical and economic aspects of the juice industry. In: Tressler, D.K. and M.A. Joslyn (ed.). Fruit and Vegetable Juice Processing Technology. Avi Publishing Co., Westport, Connecticut. p. 1-30.

United Nations Children's Fund (UNICEF). 2016. Vitamin A supplementation: A statistical snapshot. 11 p.

United States Department of Agriculture. 1959. Commercial Production of Tomatoes. Farmers' Bulletin No. 2045. 46 p.

United States Department of Agriculture. 1977. United States Standards for Grades of Canned Tomato. Paste. 8 p.

United States Department of Agriculture. 1978. United States Standards for Grades of Canned Tomato Puree (Tomato Pulp). 9 p.

United States Department of Agriculture. 1991. United States Standards for Grades of Fresh Tomatoes. 13 p.

U.S. Food and Drug Administration. 1994. Agency summary memorandum Re: consultation with Calgene, Inc., concerning FLAVR SAVR™ tomatoes. http://www.fda.gov/Food/FoodScienceResearch/GEPlants/Submissions/ucm225043.htm

U.S. Food and Drug Administration. 2000. Guidance for Industry and Other Stakeholders Toxicological Principles for the Safety Assessment of Food Ingredients. Redbook 2000. http://www.fda.gov/downloads/Food/GuidanceRegulation/UCM222779.pdf

U.S. Supreme Court. 1893. NIX v. HEDDEN 149 U.S. 304. http://laws.findlaw.com/us/149/304.html

Vegetti, A.C. and R.A. Pilatti. 1998. Structural patterns of tomato plants grown in glasshouse. Genetic Resources and Crop Evolution 45: 87-93.

Velthuis, H.H.W. and A. van Doorn. 2006. A century of advances in bumblebee domestication and the economic and environemental aspects of its commercialization for pollination. Apidologie 37: 421-451.

Verdejo-Lucas, S., L. Cortada, F.J. Sorribas and C. Ornat. 2009. Selection of virulent populations of *Meloidogyne javanica* by repeated cultuivation of *Mi* resistance gene tomato rootstocks under field conditions. Plant Pathology 58: 990-998.

Von Elsner, B., D. Briassoulis, D. Waaijenberg, A. Mistriotis, C. von Zabeltitz, J. Gratraud, G. Russo and R. Suay-Cortes, R. 2000. Review of structural and functional characteristics of greenhouses in European Union countries, Part II: Typical designs. Journal of Agricultural Engineering Research 75: 111-126.

Vooren, J., G.W.H. Welles and G. Hayman. 1986. Glasshouse crop production. In: Atherton, J.G. and J. Rudich (eds.). The Tomato Crop. Chapman and Hall, New York. p. 581-623.

Wagner, G.J. 1991. Secreting glandular trichomes: More than just hairs. Plant Physiology 96: 675-679.

Watada, A.E. and B.B. Aulenbach. 1979. Chemical and sensory qualities of fresh market tomato. Journal of Food Science 44: 1013-1016.

Waniakowa, J. 2007. Mandragora and belladonna – The names of two magic plants. Studia Linguistica Universitatis Iagellonicae Cracoviensis 124: 161-173.

Welbaum, G. E. 2015. Vegetable Produdcion and Practices. CABI, Oxfordshire. p. 1-15.

Wellington, R. 1912. Influence of crossing in increasing the yield of the tomato. New York State Agricultural Experiment Station Bulletin. 346: 57-76.

Welty, N., C. Radovich, T. Meulia and E. van der Knaap. 2007. Inflorescence development in two tomato species. Canadian Journal of Botany 85: 111-118.

Went, F.W. 1944a. Plant growth under controlled conditions. II. Thermoperiodicity in growth and fruiting of the tomato. American Journal of Botany 31: 135-150.

Went, F.W. 1944b. Morphological observation on the tomato plant. Bulletin of the Torrey Botanical Club 71: 77-92.

Went, F.W. 1945. Plant growth under controlled conditions. V. The relation between age, light, variety and thermoperiodicity of tomatoes. American Journal of Botany 32: 469-479.

Williamson, C.S. 2007. Is organic food better for our health? Nutrition Bulletin 32: 104-108.

Winter, C.K. and S.F. Davis. 2006. Organic foods. Journal of Food Sicence 71: R117-R124.

Wittwer, S.H. 1963. Photoperiod and flowering in the tomato (*Lycopersicon esculentum* Mill.). Proceedings of the American Society for Horticultural Science 83: 688-694.

Wright, T. 1845. The Archaeological Alubum; or, Museum of National Antiquities. Chapman and Hall, London. p. 178-182.

Xiao, H., C. Radovich, N. Welty, J. Hsu, D. Li, T. Meulia T. and E. van der Knaap. 2009. Integration of tomato reproductive developmental landmarks and expression profiles, and the effect of *SUN* on fruit shape. BMC Plant Biology 9: 49.

Yakovleff, E. and F.L. Herrera. 1935. El mundo vegetal de los antiguos peruanos. Revista del Museo Nacional de Arqueología–Lima. p. 117-118.

Yamakawa, K. 1982. Use of rootstocks in Solanaceous fruit-vegetable production in Japan. Japan Agricultural Research Quarterly 10: 187-192.

Ye, X., S. Al-Babili, A. Klöti, J. Zhang, P. Lucca, P. Beyer and I. Potrykus. 2000. Engineer-

ing the provitamin A (β-carotene) biosynthetic pathway into (carotenoid-free) rice endosperm. Science 287: 303-305.
Yeager, A.F. 1927. Determinate growth in the tomato. Journal of Heredity 18: 263-265.
Yeager, A.F. 1935. The uniform fruit color gene in the tomato. Proceedings of the American Society for Horticultural Science 33: 512.
Yelle, S., R.T. Chetelat, M. Dorais, J.W. Deverna and A.B. Bennett. 1991. Sink metabolism in tomato fruit: IV. Genetic and biochemical analysis of sucrose accumulation. Plant Physiology 95: 1026-1035.
Yeum, K.-J. and R.M. Russell. 2002. Carotenoid bioavailability and bioconversion. Annual Review of Nutrition 22: 483-504.
Yokoyama, J. and M.N. Inoue. 2010. Status of the invasion and range expansion of an introduced bumblebee, *Bombus terrestris* (L.), in Japan. Applied Entomology and Zoology 45: 21-27.
Yousef, G.G. and J.A. Juvik. 2001. Evaluation of breeding utility of a chromosomal segment from *Lycopersicon chmielewskii* that enhances cultivated tomato soluble solids. Theoretical and Appied Genetics 103: 1022-1027.
Zahara, M.B. and R.W. Scheuerman. 1988. Hand-harvesting jointless vs. jointed-stem tomatoes. California Agriculture 42(3): 14.
Zimmerman, P.W. and A.H. Hitchcock. 1944. Substances effective for increasing fruit set and inducing seedless tomatoes. Proceedings of the American Society for Horticultural Science 45: 353-361.

邦文その他

アコスタ（増田義郎訳・注）．1991．新大陸自然文化史 下．大航海時代叢書 第Ⅰ期 第4巻．岩波書店．p. 380-385.
赤堀峯吉．1919．家庭実用西洋料理法．大倉書店．489 p.
赤堀峯吉，赤堀喜久，赤堀美知．1911．家庭日曜料理 上巻．大倉書店．p. 13-14.
秋永優子，三浦梨沙，川口進，中村修．2005．学校給食における旬の野菜活用のための旬ごよみの提案．教育実践研究（福岡教育大学教育学部附属教育実践総合センター紀要）13: 63-70.
青葉高．1981．野菜．在来品種の系譜．法政大学出版会．p. 17-39.
青木宏史．1983．トマトの新整枝法「連続摘心整枝」第1報．作型と生態特性．千葉県農業試験場研究報告 24: 67-73.
青木宏史．2009．消費者志向を重視したトマトの栽培技術．野菜の栽培技術シリーズ．誠文堂新光社．286 p.
荒井綜一・清水（井深）章子．2007．機能性食品の研究——回顧と展望．日本乳酸菌学会誌 18: 2-6.
アリストテレス（山田道夫・金平弥平訳）．2013．生成と消滅について．アリストテレス全集 5．岩波書店．408 p.
アイザック・アシモフ（太田次郎訳）．2014．生物学の歴史．講談社学術文庫．講

引用文献

　　談社．p. 32-35.
芦澤正和．1986．一代雑種とその普及．西貞夫監修．野菜種類・品種名考．農業技術協会．p. 59-73.
粟島行春．1997．醫心方 食養篇．叢書 日本漢方の古典 1．東洋医学薬学古典研究会．p. 19-23，p. 329-386.
ウルリヒ・ベック（東廉，伊藤美登里訳）．1998．危険社会．新しい近代化への道．叢書・ウニベルシタス 609．法政大学出版局．472 p.
ブリア-サヴァラン（関根秀雄・戸部松美実訳）．1967．美味礼賛（上，下）．岩波文庫 32-524-1, 2．岩波書店．286 p., 280 p.
ジャック・ブロス（田口啓子，長野督訳）．1994．植物の魔術．八坂書房．p. 231-236.
アルベルト・カパッティ，マッシモ・モンタナーリ（芝野均訳）．2011．食のイタリア文化史．岩波書店．426 p.
レイチェル・カーソン（青樹簗一）．1974．沈黙の春．新潮文庫カ-4-1．新潮社．394 p.
ディオゲネス・ラエルティオス（加来彰俊訳）．1994．ギリシャ哲学者列伝（下）．岩波文庫 33-663-3．岩波書店．p. 52-72.
江原絢子．1998．高等女学校における食物教育の形成と展開．雄山閣．p. 125-163.
園芸学会編．2005．園芸学用語集・作物名編．養賢堂．352 p.
江澤正平．2003．野菜の略歴から食べ方まですべてわかる野菜便利帖．コープ出版．p. 61-67.
ニーナ・フェドロフ，ナンシー・マリー・ブラウン（難波美帆，小山繁樹訳）．2013．食卓のメンデル．科学者が考える遺伝子組換え食品．日本評論社．336 p.
フィッシャー，R.A.（遠藤健児・鍋谷清治訳）．1971．実験計画法．森北出版．p. 10-22.（Fisher, R.A. 1966. The Design of Experiments. Eighth edition. Hafner Publishing Co., New York. p. 11-26. First edition, 1935）
ファニー・フラッグ（和泉晶子訳）．1992．フライド・グリーン・トマト．二見書房．p. 310-311.
藤井健雄．1948．蔬菜園芸全書．トマト．産業図書．p. 42-77.
藤井健雄（監修）．1959．蔬菜の新品種．誠文堂新光社．227 p.
藤野信之．2007．野菜輸入の動向と課題．農林金融 733: 2-14.
藤島廣二，小林茂典．2008．業務・加工用野菜——売れる品質・規格と産地事例——．農山漁村文化協会．161 p.
藤田次明（編）．1888．東京市區改正條例俗解．松成堂．
藤村棟太郎．1905．家庭西洋料理法．大学館．p. 25-26, p.103-104, p.122-124.
福羽逸人．1893．蔬菜栽培法．博文館．東京．p. 368-377.
福井直樹，高取 聡，北川陽子，柿本 葉，柿本幸子，山本晃衣，中辻直人，村田 弘，住本建夫，尾花裕孝．2010．国産農産物中の残留農薬の検査結果——平成 19 年〜平成 21 年——．大阪府立公衆衛生研究所研究報告 48: 14-21.
古谷春吉．1943．トマト，茄子等の F1 採種に於ける無蓋交配法．園芸学会雑誌 14: 152-156.

ゲーテ（相良守峯訳）．1942．イタリア紀行（中）．岩波文庫 32-406-0．岩波書店．314 p.

呉其濬．1848．植物名實圖攷（植物名実図考）蔓草巻之二十一．アーカイブは植物名實圖考（二十）https://archive.org/details/02095453.cn

原田信男．2008. 食をうたう－詩歌にみる人生の味わい．岩波書店．p. 29.

橋本周子．2014．美食家の誕生．グリモと〈食〉のフランス革命．名古屋大学出版会．408 p.

林芙美子（今川英子編）．2004．林芙美子 巴里の恋．──巴里の小遣ひ帳 一九三二年の日記 夫への手紙──中公文庫 781．中央公論社．p. 158-163.

林屋永吉訳．コロンブス航海誌．1977．岩波文庫 34-428-1．岩波書店．p. 80.（原文は Fernández de Navarrete, M. 1922. Viajes de Cristóbal Colón. Calpe, Madrid. p. 57.）

東四柳祥子，江原絢子．2003．解題 近代日本の料理書（1861～1930）．東京家政学院大学紀要．43 号 1-16.

ヒポクラテス（小川政恭訳）．1963．古い医術について──他八篇．岩波文庫 33-901-1．岩波書店．p. 69-71.

久谷満香．2016．うま味凝縮 本場イタリアのトマト品種たち．現代農業 2016 年 2 月号 p. 205-209.

グスタフ・ルネ・ホッケ（種村季弘・矢川澄子訳）．2011．迷宮としての世界──マニエリスム美術──（下）．岩波文庫 35-575-2．岩波書店．p. 27-50.

本多健一郎．2006．トマト黄化葉巻病と媒介コナジラミ，防除法を巡る研究情勢と問題点．野菜茶業研究集報 3: 115-122.

法政大学大原社会問題研究所．1964．日本労働年鑑 特集版 太平洋戦争下の労働者状態．第 5 編第 2 章第 2 節 食生活の推移（二）──副食品の配給と消費── http://oohara.mt.tama.hosei.ac.jp/rn/senji1/rnsenji1-143.html

飯島忠夫．1939．天文暦法と陰陽五行説．恒星社．p. 116-182.

飯島陽子．2013．野生種トマト－その多様性と利用性－ 生物工学 91: 662-665.

池部誠．1986．野菜探検隊世界を歩く．文藝春秋．p. 140-144.

池上俊一．2011．パスタでたどるイタリア史．岩波ジュニア新書 609．岩波書店．p. 69-71.

池上俊一．2013．お菓子でたどるフランス史．岩波ジュニア新書 757．岩波書店．p. 181-186.

池内了．2008．疑似科学入門．岩波新書 1131．岩波書店．202 p.

稲葉昭次，山本努，伊東卓爾，中村怜之輔．1980．トマト樹上成熟果及び追熟果実の成熟様相と食味の比較．園芸学会雑誌 49: 132-138.

猪俣津南雄．1982．踏査報告 窮乏の農村．岩波文庫 34-150-1．岩波書店．p. 51-52.

石川寛子，江原絢子．2002．近現代の食文化．弘学出版．p. 107-132.

石川寛子，和田淑子，下村道子．1992．横浜の食文化．横浜市教育委員会．p. 53-56.

板木利隆．2009．施設園芸・野菜の技術展望．半世紀のあゆみ これからの展開．園芸情報センター．179 p.

伊藤喜三男，上村昭二，望月龍也，石内伝治，菅野紹雄．1990．トマト'盛岡 22 号'

引用文献

　　の育成経過とその特性．野菜・茶業試験場研究報告 C. 1: 11-20.
伊藤潔．1993．台湾－四百年の歴史と展望．中公新書 1144．p. 18-19.
伊藤庄次郎．1938．蕃茄のヘテロシスと其の利用に關する試験．農業及園芸 13: 1185-1196.
岩崎潅園．1768．本草図譜．巻之 49.（飯田藏太郎編纂，潅園岩崎常正著．1916．本草圖譜．本草圖譜刊行會）．
岩崎正男．1995．日本へのマルハナバチ利用技術の導入．ミツバチ科学 16: 17-23.
ジェファソン，T.（中屋健一訳）．1972．ヴァジニア覚え書．岩波文庫 34-011-1．岩波書店．p. 76.
シルヴィア・ジョンソン（金原瑞人訳）．1999．世界を変えた野菜読本．トマト，ジャガイモ，トウモロコシ，トウガラシ．晶文社．188 p.
椛島由佳，上野英二，大島晴美，大野勉，斉藤勲．2008．愛知県における野菜・果実中の農薬残留データ（2001～2005 年度）に基づいたポジティブリスト制度下での農薬検査対象方法の検討．食品衛生学雑誌 49: 283-293.
カゴメ八十年史編纂委員会．1978．カゴメ八十年史．カゴメ株式会社．632 p.
貝原益軒．1704．菜譜．上巻，下巻．貝原益軒アーカイブ．中村学園大学図書館．
貝原益軒．1709．大和本草．巻之九．草之五．貝原益軒アーカイブ．中村学園大学図書館．
開拓使．1873．西洋蔬菜栽培法．p. 11-12.（札幌市中央図書館デジタルライブラリー）
鎌田博．1999．植物科学の革命児アグロバクテリウム．化学と生物 37: 59-65.
亀田明美．2010．サイクルメニューでつくる春夏秋冬 旬のもの "ばっかり" な献立．食農教育．2010 年 11 月号 p. 100-105.
亀田勝見．2009．古代中国医学と五味との関係．——暑さと辛味とのつながりを求めて——福井県立大学論集 33: 50-64.
上村昭二，吉川宏昭，伊藤喜三男．1972．トマトの裂果に関する研究．園芸試験場報告 C（盛岡）7: 73-138.
假名垣魯文編．1872．西洋料理通 後編．第百等 スチュードトママース，蒸赤茄子成分の品．p. 17.（「江原絢子編．2012．近代料理集成——日本の食文化史．第 1 巻 西洋料理（1）．クレス出版」による）
神田喜四郎（編）．1909．西洋野菜の作り方と食べ方．日本園芸研究会．p. 1-6.
神田宣武．2009．「旬」の日本文化．角川文庫 16005．角川書店．p. 7-22.
金子みすゞ（矢崎節夫選）．1984．金子みすゞ童謡集．わたしと小鳥とすずと．JULA 出版局．p. 56-57.
加納喜光，久保輝幸，吉野尚政．2003．埤雅の研究・其五 釈草篇（1）中国博物史の一斑．茨城大学人文学部紀要人文学科論集 39：115-138.
粕川照男．1980．野菜の科学．研成社．p. 144-160.
加藤要．1969．くだものと野菜の四季－味覚の話題．北隆館．p. 145-146.
勝山直樹，福田富幸，越川兼行，田口義広．2005．トマト黄化葉巻ウィルスを媒介するシルバーリーフコナジラミの物理的防除法に関する研究．岐阜県農業技術研究所研究報告 5：13-19.

引用文献

河上睦子．2015．いま，なぜ食の思想か．豊食・飽食・崩食の時代．社会評論社．p. 99-121．

加屋隆士．2010．トマト．鵜飼保雄，大沢良編．品種改良の世界史——作物編．p. 307-334．

香山リカ．2015．半知性主義でいこう．戦争ができる国の新しい生き方．朝日新書546．朝日新聞出版．191 p.

敬学堂主人．1872．西洋料理法指南 下．雁金書屋．19 コマ，30 コマ（国立国会図書館デジタルコレクション）

北宜裕．2003．臭化メチル代替技術．五訂版 施設園芸ハンドブック．日本施設園芸協会．p. 433-439．

北宜裕．2006．物理的消毒法の効果と普及．野菜茶業研究集報．3: 7-15．

北宜裕，岡本昌広．2004．熱水土壌消毒．農業技術体系土壌肥料編．第5-1巻 農山漁村文化協会．追録第15号．畑 216.7.2-7.7.4．

北原保雄，久保田淳，谷脇理史，徳川宗賢，林大，前田富祺，松井栄一，渡辺実編．2001．日本国語大辞典（第二版）．第6巻．小学館．p. 1451．

北村四郎．1977．探幽筆 草木花写生図巻．中村渓男，北村四郎（狩野探幽画）．草木花写生．東京国立博物館蔵．紫紅社．p. 238-247．

北山晴一．ヨーロッパ世界の食の秩序．津金昌一郎編．2010．「医食同源」——食とからだ・こころ．食の文化フォーラム28．ドメス出版．p. 70-88．

ロバート・ノックス（濱屋悦次訳）．1994．セイロン島誌．東洋文庫578．平凡社．p. 72-76．（原著は1681年出版）

小林純一．1943．太鼓が鳴る鳴る．紀元社．p. 136-137．

小出哲哉，林悟朗．1993．果菜類におけるマルハナバチ（*Bombus terrestris*）の利用に関する研究．（第1報）マルハナバチの温室内における活動生態とミニトマトの着果及び果実品質に対する効果．愛知県農業総合試験場研究報告 25: 165-170．

故宮博物院編．2001．南海普陀山志．故宮珍本叢刊257．p. 241．

近藤昭彦，柴崎誠司．2012．遺伝子工学．基礎生物学テキストシリーズ10．化学同人．239 p.

小菅桂子．2005．トマトの日本史．近代分化研究叢書2．昭和女子大学近代分化研究所．32 p.

神戸大学附属図書館．2008a．此頃の果物と蔬菜（一）蕃茄．デジタルアーカイブ．新聞記事文庫．園芸農産（農業）．第1巻7．東京朝日新聞1912.8.18．

神戸大学附属図書館．2008b．京都の蔬菜果実．遠く名古屋静岡方面に及ばず．デジタルアーカイブ．新聞記事文庫．園芸農産（農業）．第1巻70．大阪毎日新聞1917.9.27．

神戸大学附属図書館 2008c．生産，配給，消費統制に法的根拠を与えて強化．総動員法改訂．生活規正整備．デジタルアーカイブ．新聞記事文庫．経済政策（30-040）大阪毎日新聞1940.8.20．

神戸大学附属図書館 2008d．お惣菜は綜合切符制へ．公平配給へ大都会で近く実施．デジタルアーカイブ．新聞記事文庫．統制経済（1(2)-169）大阪毎日新聞1941.8.4．

引用文献

高知県農業振興部環境農業推進課．2009．園芸農業の省エネルギー等に関する調査報告書（緊急雇用創出臨時特例基金事業）．高知県．69 p.＋資料 100．

高知県農業振興部環境農業推進課．2010．園芸農業の省エネルギー等に関する調査報告書（II）（緊急雇用創出臨時特例基金事業）．高知県．55 p.＋資料 35．

高知県農業振興部環境農業推進課．2011．園芸農業の省エネルギー等に関する調査報告書（III）（緊急雇用創出臨時特例基金事業）．高知県．81 p.+ 資料 24．

甲田利夫．1976．年中行事御障子文注解．続群書類従完成会．p. 153-155．

国際協力事業団国際協力総合研修所調査研究第二課．2003．母と子の微量栄養素欠乏をなくすために．——小さじ一杯で育まれる母子の健康——92 p.

河野一郎編訳．1998．対訳英米童謡集．岩波文庫 32-285-1．岩波書店．p. 308-309．

厚生労働省医薬食品局食品安全部基準審査課．2014．食品衛生法における農薬の残留基準について．厚生労働省．21 p.

古在豊樹．2012．人工光型植物工場．——世界に広がる日本の農業革命——オーム社．p. 21．

熊沢三郎．1956．改著総合蔬菜園芸各論．養賢堂．p. 131-144．

黒岩比佐子．2004．『食道楽』の人 村井弦斎．岩波書店．p. 1-27．

許琰編，釋明智校訂．1740．重修南海普陀山志首 1 巻圖 1 巻．巻之十一．

李自珍．1633．本草綱目 53 巻瀕湖脈學 1 巻奇經八脈攷 1 巻．［21］54-58 コマ．（国立国会図書館デジタルコレクション古典籍資料）

李睟光．1915．朝鮮群書大系．続々．第 22．輯芝峯類説．下．巻 19．飲食部．菜．朝鮮古書刊行会，京城．p. 290-294．

シエサ・デ・レオン（増田義郎訳）．2007．インカ帝国地誌．岩波文庫 33-488-2．岩波書店．p. 372．Cieza de León, P. de. 1922. La Crónica di Peru. Calpe, Madrid. p. 221．（オリジナルは 1553 年出版）file:///G:/lacrnicadelper00cieza%20de%20leon.pdf

増田義郎．2004．キャプテンクックまでの太平洋航海．クック（増田義郎訳）．太平洋探検（一）．岩波文庫 33-485-1．岩波書店．p. 337-360．

松田明．1979．野菜の土壌病害——原因と対策——．農山漁村文化協会．p. 352-356．

松浦明，田村真理子，志摩五月．2005．シルバーリーフコナジラミに対する防虫ネットの目合いと侵入防止効果との関係．九州病害虫研究会報 51: 64-68．

真柳誠．2010．中国の本草論と食．津金昌一郎編．「医食同源」——食とからだ・こころ．食の文化フォーラム 28．ドメス出版．p. 90-106．

インノチェンツォ・マッツィーニ（宮原信訳）．2006．古代世界における食と医療．ジャンルイ・フランドラン，マッシモ・モンタナーリ編（宮原信，北代美和子監訳）．食の歴史 I．藤原書店 p. 323-338．

ジョン・マッケイド（中里京子訳）．2016．おいしさの人類史．人類初のひと噛みから「うまみ革命」まで．河出書房新社．p. 87-117．

明治文化研究会編．1955．明治文化全集 第 8 巻．日本評論新社．p. 148．

メンデル（岩槻邦男・須原準平訳）．1999．雑種植物の研究．岩波書店 125 p.

ミシュレ（篠田浩一郎訳）．1983．魔女（下）．岩波文庫 33-434-2．岩波書店．p.

7–21.

光畑雅宏．2010．20 年目のマルハナバチ：ポリネーター利用の過去，現在，未来．ミツバチ科学 28: 53–64．

光畑雅宏，和田哲夫．2005．作物受粉における在来種マルハナバチの利用の可能性と課題．植物防疫．59: 305–309．

文部科学省．2005．五訂増補日本食品標準成分表．http://www.mext.go.jp/b_menu/shingi/gijyutu/gijyutu3/toushin/05031802.htm

門馬法明，宇佐見俊行，雨宮良幹，宍戸雅宏．2005．土壌の還元化によるトマト萎凋病菌の生存抑制効果とその要因．土と微生物 59: 27–33．

森俊人．1989．まるごと楽しむトマト百科．農山漁村文化協会．p. 36．

森由雄．2011．神農本草経解説．源草社．p. 14–15．

森本あんり．2015．反知性主義──アメリカが生んだ「熱病」の正体．新潮選書．新潮社．282 p.

諸橋轍次．1958．大漢和辞典．5 巻 p. 618–618（斤），5 巻 p. 748（旬），7 巻 p. 1108–1111（番），9 巻 p. 899–902（蕃）．大修館書店．

E.S. モース（石川欣一訳）．1970．日本その日その日 1．東洋文庫 171．平凡社．285 p.（Morse, E.S. 1917. Japan Day by Day 1877, 1878–79, 1882–83. Vol. 1. Houghton Mifflin Co., Boston. p. 1–44.）

モーツァルト（海老沢敏・高橋英郎編訳）．1980．モーツァルト書簡全集 II．イタリア旅行．白水社．p. 145, p. 182．

アンカ・ミュルシュタイン（塩谷祐人訳）．2013．バルザックと 19 世紀パリの食卓．白水社．210 p.

村井弦斎．2005a．食道楽（上）．岩波文庫 31-175-1．岩波書店．589 p.

村井弦斎．2005b．食道楽（下）．岩波文庫 31-175-2．岩波書店．567 p.

村井寛（弦斎）．1906a．食道樂續編（春の巻）．報知社．324 p.

村井寛（弦斎）．1906b．食道樂續編（夏の巻）．報知社．320 p.

村上道夫，永井孝志，小野恭子，岸本充生．2014．基準値のからくり．安全はこうして数字になった．ブルーバックス B-1868．講談社．286 p.

中村璋八．1973．五行大義．明徳出版社．p. 136–148．

中村渓男，北村四郎（狩野探幽画）．1977．草木花写生．東京国立博物館蔵．紫紅社．p. 116–117, p. 206–207．

日仏料理協会編．2009．新フランス料理用語辞典．白水社．p. 53, p. 269．

日本ベジタブル＆フルーツマイスター協会．2003．野菜のソムリエ：おいしい野菜とフルーツの見つけ方．小学館．p. 10–11．

日本園芸研究所編．1985．蔬菜の新品種 第 9 巻．誠文堂新光社．p. 69．

日本統計協会編．1988．日本長期統計総覧 第 2 巻．日本統計協会．p. 54–55．

日本植物防疫協会編．2014．農薬概説（2014）．日本植物防疫協会．p. 28–42, p. 119–133．

西貞夫．1982．創造られている野菜．樋口敬二編：食べものと日本人の知恵．文化評論出版．p. 92–121．

西村雅彦．2002．KK と Yellow KK マウス．疾患モデル動物開発エピソード．LA-

引用文献

BIO21 8: 20-21.
農業機械化研究所．2010．平成22年度試験研究成績．22-1．農業機械における省エネルギー化と温室ガス効果抑制に関する研究成果と研究方向．農業機械化研究所．
野村圭佑．2005．江戸の野菜──消えた三河島菜を求めて．八坂書房．p. 58-89, p. 184-231.
農林省農務局編．1939．明治前期勧農事蹟輯録 上巻．大日本農会．1004 p.
農林水産省．2016．品種登録ホームページ．種苗法施行規則別表第4．http://www.hinsyu.maff.go.jp/act/houritu/04-5-sekoukisoku-t4.pdf
農薬工業会．2009．教えて農薬！Q&A. http://www.jcpa.or.jp/qa/a6_01.html
小川浩史．2001．ジュゼッペ・アルチンボルドの「合成肖像」に関する試論．──《四季》，《四大》及び《ウェルトゥムヌスとしてのルドルフ二世》における身体と王権の表象──美術史 51: 122-136.
小倉博行．2007．ラテン語のしくみ（CDつき）．白水社．144 p.
岡穆宏．1995．*Agrobacterium* の毒性遺伝子群（vir）の発現誘導機構．タンパク質・核酸・酵素 40: 1010-1021.
大川浩司，菅原眞治，矢部和則．2006．時季および花（花蕾）の処理が単為結果性トマト品種'ルネッサンス'の着果および果実特性に及ぼす影響．園芸学研究 5: 111-115.
大久保増太郎．1982．野菜の鮮度保持．養賢堂．p. 90-138.
大熊喜邦．1918．築地ホテル館考補遺．建築雑誌 31: 607-608.
大隈裕子．2010．イタリア・トマトのすべて．Tutto sul pomodoro. 中央公論新社．p. 156-159.
大町桂月．1918．筆供養．富山房．p. 222-223.
太田勝巳，伊藤憲弘，高橋亮正，小数賀仁也．1987．水耕におけるミニトマトの品種特性に関する研究，特に開花及び果実特性について．島根大学農学部附属農場研究報告 9: 18-23.
太田勝巳，伊藤憲弘，細木高志，杉佳彦．1991．水耕ミニトマトにおいて湿度が裂果発生に及ぼす影響ならびに裂果発生の制御．園芸学会雑誌 60: 337-343.
太田勝巳，豊田賢治，細木高志．2002．トマト乱形果の花芽分化の品種比較．園芸学研究 1: 107-110.
長田弘．1987．食卓一期一会．晶文社．p. 126-127.
王象晋．1621．二如亭群芳譜．巻首，元部，亨部，利部，貞部第五冊．果譜二．柿．早稲田大学古典籍データベース．ニ01_00120_0011．42-45 カット．
朴容九（朴尚得訳）．朝鮮食料品史．1997．国書刊行会，東京．p. 161-168.
パストゥール（山口清三郎訳）．1970．自然発生説の検討．岩波文庫 39-915-1．岩波書店．234 p.
ジャン・マリー・ペルト（田村源二訳）．1996．おいしい野菜．晶文社．p. 211.
アントニオ・ピガフェッタ（長南実訳）．2011．マゼラン最初の世界一周航海 岩波文庫 33-494-1．岩波書店．p. 60-62.

プリニウス（大槻真一郎編）．1994．プリニウス博物誌．薬剤植物篇．八坂書房．p. 319-324.
ラインハールト・レンネバーグ（小林達彦監修，田中輝夫，奥原正國訳）．2014．カラー図解 Euro 版．バイオテクノロジーの教科書．上．ブルーバックス B-1854．講談社．414 p.
マリー＝モニク・ロバン（村澤真保呂，上尾真道訳）．2015．モンサント――世界の農業を支配する遺伝子組み換え企業．作品社．p. 240-275.
パム・ロナルド，ラウル・アダムシャ（椎名隆，石崎陽子，奥西紀子，増村威宏訳）．2011．有機農業と遺伝子組換え食品――明日の食卓――．丸善．256 p.
アントニー・ローリー（富樫瓔子訳）．1996．美食の歴史．創元社．p. 103.
D. サダヴァ他（石崎泰樹，丸山敬監訳・翻訳）．2010．カラー図解 アメリカ版 大学生物の教科書．第 3 巻 分子生物学．ブルーバックス B-1674．講談社．p. 111-113.
斉藤章．2014．オランダに学んだ環境制御の取り入れ方．農業技術大系．野菜編．第 2 巻．基 560 の 32-53.
斎藤美奈子．2015．戦時下のレシピ．――太平洋戦争下の食を知る――岩波現代文庫（社会 291）．岩波書店．p. 127-129.
坂本義光，多田幸恵，福森信隆，田山邦昭，安藤弘，高橋博，久保喜一，長澤明道，矢野範男，湯澤勝廣，小縣昭夫，上村尚．2008．遺伝子組換え大豆の F344 ラットによる 52 週間摂取試験．食品衛生学雑誌 48: 41-50.
佐々木久美子．2002．農薬残留基準の設定と Total Diet Study による化学物質摂取量調査．日本農薬学会誌 22: 410-414.
佐々木敏．2015．佐々木敏の栄養データはこう読む！ 疫学研究から読み解くぶれない食べ方．女子栄養大学出版部．320 p.
佐瀬勘紀．2003．施設の種類と形式．五訂版 施設園芸ハンドブック．日本施設園芸協会．p. 26-37.
佐藤俊哉．2005．宇宙怪人しまりす医療統計を学ぶ．岩波科学ライブラリー114．岩波書店．p. 31-43.
瀬川至朗．2002．健康食品ノート．岩波新書（新赤版）773．岩波書店．p. 14-18.
関根正雄訳．1956．旧約聖書 創世記．岩波文庫 33-801-1．岩波書店．p. 100-103.
施山紀男．2013．食生活の中の野菜．――料理レシピと家計からみたその歴史と役割――養賢堂．167 p.
シェイクスピア（菅泰男訳）．1960．オセロウ．岩波文庫 32-205-0．岩波書店．p. 113.
シェイクスピア（小田島雄志訳）．1983．アントニーとクレオパトラ．白水社 u ブックス 30．白水社．p. 41.
シェイクスピア（平井正穂訳）．1988．ロメオとジューリエット．岩波文庫 32-205-6．岩波書店．p. 186-190.
スー・シェパード（赤根洋子訳）．2001．保存食品開発物語．文春文庫シ-14-1．文藝春秋．p. 321-362.
重金敦之．2014．食彩の文学辞典．講談社．p. 102-109.
島田青峯．1923．青峯集．春陽堂．p. 344.

引用文献

嶋地潔．1914．蕃茄栽培調理法．有隣堂．p. 6-7.
下川義治．1926．下川蔬菜園芸 上巻．成美堂．p. 250-288.
新村出編．2008．広辞苑（第6版）．岩波書店．p. 1243.
宍戸良洋，施山紀男，堀裕．1988．トマトにおける光合成産物の分配パターンと維管束配列の相互関係に関する研究．園芸学会雑誌 57: 418-425.
消費者庁．2016．機能性表示食品の届出情報．機能性の科学的根拠に関する点検表（カゴメカゴメトマトジュース高リコピントマト使用食塩入り）．http://www.caa.go.jp/foods/pdf/A106-kinou.pdf
サイモン・シン，エツァート・エルンスト（青木薫訳）．2010．代替医療のトリック．新潮社．462 p.
染田秀藤，篠原愛人（監修）．2005．ラテンアメリカの歴史――資料から読み解く植民地時代．世界思想社．315 p.
イアン・スチュアート（吉永良正訳）．1996．自然の中に隠された数学．草思社．p. 187-210.
菅原眞治，榎本真也，大藪哲也，矢部和則，野口博正．2002．完熟収穫型単為結果性トマト品種ルネッサンスの育成経過と特性．愛知県農業総合試験場研究報告 34: 37-42.
杉山直儀．1966．蔬菜総論．養賢堂．p. 98-104, p. 274-284.
薄田泣菫．1916．茶話．洛陽堂．p. 115-118（唾）．（完本茶話 上．冨山房百科文庫38 では富豪の顔につば，大正5年7【月】25【日】夕【刊】の記載あり）
薄田泣菫．1919．茶話．玄文社．p. 28-30（落銭を拾ふ樂み）．（完本茶話 中．冨山房百科文庫38 では p. 571-572，大正7年6【月】30【日】夕【刊】の記載あり）
鈴木克己．2006．高軒高施設を利用したトマト生産．野菜茶業研究集報 3: 73-77.
鈴木克己．2008．トマトの仕立て方の基本．農耕と園芸 2008年10月号．p. 16-18.
鈴木静夫．1997．物語フィリピンの歴史．中公新書1367．中央公論社．p. 23-47.
橘みどり．1999．トマトが野菜になった日――毒草から世界一の野菜へ．草思社．238 p.
高崎宗司．2008．津田仙評伝．草土社．p. 157-161, p. 203.
高橋悦男．2004．季語になった外来語．早稲田大学社会科学総合研究 5: 117-130.
高橋久仁子．2007．フードファディズム―メディアに惑わされない食生活．中央法規出版．188 p.
高橋久仁子．2016．「健康食品」ウソ・ホント．「効能・効果」の科学的根拠を検証する．ブルーバックス B-1972．講談社．254 p.
高橋久四郎．1915．明治年代の蔬菜栽培史．日本園藝研究会編．明治園藝史．第五篇．p. 71-94．日本園藝研究会.
高橋敏秋，竹田義．1981．加工用トマトの雌ずい及び花粉の受精能力について．信州大学農学部紀要 18: 9-20.
高谷道男編訳．1976．ヘボンの手紙．有隣新書 5．有隣堂．p. 86-87.
滝口直子．1995．食に関する禁忌や忌避．滝口直子・秋野晃司編著．食と健康の文化人類学．学術図書出版社．p. 55-69.

タキイ種苗．2015．2015年度野菜と家庭菜園に関する調査．――関連資料―― http://www.takii.co.jp/info/gif/news_150828.pdf
竹中卓郎編．1885．舶来穀菜要覧．三田育種場．p. 118-122.
竹中卓郎．1889．穀菜弁覧．初篇．三田育種場．60-62コマ（国立国会図書館デジタルコレクション，野村圭佑，2005，江戸の野菜――消えた三河島菜を求めて，の付録として「穀菜弁覧，初篇」が掲載されている）
種田山頭火．1989．山頭火日記（四）．山頭火文庫8．春陽堂．p. 149.
田代定良．2006．臭化メチル代替農薬の効果と普及．野菜茶業研究集報．3: 21-28.
戸川芳郎．2014．古代中国の思想．岩波学術文庫（学術318）．岩波書店．p. 78-91.
東京書院（編）．1914．大正営業便覧 下巻．東京書院．各論 p. 36-42.
トマージ・ディ・ランペドゥーサ（小林惺訳）．2008．山猫．岩波文庫32-716-1．岩波書店．p. 113-114.
津田仙．1876．蕃茄の説．農業雑誌17号 4-6．学農社．
津田敏秀．2011．医学と仮説．原因と結果の科学を考える．岩波科学ライブラリー184．岩波書店．118 p.
柘植六郎．1926．最新蔬菜園藝．成美堂．p. 101-113.
月川雅夫．1994．野菜つくりの昭和史．熊沢三郎のまいた種子．養賢堂．p. 113-140.
筒井清忠．2009．日本型「教養」の運命．岩波現代文庫（学術231）．岩波書店．242 p.
内田洋子，シルヴィオ・ピエールサンティ．2003．トマトとイタリア人．文春新書320．文藝春秋．p. 8-12.
鵜飼保雄．2000．ゲノムレベルの遺伝解析――MAPとQTL．東京大学出版会．350 p.
鵜飼保雄．2003．植物育種学．交雑から遺伝子組換えまで．東京大学出版会．455 p.
畝山智香子．2009．本当の「食の安全」を考える．ゼロリスクという幻想．DOJIN選書 028．化学同人．222 p.
内海修一．1974．施設園芸・施設の構造と設備．博友社．353 p.
薄上秀男．1964．トマトの着花習性と出葉体系との関係．農業及び園芸39: 95-96.
ヴァヴィロフ・N. I.（中村英司訳）．1980．栽培植物発祥地の研究．八坂書房．365 p.
鷲谷いずみ．1998．保全生態学からみたセイヨウオオマルハナバチの侵入問題．日本生態学会誌48: 73-78.
渡辺万理．2010．スペインの竈から．――美味しく読むスペイン料理の歴史．現代書館．p. 102-103.
渡辺慎一．2006．低段密植栽培による新たなトマト生産．野菜茶業研究集報3: 91-98.
クララ・ホイットニー（皿城キン訳）．1885．手軽西洋料理．江藤書店．51 p.
山田憲吾．2009．トマト葉かび病菌 *Passalora fulva*．微生物遺伝資源利用マニュアル28．9 p.
山田勝．2008a．大規模施設園芸の動向．愛知県農業総合試験場研究報告40: 1-7.
山田勝．2008b．大規模施設園芸の経営課題．愛知県農業総合試験場研究報告40: 9-14.

引用文献

山川邦夫．1978．野菜／抵抗性品種とその利用．全国農村教育協会．136 p.
山本正．2006．近世蝦夷地農作物誌．北海道大学出版会．328 p.
山下太郎．2013．しっかり学ぶ初級ラテン語．ベレ出版．p. 9–16.
柳沼重剛編．2003．ギリシャ・ローマ名言集．岩波文庫32-123-1．岩波書店．p. 169–170.
矢野敬一．2009．一家団欒の味と高度成長期．原田信男，江原絢子，竹内由紀子，中村真理，矢野敬一（共著）．食文化から社会がわかる！ 青弓社ライブラリー60．青弓社．p. 183–217.
野菜茶業研究所．2011．野菜の接ぎ木栽培の現状と課題．野菜茶業試験場研究資料第7号．142 p.
横濱市役所編．1932．横濱市史稿産業編．横濱市役所．p. 686–693.
横濱通信社編．1919．神奈川縣畜産工藝案内．横濱通信社．横浜．p. 45–47.
米田昌浩，土田浩治，五箇公一．2008．商品マルハナバチの生態リスクと特定外来生物法．日本応用動物昆虫学会誌 52: 47–62.
洋食庖人編．1888．マダーム・ブラン述．軽便西洋料理法指南．久野木信善．p. 8–9, p. 36.
吉田よし子．1988．香辛料の民俗学．カレーの木とワサビの木．中公新書882．中央公論社．p. 185–186.
吉本ばなな．1999．キッチン．角川文庫1071．角川書店．p. 82–83．（初版は福武書店から1988年に出版）
全国トマト工業会編．2015．加工用トマトのはなし．農畜産業振興機構ホームページ（www.alic.go.jp/content/000108436.pdf，2014年7月1日更新）18 p.
エミール・ゾラ（朝比奈弘治訳）．2003．パリの胃袋．ゾラ・セレクション第2巻．藤原書店．446 p.

付記 この本で引用した文献の入手方法

1. 論文タイトルあるいはURLをそのまま転記してググールで検索する．複数の版がある場合には，その中から目的としている文献を探す．オープンアクセスのものは全文を無料で閲覧することができる．オープンアクセスでないものは，所属している大学や研究機関がその出版社と契約を結んでいれば，インターネットで文献を閲覧（ダウンロード）できる．
2. わが国の公的研究機関が発行する雑誌については，農林水産研究総合ポータルサイトの検索ツールAgriKnowdgeで検索し，目的とする論文を閲覧できる．
3. 書籍の場合には検索エンジンとしてグーグルブックスを用いると，一部または全部を閲覧できる．
4. この本に引用していない文献を入手する場合には，Google Scholarを検索エンジンとして，いくつかのキーワードを入れて検索するのがよい．

索　引

欧文と数字

ADI（一日許容摂取量） ……… 178,179
Anguillara →アングイラーラ
α-トマチン ………………… 21,22
ARfD（急性参照用量）………… 179
β-イオノン ………………… 130
β-カロテン … 89,100,109,110,112,133,
136,137,138,146,173
D-D（1,3-ジクロロプロペン）… 142
Dioscorides →ディオスコリデス
Dodens →ドーデンス
Galen →ガレノス
Guilandini →グイランディーニ
IPM ………………………… 182
Linné →リンネ
Livingston →リビングストン
Mattioli →マッティオリ
miltomame …………………… 29
MRL（最大残留基準値）……… 178,181
NOAEL（無毒性量）………… 177,178
nor ………………………… 131
Nr ………………………… 131
Paradeiser ………………… 24
pomi del Peru ……………… 26,27
pomme d'amour …………… 24,42
pomodoro …………………… 23,38
Qターン整枝 ……………… 150
rin ………………………… 131,132
RNA干渉（RNAi）………… 100
SFT（SINGLE FLOWER TRUSS）… 123
Solanum
arcanum →アルカヌム
cheesmaniae →ケエスマニアエ
chilense →キレンセ
chmielewskii →クミエレウスキイ

corneliomulleri →コルネリオムッレリ
habrochaites →ハブロカイテス
huaylasense →フアュラセンセ
lycopersicum →リコペルシクム
lycopersicum var. cerasiforme
→リコペルシクム・ウァリエタス・
ケラシフォルメ
neorickii →ネオリッキイ
pennellii →ペンネリイ
peruvianum →ペルウィアヌム
pimpinellifolium →ピンピネリフォリウム
SP（SELF PRUNING）…… 116,123,124
T-DNA……………………… 97,98,99
Tiプラスミド ………………… 97,98
tomate ……………………… 23,29,30
tomatl ……………………… 23,29
Uターン整枝 ……………… 150
Xitomame …………………… 29
ζ-カロテン不飽和化酵素 ……… 137
6-メチル-5-ヘプテン-2-オン …… 130
13-オキソ-9,11-オクタデカジエン酸
………………………………… 176

あ　行

アイソザイム ……………… 130
愛のリンゴ ………… 11,19,21,24,27
青枯病 ……………… 142,143,144
赤色系 ……………………… 56,74
赤茄子 …………… 25,65,66,67,68,71
悪魔の実 …………………… 74
アグロバクテリウム ………… 97,99
アスコルビン酸 …… 47,73,100,132,134,
183,184
アストラトゥ ………………… 37

索　引

アングイラーラ Anguillara ……… 26,27
アンチセンス…………………… 99,102
育苗………………… 52,121,140,141,142
一代雑種………………………… 78,79
一日許容摂取量（ADI）………… 178
遺伝的多型……………………… 83,90
インベルターゼ………………… 160
エアルームトマト……………… 145
疫学調査………………… 172,174,177
エチレン………………… 130,131,132,133
エリオペルシコン亜属………… 83,84,89
エルサレムのリンゴ…………… 11
黄金のリンゴ…………………… 13,17,27
オーキシン………… 97,118,125,126,153
オオブドウホオズキ…………… 29,30
温床………………… 52,53,65,139,141

か　行

外果皮…………………………… 135
壊血病…………………… 47,170,171
カクテルトマト………………… 92,93
核内倍化………………………… 128
加工用トマト…… 79,80,105,117,154,162
肩部……………………………… 129,134
花柱……………………… 32,86,124,125
褐色根腐病………………… 142,143,144
カッセロール…………………… 38
カナマイシン耐性遺伝子……… 98,100
果皮………………… 37,56,85,134,136,154
過敏感反応……………………… 146
花粉親………………… 90,95,127,147
花柄……………………………… 86,121,122
花弁…………………… 82,83,124,125,147,152
可溶性固形分含量…… 92,100,146,161,162,184
カランツトマト………………… 93
カルコノナリンゲニン………… 136
ガレノス Galen ………………… 12,17,26

カロテノイド……… 85,110,112,131,136,137,172,173
完熟………………… 133,134,153,154,155,164
缶詰 46,49,52,53,55,64,68,76,77,105,166
官能検査………………………… 132,133
キサントフィル………………… 136
偽托葉…………………………… 84,85,86
機能性表示食品…………… 169,170,175
急性参照用量（ARfD）………… 179
グイランディーニ Guilandini …27
空洞果…………………………… 126,153
クエン酸………………………… 56,129
草型……………………………… 117,135
クチクラ………………………… 135,136
クチン…………………………… 135
クライマクテリック上昇……… 130,131
グルコース（ブドウ糖）……… 21,129,132,146,160
クルビ（＝グレイビー）……… 66
クロマルハナバチ……………… 152
クロルピクリン………………… 142,144
クロロフィル…………………… 128,129
毛………… 67,84,85,86,89,90,119,120
茎頂分裂組織……… 115,116,117,118,122,139,147
系統的レビュー………………… 174,183
ケチャップ……………… 55,57,67,69,71
ケチュア語……………………… 30
香気成分………………………… 129,130
交雑育種………………… 77,94,137
交雑和合性……………………… 84,89
口針……………………………… 120
交配親…………………………… 77,161
ゴールデンライス……… 109,110,111,112
五行説…………………………… 164,165
互生葉序………………… 117,118,119
コンセルバ・ネーロ…………… 37
根頭がん腫病…………………… 97

索　引

ゴンペルツ曲線……………………127

さ　行

催色期………103,104,129,130,131,133,
　　　　　　134,135,153,155,160
最大残留基準値（MRL）……………178
サイトカイニン…………………………97
雑種強勢………………………………78,79
査読…………………106,107,108,183
サルピコン………………………………38
自家受粉………80,88,89,90,91,124,151
シグナル伝達…………………………131
子室17,82,88,92,123,125,126,127,129,147
雌蕊………………………42,82,86,125,147
シス-3-ヘキセナール………………129
支柱………………………42,58,148,149
実質的同等性……………………101,106
質的形質…………………………………93
ジベレリン……………123,125,126,127
子房壁……………………………125,126
臭化メチル……………………………142
集散花序…………………………83,121,122
主茎………………………42,147,148,149,150
珠孔……………………………………125
種子親…………………………90,91,95,127,147
樹上成熟果……………………………132
種小名………………………13,81,82,89
主働遺伝子………………………………93
ジョイントレス………………………154
漿果……………………………………83,125
小花柄………………………85,121,122,126
小果柄…………85,103,129,134,153,154
蒸気消毒………………………………144
除雄……………………………………80,95
振動受粉……………125,127,152,153
心どまり型……………………………116
心皮……………………………………125,127
スクロース（ショ糖）……………159,160

スクロースホスフェートシンターゼ 160
制限酵素…………………………………83,97
赤熟果……………………………………22,134
赤熟期……………………………104,129,130
節間……………………………………117,118
セルトレイ……………………………141,142
セル（成型）苗………………………142
腺毛……………………………………86,119,120
前立腺がん……………………………173,174
霜害……………………………………52,141
相克……………………………………165
早熟栽培………………………………51,53,65
総状花序………………………………121,122
草勢……………………………………148
相生……………………………………165
ソラニン………………………………21,22,64
ソラヌム属
　アルカヌム………84,86,87,90,91,120
　キレンセ……………84,86,87,91,132
　クミエレウスキイ………86,87,89,90,
　　　　　　　　　　　160,161,162
　ケエスマニアエ………84,85,87,88,90,137
　コルネリオムッレリ………84,86,87,91
　ネオリッキイ……86,87,89,90,160,161
　ハブロカイテス……86,87,90,101,120,160
　ピンピネリフォリウム………84,85,87,88,
　　　　　　　89,90,93,120,123,124,132,137,160
　フアュラセンセ……………84,86,87,91
　ペルウィアヌム………30,84,86,87,91,132
　ペンネリイ………83,84,90,101,120,160
　ミヌトゥム………………………89,161
　リコペルシクム…………81,84,85,87,88
　リコペルシクム・ウァリエタス・
　　ケラシフォルメ……………26,84,88
ソリッドパック…………………………55,56

た　行

ターニング期……………104,134,155,160

索　引

台木・・・・・・・・・・・・・・・・・・・・・・・・43,144,145,146
胎座・・・・・・・・・・・・・・・・・・・・・・・・・・・・82,125,133
耐病性・・・・・・・・・・・・・22,89,93,109,120,142,
　　　　　　　　　　　　　　 144,145,155
耐虫性・・・・・・・・・・・・・・・・・・・・・・・・・・・・22,89,120
太陽熱消毒・・・・・・・・・・・・・・・・・・・・・・・・・・・・143
他家受粉・・・・・・・・・・・・・・・・32,88,90,91,124
単為結果・・・・・・・・・・・・・・・・・・・・・・125,126,153
短日植物・・・・・・・・・・・・・・・・・・・・・・・・・・・・・・・121
チェリートマト・・・・・・・・・・・・・・・22,42,77,92
チャコニン・・・・・・・・・・・・・・・・・・・・・・・・・・・・・・21
中性植物・・・・・・・・・・・・・・・・・・・・・・・・・・・・・・・121
柱頭・・・32,86,88,89,90,91,95,124,125,153
頂芽優勢・・・・・・・・・・・・・・・・・・・・・・・・・・・・・・・147
追熟・・・・・・・・・・・・・・・・・・52,53,132,133,134
長期多段どり・・・・・・・・・・・・・・・・・・・・・139,158
ディオスコリデス Dioscorides
　　　　　　　　　　　　　　 13,16,17,19,26
低段密植栽培・・・・・・・・・・・・・・・・・・・・・・・・・・148
ティンパーノ・・・・・・・・・・・・・・・・・・・・・・・・・・・・41
摘芽・・・・・・・・・・・・・・・・・・・・・・・・・・・・・・・67,147
滴定酸度・・・・・・・・・・・・・・・・・・・・・・129,146,183
デヒドロトマチン・・・・・・・・・・・・・・・・・・・21,22
転移 RNA（tRNA）・・・・・・・・・・・・・・・・・・・・・99
桃熟期・・・・・・・・・・・・・・・・104,130,134,135,155
ドーデンス Dodens・・・・・・・・・・・・・・・・・・・・・13
特定保健用食品（トクホ）・・・・・・・・・・・・・169
土壌還元消毒法・・・・・・・・・・・・・・・・・・・・・・・・143
トマチジン・・・・・・・・・・・・・・・・・・・・・・・・・21,100
トマトソース・・・・・・11,38,40,41,48,55,66,
　　　　　　　　　　　　　　 67,69,70,71,173
トマトピューレー・・・11,48,55,56,69,76,160
トマトペースト・・・・・・・・・・・・・・・・・・・・・56,105
トマトモザイクウイルス・・・・・・・・・・・93,145
トランス-2-ヘキセナール・・・・・・・129,130

な　行

斜め合わせ接ぎ・・・・・・・・・・・・・・・・・・・・・・・・145

ナワット語・・・・・・・・・・・・・・・・・・・・・・・・・・・・・・・23
軟化・・・・・・・・・・・・94,96,97,130,131,132,133
二重目隠し法・・・・・・・・・・・・・・・・・・・・・・・・・・172
二名法・・・・・・・・・・・・・・・・・・・・・・・・・・・・・・・・・・81
ネオリコペルシコン列・・・・・・・・・・・・・・・・・・・84
熱水消毒法・・・・・・・・・・・・・・・・・・・・・・・・・・・・144
捻枝・・・・・・・・・・・・・・・・・・・・・・・・・・・・・・・・・・・149

は　行

バーミセリ・・・・・・・・・・・・・・・・・・・・・・・・・・・・・・・41
胚珠・・・・・・・・・・・・・・・・・・・・・・・・・・・・・・125,127
バイナリーベクター・・・・・・・・・・・・・・・・・・・・・99
ハイワイヤー・・・・・・・・・・・・・・・・・149,150,156
葉枯病・・・・・・・・・・・・・・・・・・・・・・・・・・・・・・・93,94
花落ち部・・・・・・・・・・・・・・・・・・・・・・・・・・・・・・・103
パパイヤリングスポットウイルス・・・109
パラクロロフェノキシ酢酸・・・・・・・・・・・・・126
蕃茄（＝番茄）・・・・・・25,59,60,61,66,70,71
蕃柿・・・・・・・・・・・・・・・・・・・・・・・・・・・・・・・58,59,64
ビーフステーキトマト・・・・・・・・・・・・・・・27,92
比較対照試験・・・・・・・・・・・・・・・・・・・・・170,171
ビタミン A・・・・・・・・・110,111,112,138,172
日持ち性・・・・・・・・・・・・・・・・・・・・・・・・・・・104,127
表皮細胞・・・・・・・・・・・・・・・・・・・・・・・・・・119,135
ファルシ・・・・・・・・・・・・・・・・・・・・・・・・・・・・・38,39
フィトエン合成酵素・・・・・・・・・110,131,137
フィトエンデサチュラーゼ・・・・・・・・110,137
フックス Fuchs・・・・・・・・・・・・・・・・・・・13,16,18
フライド・グリーン・トマト・・・・・・22,54
プラスミド・・・・・・・・・・・・・・・・・・・・・・・・・・・・・・98
プラセボ・・・・・・・・・・・・・・・・・・・・・・・・・・・172,173
プラムトマト・・・・・・・・・・・・・・・・・・・・・・・・・・・92
ブリックス値・・・・・・・・・・・・・・・・・・・・・159,160
フルクトース（果糖）・・・129,132,146,160
フレーバーセーバートマト
　　　　　　　　 97,99,100,102,103,104,105
フレーム・・・・・・・・・・・・・・・・・・・・・・・・・・・・・・・・52
プロモーター・・・・・・・・・・・・・97,98,110,131

230

索　引

ヘキサナール……………………129,130
ペクチン…………56,96,102,105,130,131
ペクチンエステラーゼ………………56
ベストオブオール……………………78
ペピーノ………………………………28
ポモドリーノ・ディ・ピエンノーロ…37
ポリガラクツロナーゼ……56,96,98,99,
　　　　　　　　　100,102,105,130,131
ポリジーン……………………………93
ポンデローザ………………………77,78

ま　行

マイクロトマト………………………93
マッティオリ Mattioli … 13,14,17,18,21,
　　　　　　　　　　　　　23,32,35
マンドラゴラ（Mandragora）
　　　　　　　　　…12,14,16,17,20
マンドレーク…………12,14,15,16,18,19,
　　　　　　　　　　　　　20,21,74
無限花序………………………121,122
無限伸育型……………116,117,147,149
無支柱………………………………117
無毒性量（NOAEL）…………………178
芽かき…………………………147,148
メタ・アナリシス…………170,174,175
メッセンジャーRNA（mRNA）………96
戻し交配………………………93,126,161
桃色系……………………………73,74
モンサント………………………105,109

や　行

葯　82,83,84,85,86,88,90,95,124,125,126
葯筒………………32,86,88,124,125,153
薬物誌………………13,14,15,17,19,57
有限花序……………………………121
有限伸育型………………116,117,149
雄蕊………………………………42,58,86
雄性不稔………………………………95
ユウリコペルシコン亜族………83,84
養液栽培……………………………155

ら　行

螺生葉序……………………………117
利益相反…………………………108,109
リコペン……73,74,89,100,129,133,136,
　　　　　　137,138,146,170,173,174,175
リコペンβ-シクラーゼ……………137
リビングストン Livingston … 11,12,52
量的形質…………………93,134,161
緑熟期……52,104,129,130,131,132,133,
　　　　　　134,135,153,155,160
リンゴ酸……………………………129
リンネ Linné…………………13,81,83
冷床……………………………52,141
裂果……………………………135,155,158

わ　行

矮性…………………………………77,124
割接ぎ…………………………………42,43

杉山信男（すぎやま のぶお）

1946年　大阪生まれ，東京育ち
1969年　東京大学農学部卒業
1971年　東京大学大学院農学系研究科修士課程修了
東京大学農学部助手，助教授を経て，
1997年　東京大学大学院農学生命科学研究科教授
2010年　東京農業大学農学部教授
専門は園芸学，現在，トマトの開花時期に関わるQTLについて研究
著書に『Edible *Amorphophallus* in Indonesia—Potential Crops in Agroforestry』（Gadjah Mada University Press；Edi Santosaと共著），『基礎講座 有機農業の技術―土づくり・施肥・育種・病害虫対策』（農山漁村文化協会；分担執筆）など

トマトをめぐる知の探検

2017年1月21日　　第1版第1刷発行

著　者　杉山信男
発行者　一般社団法人東京農業大学出版会
　　　　代表理事　進士 五十八
　　　　〒156-8502 東京都世田谷区桜丘1-1-1
　　　　Tel 03-5477-2666　Fax 03-5477-2747

Ⓒ杉山信男
印刷／東洋印刷・信山社
ISBN978-4-88694-468-9 C3061　¥2200E